Harald Lesch / Jörn Müller
Sternstunden des Universums

Harald Lesch / Jörn Müller

Sternstunden des Universums

Von tanzenden Planeten und kosmischen Rekorden

C. Bertelsmann

MIX
Aus verantwortungsvollen Quellen
FSC® C011124

Verlagsgruppe Random House FSC-DEU-0100
Das für dieses Buch verwendete FSC®-zertifizierte Papier
Hello Fat Matt liefert Condat,
Le Lardin-Saint-Lazare, Frankreich.

1. Auflage

Umschlaggestaltung: R·M·E Roland Eschlbeck
und Rosemarie Kreuzer
Bildredaktion: Dietlinde Orendi
Satz: Uhl + Massopust, Aalen
Druck und Bindung: Mohn Media GmbH, Gütersloh
Printed in Germany
ISBN 978-3-570-10075-2

www.cbertelsmann.de

Inhalt

Prolog

Haben Sie schon mal die Show eines Magiers besucht? Was dort vorgeführt wird, lässt die Zuschauer an ihrem Verstand zweifeln. Da verschwinden oder erscheinen Dinge wie von Zauberhand, Tauben flattern aus augenscheinlich leeren Kisten, und manchmal wird sogar ein Mensch mit einer Guillotine enthauptet, nur um sich kurz darauf wieder munter vom Schafott zu erheben. Für einen guten Zauberkünstler ist es anscheinend ein Leichtes, unsere Sinne »hinters Licht zu führen«. Unmittelbar vor unseren Augen ereignen sich Dinge, die aller Logik zu widersprechen scheinen. Wie ist das möglich? Unser Verstand fühlt sich schlichtweg betrogen. Meist reagieren wir auf solche Vorführungen mit hilflosem Staunen, so, als wäre ein Wunder geschehen. Im täglichen Leben kommen derartige Seltsamkeiten ja nicht vor. Die Erfahrung hat uns gelehrt, dass jedes Ereignis eine Ursache hat. Die Badewanne läuft über, weil jemand vergessen hat, den Wasserhahn zuzudrehen. Das ist einsichtig und logisch zugleich. Doch welches Geheimnis steckt hinter den Vorführungen des Illusionisten? Wie hat der »Zauberer« das bloß geschafft?

Ja, wie? In den Naturwissenschaften ist dieses unscheinbare Wörtchen »wie« von zentraler Bedeutung. Mit einem »wie« beginnen nahezu alle Verständnisfragen. Wie funktioniert das? Wie läuft dieser Prozess ab? Wie kann man sich das erklären? Am Anfang aller Bemühungen um Erkenntnis steht dieses simple Fragewort. Das gilt auch für die wohl älteste Wissenschaft der Menschheit, die Astronomie. Sie hat es sich zur Aufgabe gemacht, grundlegende Fragen zum Universum und unserer Existenz zu klären: Wie konnte aus dem sogenannten Urknall, der »Initialzündung« allen Seins, das Universum entstehen, in dem wir heute leben, und wie laufen die Prozesse ab, die noch immer den Kosmos gestalten?

Antworten liefern im Wesentlichen zwei Verfahren. Zum einen stellt die Astronomie mithilfe geeigneter Experimente Fragen an die Natur. Die andere Methode beruht auf der gezielten Beobachtung der Vorgänge im Kosmos. Hier kommen sowohl auf der Erde als auch im Weltraum stationierte Teleskope zum Einsatz. Beide Methoden sind empirischer Natur, und beide leiden darunter, dass sich uns die Dinge nicht so darstellen, wie sie wirklich sind. Die Wahrnehmung unserer Umwelt ist zwangsweise durch unser Erkenntnisvermögen eingeschränkt. Insbesondere die Experimente laufen unter idealisierten Bedingungen ab und spiegeln die Wirklichkeit nur unzureichend wider. Folglich sind die gewonnenen Erkenntnisse nicht mit der Wahrheit gleichzusetzen. Die Astronomie, aber auch alle anderen unter dem Begriff »Naturwissenschaft« vereinten Disziplinen können prinzipiell nicht herausfinden, ob ihre Theorien und Modelle richtig sind. Sie können bestenfalls feststellen, inwieweit daraus abgeleitete Vorhersagen nicht falsch sind. Was die Naturwissenschaften jedoch so glaubhaft macht, ist die Falsifizierbarkeit ihrer Theorien. Das heißt: Naturwissenschaftliche Theorien müssen sich an Beobachtungsergebnissen und der Erfahrung messen lassen. Ob eine Theorie nicht falsch ist, darüber entscheidet als letzte Instanz das Experiment. Ziel astronomischer Forschung ist es daher nicht, die Wahrheit in Erfahrung zu bringen, sondern die Wirklichkeit mit den Mitteln der empirischen Wissenschaften zu untersuchen und immer neue Erkenntnisse zu gewinnen.

Trotz ihrer enormen Bandbreite sind die Naturwissenschaften nicht für alle Fragen zuständig. Ein Beispiel mag das verdeutlichen. Die Frage »*Wie* kommt es, dass überhaupt etwas ist und nicht nichts?« ist eine der Kernfragen der Astronomie. In einem eigenen Kapitel werden wir dem noch ausführlich nachgehen. Die Situation ändert sich jedoch grundlegend, wenn man die Frage abändert zu: »*Warum* ist überhaupt etwas und nicht nichts?« Aus der Seinsfrage wird so urplötzlich eine Sinnfrage! Eine Frage nach dem Grund, dem Zweck, ja, nach dem tieferen Sinn dessen, was geschieht. Sinnfragen sind Fragen der Metaphysik. Diese Disziplin der Philosophie versucht Antworten zu geben auf die primären Fragen des Seins: »Gibt es einen letzten Sinn?«, »Warum existiert überhaupt die Welt?« oder »Gibt es einen Gott – und wenn ja, was können wir über ihn wissen?« Darauf vermögen die Naturwissenschaften nicht zu antworten. Fragen dieser Art stehen außerhalb der rationalen Erfahrungswelt, gehen über das Wahrnehmbare hinaus und sind einer empirischen Untersuchung unzugänglich. Der große Philosoph Immanuel Kant hat in seiner *Kritik der reinen Vernunft* dazu sinngemäß gesagt: Schicksal der menschlichen Vernunft ist es, mit derartigen (also metaphysischen) Fragen belästigt zu werden, mit Fragen, die sie nicht abweisen kann, da sie ihr durch die Natur der Vernunft selbst aufgegeben sind. Aber sie kann sie nicht beantworten, denn sie übersteigen alles Vermögen der menschlichen Vernunft. In diesem Sinne sind die modernen Naturwissenschaften für Fragen, denen ein »Warum« voransteht, der falsche Adressat.

Wie ein Magier uns immer wieder in Erstaunen versetzen kann, so präsentiert uns auch das Universum ungewöhnliche Objekte und verwirrende Vorgänge. Da gibt es Sterne, die sich regelmäßig aufblähen und wieder zusammenziehen und dabei ihre Leuchtkraft periodisch ändern. Oder aus den Tiefen des Alls erreicht uns urplötzlich ein nur Sekunden andauernder Strahlungsblitz, der mehr Energie transportiert, als unsere Sonne während ihres rund zehn Milliarden Jahre langen Sternenlebens erzeugt. Und es gibt Sterne, die einige zehntausend Male leuchtkräftiger und heißer sind als unsere Sonne. Einige sind so groß, dass selbst der Mars darin verschwinden würde, könnte man sie an die Stelle der Sonne setzen. Auch die Tatsache, dass das Element Kohlenstoff, der Grundbaustein allen Lebens, in ausreichender Menge im Universum vorkommt, verdankt sich im Grunde einem glücklichen Zufall.

All das hat nichts mit einem Wunder zu tun. Und dennoch, die Phänomene sind höchst verwunderlich. In den folgenden Kapiteln wollen wir einige merkwürdige Objekte und bizarr

Abb. 1: Illusion oder Wirklichkeit? – Nicht immer fällt die Entscheidung leicht. Die Natur konfrontiert uns stets aufs Neue mit irrational erscheinenden Vorgängen. Nicht selten bedarf es jahrelanger Forschung, um die Phänomene zu entzaubern.

erscheinende Vorgänge vorstellen. Meist hat es die Astrophysiker viel Mühe gekostet, zu verstehen, was sich da tut. Nicht immer ist alles klar. Noch immer bedürfen viele Theorien einer Bestätigung durch Experiment oder Beobachtung. Der Faszination tut das jedoch keinen Abbruch (Abb. 1).

Kapitel 1

Reaktortechnik à la nature

Die älteren Leser erinnern sich vielleicht noch an die Anti-Atomkraft-Demos in den 70er-Jahren des vergangenen Jahrhunderts. Der »Schlachtruf« der Atomkraftgegner lautete damals »Atomkraft? Nein Danke«. Doch alle Proteste waren vergeblich. Bis 2004 wurden in Deutschland rund 110 Atomreaktoren zur Stromerzeugung und zu Forschungszwecken geplant. Nicht alle wurden fertiggestellt. Einige sind über das Planungsstadium nicht hinausgekommen, wurden nicht zu Ende gebaut oder nie in Betrieb genommen, viele sind mittlerweile stillgelegt worden. Anfang des Jahres 2011 waren 17 Kernkraftwerke mit einer Gesamtleistung von rund 20 Gigawatt am Netz. Angesichts des unvermeidbaren Risikos, durch einen Unfall in einem AKW ganze Landstriche radioaktiv zu verseuchen, und unter dem Eindruck des Reaktorunglücks im Kernkraftwerk Fukushima (Japan) im März 2011, bei dem es in mehreren Reaktorblöcken zu einer Kernschmelze kam, hat man in Deutschland den Ausstieg aus der Kernenergie beschlossen. Bis jedoch Wind- und Solarkraftwerke die Lücke schließen, dürfte noch einige Zeit vergehen.

Ob sich Atomkerne spalten lassen, war lange Zeit umstritten. Am 17. Dezember 1938 erbrachte der deutsche Chemiker Otto Hahn schließlich den Beweis. Zusammen mit Fritz Straßmann konnte er zeigen, dass der schwere Kern des Elements Uran in leichtere Elemente »zerplatzen« kann. Was hatte Hahn gemacht? Er hatte Uran mit Neutronen beschossen und mithilfe komplizierter chemischer Analyseverfahren die Elemente Barium und Krypton als Spaltprodukte nachgewiesen. Kurz darauf, am 6. Februar 1939, lieferte schließlich Hahns Kollegin Lise Meitner die Theorie zu diesem Experiment. Sie konnte erklären, wie es zu diesen Reaktionsprodukten gekommen war: durch Kernspaltung von Uran. Dass für diese Entdeckung allein Otto Hahn mit dem Nobelpreis geehrt wurde, kann man durchaus als ungerecht empfinden.

Doch zurück zum Uran. Wie bei allen Elementen besteht auch ein Uranatom aus einem Atomkern mit einer ihn umgebenden Elektronenhülle. Der Kern wiederum setzt sich zusammen aus sogenannten Nukleonen, den Protonen und Neutronen. Beim Uran sind es 92 Protonen und, je nach Uranisotop, 142, 143 oder 146 Neutronen. Die Atomkerne der Isotope eines Elements haben demnach immer gleich viele Protonen, sie unterscheiden sich aber in der Zahl der Neutronen. Die Summe von Protonen und Neutronen ergibt die Massenzahl des Elements. Das Uranisotop mit 142 Kernneutronen hat daher die Bezeichnung Uran 234 (U234), das mit 143 Neutronen im Kern wird Uran 235 (U235) genannt und das mit 146 Neutronen Uran 238 (U238). In der Natur kommen diese Uranisotope mit stark unterschiedlicher Häufigkeit vor. 99,2744 Prozent des Urans in den Uranlagerstätten stellt das Isotop U238 und nur 0,7202 Prozent das Isotop U235. Das Isotop U234 trägt mit vernachlässigbaren 0,0054 Prozent fast nichts zum Gesamtvorkommen bei.

Was geschieht, wenn Urankerne mit Neutronen beschossen werden, hängt davon ab, welches Isotop getroffen wird und wie schnell die Neutronen sind beziehungsweise wie hoch ihre kinetische Energie ist. Zunächst wird durch den Einfang eines Neutrons Bindungsenergie frei. Man versteht darunter die Energiemenge, die man benötigen würde, um ein Neutron aus dem Kern zu lösen und unendlich weit weg zu schaffen. Bei Atomkernen, die eine gerade Anzahl an Kernneutronen aufweisen, ist die Bindungsenergie der Neutronen viel größer als bei Kernen mit einer ungeraden Anzahl von Kernneutronen. Demnach ist die frei werdende Bindungsenergie höher, wenn die Anzahl der Kernneutronen durch das eingefangene Neutron geradzahlig wird, als wenn sich eine ungerade Neutronenzahl ergibt. Der U235-Kern hat mit 143 Neutronen eine ungerade Anzahl an Kernneutronen. Durch den Einfang eines Neutrons wird sie mit 144 geradzahlig, und die frei werdende Bindungsenergie beträgt rund 6,4 Millionen Elektronenvolt. (Ein Elektron gewinnt eine Energie von 1 Million Elektronenvolt [1 MeV], wenn es durch eine Spannung von 1 Million Volt beschleunigt wird.) Beim U238-Kern ist die Anzahl der Kernneutronen vor dem Einfang mit 146 geradzahlig, und sie wird durch den Einfang eines Neutrons ungerade. Folglich ist auch die beim Einfang frei werdende Bindungsenergie mit rund 4,8 MeV deutlich kleiner als beim U235-Kern.

Die Kernspaltung wird ausgelöst, wenn die Summe aus frei werdender Bindungsenergie und kinetischer Energie des Neutrons größer ist als die sogenannte Spaltschwelle des Atomkerns. Die liegt für U235 bei rund 5,8 MeV, für U238 bei 6,3 MeV. Da beim U235-Kern die frei werdende Bindungsenergie bereits höher als die Spaltschwelle ist, kann die kinetische Energie der Spaltneutronen beliebig klein sein. U235-Kerne sind demnach besonders leicht zu spalten. Bei U238 sieht die Sache anders aus. Dort liegt die frei werdende Bindungsenergie deutlich unterhalb der Spaltschwelle. Damit es zur Kernspaltung kommt, müssen die Spaltneutronen eine kinetische Energie von mindestens 1,5 MeV haben, entsprechend der Differenz zwischen 6,3 MeV und 4,8 MeV. Mit »langsamen« Neutronen ist U238 daher praktisch nicht zu spalten.

Ob schwer oder leicht zu spalten, lässt sich auch am sogenannten Wirkungsquerschnitt ablesen. Vereinfacht ausgedrückt versteht man darunter die Fläche um den Atomkern, innerhalb derer das Neutron auftreffen muss, damit es zum Einfang mit anschließender Spaltung des Urankerns kommt. Der Wirkungsquerschnitt, der in Einheiten von 10^{-28} Quadratmetern, auch 1 barn genannt, angegeben wird, ist abhängig von der kinetischen Energie der Neutronen. Für Neutronen mit geringer kinetischer Energie, sogenannte thermische Neutronen, hat U235 einen Wirkungsquerschnitt von rund

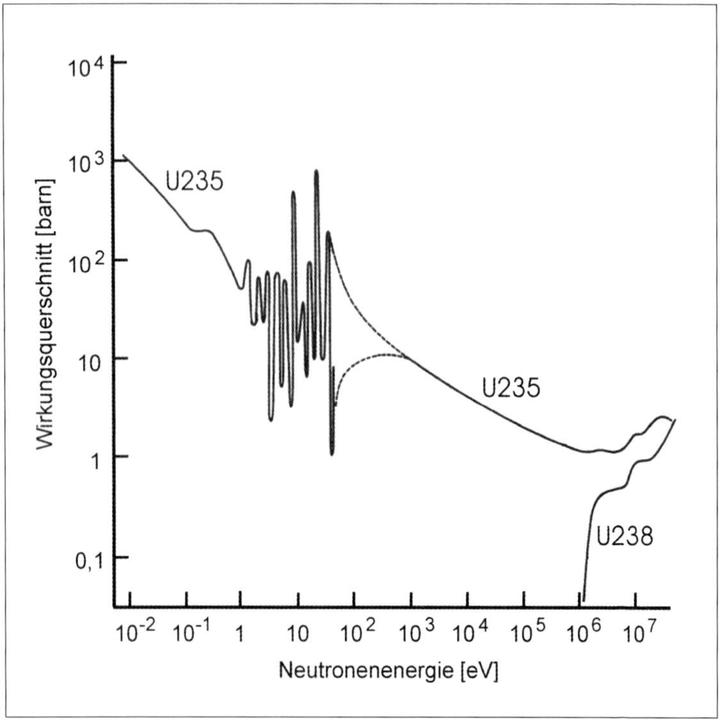

Abb. 2: U235 ist besonders leicht mit langsamen Neutronen im Energiebereich um 0,025 eV zu spalten. Mit wachsender kinetischer Energie der Neutronen nimmt der Wirkungsquerschnitt für den Neutroneneinfang stark ab. Bei U238 erreicht man erst mit Neutronen oberhalb 1,5 MeV nennenswerte Spaltreaktionen.

600 barn. Mit wachsender Elektronenenergie wird er immer kleiner (Abb. 2). Auf die Erzeugung thermischer Neutronen kommen wir noch zu sprechen. U238 hat für langsame Neutronen einen rund 30 Millionen Mal kleineren Wirkungsquerschnitt als U235. Erst wenn die kinetische Energie der Elektronen einen Wert von 1,5 MeV erreicht, steigt er auf etwa 0,1 barn und bei einer kinetischen Energie von 10 MeV auf rund 1 barn. Im Vergleich zu U235 ist daher U238 nicht nur viel schwerer zu spalten, man würde auch einen wesentlich höheren Fluss an hochenergetischen Neutronen benötigen, um

eine mit U235 vergleichbare Spaltrate zu erzielen. Kein Wunder also, dass man die Kernreaktoren mit U235 »füttert«.

Dennoch, der Beschuss von U238 mit langsamen Elektronen bleibt nicht ohne Wirkung, sie können im Kern stecken bleiben. Dadurch entsteht ein instabiler U239-Kern, der sich mit einer Halbwertszeit von 23 Minuten in einen Kern des Elements Neptunium umwandelt, der wiederum mit einer Halbwertszeit von 2,4 Tagen zu Plutonium mutiert. Beide Male zerfällt dabei eines der Neutronen im Kern in ein Proton, ein Elektron und ein Antineutrino. Auf diese Weise bleibt die Massenzahl des Kerns unverändert, die Anzahl der Protonen wird jedoch um eine Einheit erhöht. Elektron und Antineutrino, das Antiteilchen eines Neutrinos, verlassen den Kern. Unter dem Begriff »Halbwertszeit« versteht man übrigens die Zeitspanne, in der von einer gegebenen Menge radioaktiver Kerne gerade die Hälfte zerfällt. Nach Ablauf von zwei Halbwertszeiten sind demnach von einer bestimmten Anzahl Kerne bereits drei Viertel zerfallen. Auch U235 kann durch Neutronenbeschuss in Neptunium umgewandelt werden. Dazu sind jedoch zwei Neutronen nötig. Mit dem ersten wird ein U236-Zwischenkern gebildet, das zweite lässt aus U236 das Uranisotop U237 entstehen, das nach einer Halbwertszeit von fast sieben Tagen zu Neptunium zerfällt. Das so gewonnene Neptuniumisotop besitzt zwei Neutronen weniger als das, welches bei einem Beschuss von U238 entsteht.

Ungleich häufiger wird jedoch der U235-Kern schon durch das erste Neutron gespalten. Durch den Einfang des Neutrons entsteht zunächst ein hoch angeregter, instabiler U236-Zwischenkern, der nur sehr kurze Zeit Bestand hat. Bereits nach einer Hundertbillionstelsekunde gibt er seine Anregungsenergie durch die Aufspaltung in zwei mittelschwere Kerne wieder ab. Je nachdem, in welche Spaltprodukte der U236-Kern zerfällt, werden dabei noch zwei oder drei schnelle Neutronen frei. Gegenwärtig sind über 250 mögliche Spaltprodukte bekannt, in die der U236-Kern zerfallen kann. In der einschlägigen Literatur wird als Beispiel meist die Spaltung in einen

Krypton- und einen Bariumkern aufgeführt. Könnte man die beiden Bruchstücke und den noch »unversehrten« U235-Kern wiegen, so erhielte man ein überraschendes Ergebnis: Die beiden Spaltprodukte sind zusammen deutlich leichter als der Ausgangskern plus dem Neutron, das die Spaltung ausgelöst hat. Ein Teil der ursprünglichen Kernmasse muss demnach in Energie umgewandelt worden sein! Dass Masse und Energie einander äquivalent sind, hat uns Einstein mit seiner berühmten Gleichung $E=mc^2$ beigebracht. Doch wo zeigt sich diese Energie? Zu etwa 90 Prozent steckt sie in der Bewegungsenergie der mit hoher Geschwindigkeit auseinanderfliegenden Bruchstücke, die restlichen 10 Prozent tragen Gammaquanten davon.

Dass die Bruchstücke auseinanderfliegen, liegt an den Protonen der Spaltprodukte. Protonen tragen eine elektrisch positive Ladung – und gleichnamige Ladungen stoßen sich ab. Demnach sollte der U235-Kern mit seinen 92 Protonen eigentlich sofort auseinanderbrechen. Dass das nicht der Fall ist, ist der starken Kernkraft zu verdanken. Im U235-Kern sind die Kernbausteine so dicht gepackt, dass sie die Protonen gegen die abstoßende elektromagnetische Kraft zusammenhalten können. Doch die starke Kernkraft kann ihre Wirkung nur über extrem kurze Entfernungen entfalten, über die Abmessungen eines Atomkerns reicht sie nicht hinaus. Ist der U235-Kern erst mal in zwei Bruchstücke aufgetrennt, so überwiegt die elektromagnetische Kraft und treibt die beiden positiv geladenen Spaltprodukte vehement auseinander. Durch Stöße mit benachbarten Atomen oder Molekülen übertragen sie ihre Bewegungsenergie an die umgebende Materie und heizen sie auf. Die Kernspaltung von einem Kilogramm U235 setzt eine Energiemenge von rund 23 000 Megawattstunden frei. Das ist so viel, wie das leistungsstärkste Kernkraftwerk Isar II in Essenbach in rund 15 Stunden an elektrischer Energie erzeugt. Man könnte damit ganz Deutschland für 20 Minuten mit elektrischem Strom versorgen.

Prinzipiell können die Neutronen, die bei einer Spaltung

freigesetzt werden, eine Kettenreaktion auslösen. Angenommen, bei jedem Spaltvorgang werden zwei Neutronen frei, so können damit zwei weitere Kerne gespalten werden, wobei vier Neutronen frei werden. Die spalten dann wiederum vier Kerne und bringen acht neue Neutronen hervor. Rein rechnerisch verdoppelt sich bei jedem Schritt die Anzahl der freien Neutronen und damit die Zahl der Spaltprozesse. Auf diese Weise pflanzt sich die Kernspaltung lawinenartig fort und ist nicht mehr zu bremsen, bis letztendlich keine spaltbaren Kerne mehr vorhanden sind.

Doch so problemlos wie geschildert geht das nicht vonstatten. Denn so, wie die Neutronen entstehen, sind sie nicht in der Lage, den U235-Kern zu spalten. Mit einer mittleren Energie von etwa 10 Millionen Elektronenvolt (10 MeV), was einer Geschwindigkeit von etwas mehr als einem Zehntel der Lichtgeschwindigkeit entspricht, sind sie zu schnell, um von einem U235-Kern eingefangen zu werden. Wie schon erwähnt, sinkt der Wirkungsquerschnitt mit wachsender Neutronenenergie. Von rund 600 barn für langsame Neutronen reduziert er sich auf etwa 1 barn für 10-MeV-Elektronen. Die Neutronen müssen daher zunächst mithilfe eines sogenannten Moderators abgebremst werden. Treffen die Neutronen auf die Atome beziehungsweise Moleküle der Moderatormaterie, so geben sie bei jedem Zusammenstoß einen Teil ihrer Bewegungsenergie an die Bausteine des Moderators ab. Physiker sagen dazu: Die Neutronen werden an den Atomen beziehungsweise Molekülen des Moderators gestreut. Auf diese Weise werden die Neutronen bei jedem Stoß langsamer, bis sie schließlich auf eine Geschwindigkeit abgebremst sind, die vergleichbar ist mit derjenigen der Moderatoratome. Die Geschwindigkeit der Moderatorbausteine wiederum wird bestimmt durch die Temperatur: Je höher diese ist, desto höher ist die thermische Energie, das heißt, desto schneller bewegen sich beispielsweise die H_2O-Moleküle im Wasser beziehungsweise schwingen die Atome im Gitter eines Metalls hin und her. Eine Temperatur von 27 Grad Celsius entspricht einem thermischen Niveau von 0,025 Elektronenvolt (eV). Neutronen, die durch Stöße auf ein vergleichbares Niveau »abgekühlt« wurden, bezeichnet man daher auch als »thermische« Neutronen. Ihre Geschwindigkeit beträgt nur noch wenige Kilometer pro Sekunde.

Ein guter Moderator muss zwei Voraussetzungen erfüllen. Zum einen sollten seine Atome eine der Neutronenmasse ähnliche Masse besitzen, da beim Stoß zweier Körper gleicher Masse Bewegungsenergie am effizientesten übertragen wird. Zum anderen sollten die Moderatoratome möglichst keine Neutronen einfangen, da diese ansonsten für weitere Spaltprozesse verloren wären. Mit anderen Worten: Der Einfangquerschnitt für Neutronen muss so klein wie möglich sein. Wasser und Graphit erfüllen diese Bedingungen hinreichend gut, weshalb sie auch in modernen Kernreaktoren als Moderatoren Verwendung finden.

Sind damit alle Voraussetzungen für eine Kettenreaktion gegeben? Nicht ganz! Würde man wenige Kilogramm Natururan zusammenpacken, so täte sich gar nichts. Auch zusammen mit einem entsprechenden Moderator käme keine Kettenreaktion in Gang. Zwar würden einige Kerne von herumgeisternden Neutronen gespalten, aber die dabei entstehenden und in alle Richtungen davonfliegenden »Spaltneutronen« würden den Uranklotz ohne weitere Reaktionen verlassen. Die U235-Kerne sind zu »dünn gesät«, als dass ausreichend viele getroffen würden. Die sogenannte Neutronenverlustrate wäre zu groß. Um eine Kettenreaktion auszulösen, muss eine Mindestmasse an spaltbarem Material angehäuft werden, die man auch als »kritische Masse« bezeichnet. Kritisch ist eine Masse spaltbaren Materials immer dann, wenn im Mittel genau eines der bei einem Spaltvorgang frei werdenden Neutronen eine weitere Kernspaltung auslöst, während die anderen ein oder zwei Neutronen entweder das Spaltmaterial verlassen oder von nicht spaltbaren Atomkernen absorbiert werden. Mit anderen Worten: Jede Neutronengeneration bringt genau gleich viele Neutronen wie die vorausgehende hervor. Wie groß die Masse zu sein hat, hängt von der Art und der Dichte des spaltbaren

Materials ab, in welcher Form das Material vorliegt und ob beziehungsweise wie viele Neutronen absorbierende Substanzen darin enthalten sind. Am kleinsten wird die Masse, wenn das spaltbare Material in Kugelform angeordnet ist. Für Uran 235 beträgt die kritische Masse rund 49 Kilogramm. Da das in der Natur vorkommende Uran nur zu 0,7 Prozent aus U235 und zu 99,3 Prozent aus U238 besteht, benötigt man insgesamt 7000 Kilogramm Natururan, um die kritische Masse von 49 Kilogramm U235 zusammenzubekommen. In Kombination mit einem entsprechenden Moderator, der auch als Neutronenreflektor fungiert, lässt sich die kritische Masse jedoch deutlich verkleinern.

Ist in einer kritischen Masse erst einmal eine Kettenreaktion angelaufen, so erlischt sie nicht mehr. Andererseits beschleunigt sie sich auch nicht. Man sagt, die Reaktionsrate ist konstant. Wird jedoch durch Hinzufügen von weiterem spaltbaren Material die kritische Masse überschritten, die Masse also »überkritisch«, so gibt es kein Halten mehr; die Reaktionsrate steigt, die Kettenreaktion wächst im Bruchteil einer Sekunde lawinenartig an und ist nicht mehr zu beherrschen. In einem Kernreaktor wäre das der »GAU«, der größte anzunehmende Unfall. Doch so weit muss es nicht kommen. Gelingt es, in die überkritische Masse Substanzen mit einem hohen Absorptionsquerschnitt für Neutronen einzubringen, so werden der Kettenreaktion überschüssige Neutronen entzogen. Man kann dazu sogenannte Steuerstäbe mit einem hohen Anteil an Bor, Cadmium oder Gadolinium verwenden, die je nach Bedarf mehr oder weniger weit in das spaltbare Material hineingeschoben und wieder herausgezogen werden. Auf diese Weise lässt sich die Reaktionsrate beeinflussen.

Die erste von Menschenhand herbeigeführte kontrollierte Kettenreaktion gelang am 2. Dezember 1942. Gemeinsam mit einem Team von Physikern und Ingenieuren hatte der italienische Physiker Enrico Fermi an der Universität von Chicago in den Tagen zuvor einen ziemlich primitiven Kernreaktor aufgebaut. »Chicago Pile Number 1«, so der Name des Reaktors, bestand aus einer von Holzbalken gestützten, würfelförmigen Anordnung von etwas mehr als sechs Tonnen reinem Uranmetall und 34 Tonnen Uranoxid (Abb. 3). Dazwischen waren etwa 400 Tonnen an schwarzen Graphitklötzen aufgeschichtet, die als Moderator fungierten. Zur Kontrolle der Kernreaktion dienten in den Aufbau eingesteckte Cadmiumstäbe. Einige Stäbe waren durch ein Seil vor dem Hineinfallen gesichert. Falls die Kettenreaktion außer Kontrolle zu geraten drohte, so die Idee, sollte eine mit einer Axt »bewaffnete« Person das Seil durchtrennen und die Stäbe in den Reaktor fallen lassen. Auf eine Abschirmung gegen die bei der Kernspaltung frei werdende Gammastrahlung und auf eine Kühlung des gesamten Reaktors hatte man verzichtet.

Nachdem man die Cadmiumstäbe über mehrere Stunden Zentimeter für Zentimeter herausgezogen hatte, war es schließlich so weit: Um 15.25 Uhr Chicagoer Ortszeit zeigten die Ins-

Abb. 3: In dem unter Leitung des Physikers Enrico Fermi aufgebauten Kernreaktor »Chicago Pile Number 1« gelang im Dezember 1942 die erste von Menschenhand herbeigeführte kontrollierte atomare Kettenreaktion.

trumente, dass im Uran des Reaktors eine stabile atomare Kettenreaktion ablief. Fermi entkorkte eine Flasche Chiantiwein, füllte Pappbecher, und die anwesenden Wissenschaftler tranken still auf den Erfolg. Nachträglich betrachtet war »Chicago Pile Number 1« ein ziemlich riskantes Unternehmen. Man vertraute völlig den Berechnungen Fermis. Wäre das Unternehmen schiefgegangen, wäre vermutlich eines der am dichtesten besiedelten Gebiete der USA radioaktiv verseucht worden.

Heute, rund 70 Jahre später, werden Kernreaktoren weltweit zur Energieerzeugung eingesetzt. Heerscharen von Ingenieuren haben Typen wie Druckwasser-, Siedewasser-, Hochtemperatur- und Brutreaktoren entwickelt. Durch Verfahren zur Anreicherung von U235 in den Brennstäben konnte man die kritische Masse drastisch verkleinern. Die Reaktoren wurden immer leistungsfähiger, die technische Ausführung komplexer, die Sicherheitssysteme immer ausgefeilter. Und nicht zuletzt: Kernreaktoren stehen nicht im Verdacht, durch eine Erhöhung der Kohlendioxidkonzentration der Atmosphäre zum Klimawandel beizutragen. Kurzum, in den modernen »kerntechnischen Maschinen« steckt eine Menge physikalisches und technisches Know-how, auf das die Erbauer mit Recht stolz sind. Doch wo Licht ist, ist auch Schatten. Nach wie vor ist die sichere Endlagerung der radioaktiven Abfälle ein ungelöstes Problem. Auch eine Freisetzung des radioaktiven Materials eines AKWs, sei es durch Gewalt von außen oder durch eine Kernschmelze im Inneren, würde bei Mensch und Natur enorme Schäden verursachen. Mag sein, dass der Bruch eines großen Staudammes ähnlich viele Menschenleben kosten würde. Doch nach dem Unglück könnte man umgehend mit den Aufräumarbeiten beginnen. Nach einem schwerwiegenden Unfall in einem AKW wären jedoch ganze Landstriche für Jahrzehnte oder sogar Jahrhunderte unbewohnbar.

Lässt man die Entwicklung von den Anfängen der Kernspaltung bis zu den heutigen Kernkraftwerken Revue passieren, könnte man zu der Auffassung gelangen, allein der menschliche Erfindergeist sei in der Lage, die nötigen Voraussetzungen für eine kontrollierte Kernspaltung zu schaffen und die technischen Klippen auf dem Wege dorthin zu umschiffen. Doch weit gefehlt! Vor rund 1,8 Milliarden Jahren hat uns die Natur in der heutigen Uranlagerstätte Oklo in Gabun, Westafrika, schon vorgemacht, wie man einen Kernreaktor baut. Fast ist man versucht zu sagen: Enrico Fermi ist nicht der Erfinder der Reaktortechnik, er hat lediglich die Natur nachgeahmt. Doch wie kam es zu dieser Entdeckung?

Vierzehn Jahre nach dem ersten von Fermi erfolgreich erprobten Kernreaktor machte sich der japanische Physiker Paul Kuroda Gedanken, ob es nicht auch Kernreaktoren geben könne, welche die Natur, vielleicht per Zufall, ohne menschliches Zutun »erbaut« hat. Anhand seiner Untersuchungen konnte er detaillierte Aussagen machen, in welchem Zeitabschnitt der Erdgeschichte die Voraussetzungen dafür besonders günstig waren, in welchem Verhältnis U235 zu U238 im Uranerz vorzuliegen hat, welche Mächtigkeit die erzhaltigen Schichten haben müssen und wie hoch deren Urangehalt sein muss. Sollte man ein Uranerz finden, in dem U235 in geringerer Konzentration als üblich vorliegt, so wäre das ein Hinweis, dass U235 durch Kernspaltungsprozesse verloren gegangen ist. Doch alle Uranerzproben, die man in den folgenden Jahren aus der ganzen Welt zusammengetragen hatte, enthielten U235 und U238 im vertrauten Verhältnis 0,7202 zu 99,2744. Die gleichen Werte findet man übrigens auch im Mondgestein und in Meteoriten, die die Erde getroffen haben.

Doch im Jahr 1972 änderte sich die Situation. In der Urananreicherungsanlage von Eurodif in Pierrelatte, Frankreich, hatte der Franzose Henri Bouzigues, ein Spezialist auf dem Gebiet der Massenspektroskopie – andere Quellen nennen den französischen Physiker Francis Perrin – aus der Oklo-Mine angeliefertes Uranerz genau untersucht. In diesen Proben betrug der Anteil von U235 anstelle von 0,7202 Prozent nur 0,7171 Prozent, rund 0,4 Prozent weniger als üblich. Vermutlich hätten die meisten Menschen diesem Ergebnis keine

Bedeutung beigemessen – das sei doch Jacke wie Hose, Korinthenkackerei. Doch die Wissenschaftler ließ der Befund aufhorchen. Wieso war in den Oklo-Proben das Uranisotop U235 geringfügig abgereichert? War das vielleicht ein erster Hinweis, dass etwas von dem U235 durch Kernspaltungsprozesse verbraucht worden war?

Zunächst glaubte man nicht so recht an diese Möglichkeit. Es hätte ja sein können, dass bei Eurodif die Proben durch Uran, das schon mal in einem Reaktor als Brennstoff gedient hatte und daher einen geringeren Anteil an U235 enthielt, verunreinigt worden waren. Doch als man den Gehalt der Proben an U236 und U234 bestimmte, war dieses Argument schnell entkräftet. Denn U236 wird in Kernreaktoren erzeugt und hätte aufgrund seiner langen Halbwertszeit von 23 Millionen Jahren noch in größerer Menge in den verunreinigten Proben zu finden sein müssen. Und auch das Isotop U234 glänzte durch Abwesenheit, obwohl das in den heutigen Reaktoren verwendete Uran zunächst einen Anreicherungsprozess durchläuft, bei dem sich neben U235 auch der Anteil an U234 erhöht.

Die Zweifel an einem natürlichen Kernspaltungsreaktor waren jedoch schnell ausgeräumt, nachdem man die Uranmetall führenden Adern der Oklo-Mine näher untersucht hatte. Isotope von Elementen, wie sie als Ergebnis einer Kernspaltung entstehen, beispielsweise Thorium, waren überall reichlich zu finden. Dagegen zeigten sich die benachbarten Gesteinsschichten nahezu frei von diesen Spaltprodukten. Besonders überzeugend war eine Reihe von Neodymisotopen (Nd), nämlich die mit den Massenzahlen 142, 143, 144, 145, 146, 148 und 150. Alle sind stabil beziehungsweise haben eine Halbwertszeit von mehreren Billiarden Jahren. Das bedeutet, sie zerfallen praktisch nicht in andere Elemente. In der Natur kommen diese Isotope in einem ganz bestimmten Mengenverhältnis vor, wobei Nd142 mit 27,13 Prozent von allen den größten Anteil hat. Kennt man daher den Gehalt einer Probe an Nd142, so weiß man, welche Mengen an Nd143, Nd144 und so weiter die Probe enthält. In der Oklo-Mine waren die Verhältnisse je-

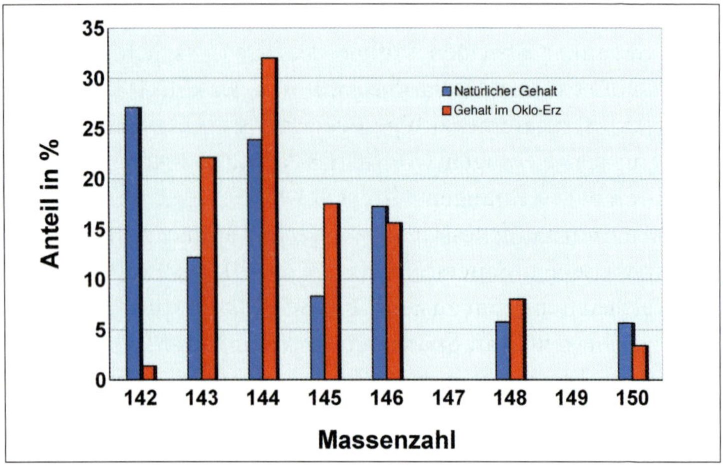

Abb. 4: Natürlicher prozentualer Anteil der Isotope des Elements Neodym im Vergleich zum Gehalt im Erz der Oklo-Mine.

doch regelrecht auf den Kopf gestellt. Der Gehalt an Nd142 war am geringsten, die Anteile der anderen Isotope waren überproportional hoch (Abb. 4). Sind diese unnatürlich großen Mengen auf Kernspaltungsprozesse zurückzuführen? Ein Blick auf die Nuklidkarte bestätigt den Verdacht. Bis auf das Isotop Nd142 stehen alle Isotope am Ende einer Reihe von Zerfallsreaktionen, die mit einem Isotop beginnen, einem Bariumisotop, das bei der Spaltung eines U235-Kerns entstanden ist. Mit anderen Worten: Ursache für die ungewöhnliche Anreicherung der Neodymisotope ist die Spaltung von U235-Atomen. Ausgenommen davon ist nur das Isotop Nd142, denn der Zerfall des Bariumisotops Ba142 setzt sich nicht bis zu Nd142 fort, sondern endet bereits bei Ce142, einem Isotop des Elements Cer. Zwar zerfällt auch Ce142 zu Nd142, da aber dessen Halbwertszeit rund 50 Billiarden Jahre beträgt, hat sich in der vergleichsweise kurzen Zeitspanne von ca. 2 Milliarden Jahren praktisch nichts getan.

Fazit: Der geringe Anteil von 0,7171 Prozent an U235 im Oklo-Erz muss als das Ergebnis einer nuklearen Kettenreaktion gesehen werden, die einst in der Oklo-Mine stattgefunden hat. Wie aber hat dieser natürliche Reaktor ausgesehen, und wie hat er funktioniert? Selbstverständlich hat sich die Natur keine Gedanken über den Aufbau des Reaktors gemacht. Was sich da vor etwa 2,5 Milliarden Jahren im Erdzeitalter des Proterozoikums zusammenzufügen begann, geschah zufällig und wird von den Geologen wie folgt erklärt: Zunächst lagerten sich in einem ehemaligen Flussdelta wässrige Sedimente ab. In Spuren vorhandenes Uran wurde durch den Einfluss von atmosphärischem Sauerstoff und Wasser zu einem an Uranoxid reichen Schlamm zusammengeschwemmt und den Ablagerungen beigemischt. Später ließen geologische Prozesse das gesamte Becken einige hundert Meter absinken, wobei die Sedimentschichten zu Sandstein verdichtet wurden. Weiteres Material überhäufte den »Aufbau« und schützte so die gesamte »Konstruktion« vor der Verwitterung. Kurz darauf hob sich der Granituntergrund einseitig und kippte das Gebilde um 45 Grad zur Seite. Die Schichten zerbrachen, Wasser drang in die Risse und formte in dem porösen Sandstein von feinen Kanälen durchzogene, fünf bis zwanzig Meter lange und bis zu zwei Meter breite, mit einem Anteil von etwa 50 Prozent an nahezu reinem Uranoxid angereicherte Lagen (Abb. 5).

Abb. 5: Eine der 16 Reaktionszonen des Oklo-Reaktors. Das gelblich erscheinende Gestein enthält Reste des ursprünglichen Uranoxids.

Damit waren die Voraussetzungen für nukleare Kettenreaktionen im Uran gegeben. Die Schichten waren dick genug, um nicht alle bei einer Kernspaltung frei werdenden Neutronen entkommen zu lassen, und das Wasser in den uranhaltigen, porösen Sandsteinlagen konnte als Moderator dienen. Jedoch: So hat es nicht funktioniert. Um in Natururan mit einer U235-Konzentration von 0,7202 Prozent eine Kettenreaktion zum Laufen zu bringen, ist eine spezielle Form von Wasser nötig, die man auch als »schweres Wasser« bezeichnet. Da dieses im Gegensatz zu normalem Wasser ein deutlich schlechterer Neutronenabsorber ist, stehen nach jeder Kernspaltung mehr Neutronen für weitere Spaltprozesse zur Verfügung. Chemisch unterscheidet sich schweres Wasser nicht von normalem, physikalisch besteht jedoch ein großer Unterschied. Während das normale Wassermolekül (H_2O) aus einem Sauerstoff- und zwei Wasserstoffatomen gebildet wird, setzt sich das Molekül des schweren Wassers (D_2O) aus einem Sauerstoff- und zwei Deuteronen zusammen. Deuteronen sind Isotope des Wasserstoffs. Im Gegensatz zu dem aus nur einem Proton bestehenden Kern des Wasserstoffatoms sind die Atomkerne der Deuteronen aus einem Proton und einem Neutron zusammengesetzt und praktisch doppelt so schwer wie ein Wasserstoffatom. Da auf der Erde Wasserstoff rund 7000-mal häufiger anzutreffen ist als Deuterium, ist schweres Wasser ein vergleichsweise rarer »Stoff«. Zwar gelingt es heute, schweres Wasser mittels Elektrolyse anzureichern, als natürlicher Moderator in einem vorgeschichtlichen Reaktor kam es jedoch nicht infrage.

Mit einem Gehalt von 0,7202 Prozent U235 und normalem Wasser als Moderator wäre der »Reaktor« unterkritisch geblieben. Erst ab einem Anteil von mindestens 1 Prozent U235 am gesamten Uran kommt – auch mit normalem Wasser als Moderator – eine stabile Kettenreaktion in Gang. Doch woher das zusätzliche U235 nehmen? Wieder hilft ein Blick auf die Nuklidkarte. Uran 235 ist radioaktiv und zerfällt zu Thorium. Früher gab es also mehr U235 als heute. Kennt man die

Halbwertszeiten von U235 (T_H = 704 Millionen Jahre) und U238 (T_H = 4468 Millionen Jahre), so kann man, ausgehend von den heutigen Werten, zurückrechnen, wann der Anteil an U235 1 Prozent betrug. Das war vor rund 400 Millionen Jahren. Noch früher, vor 1,8 Milliarden Jahren, betrug der Anteil an U235 sogar 3,1 Prozent. Beste Voraussetzungen also für eine nukleare Kettenreaktion. Fehlte nur noch das als Moderator dienende Wasser. Berechnungen haben ergeben, dass in das poröse Gestein etwa 6 Prozent Wasser eingesickert sein mussten, damit die entsprechende moderierende Wirkung einsetzen konnte. Damit waren im von der Natur errichteten »Oklo-Aufbau« alle Bedingungen für den Betrieb eines Kernreaktors erfüllt. Die Neutronen, die schließlich die ersten Kerne spalteten und die Kettenreaktion einleiteten, stammten entweder aus Zusammenstößen von Teilchen der kosmischen Strahlung mit den Molekülen der Atmosphäre, oder – wahrscheinlicher – sie wurden bei einem sich gelegentlich ereignenden spontanen Zerfall von U238, beispielsweise zu Xenon und Strontium, frei. Ein natürlicher Kernreaktor war entstanden.

Nach heutigen Erkenntnissen hat dieser Reaktor nicht kontinuierlich gearbeitet. Vielmehr dürfte er nach einer relativ kurzen aktiven Phase – Quellen sprechen von etwa einer halben Stunde – erloschen sein, um dann, nach einer Erholungszeit von etwa zweieinhalb Stunden, wieder anzuspringen. Die Erklärung dafür ist einfach. Nach Expertenmeinung betrug die thermische Leistung des Reaktors rund 100 Kilowatt. Aufgrund der geringen Wärmeleitfähigkeit des Sandsteins reichte das, um das darin enthaltene Wasser bis auf Siedetemperatur zu erhitzen. Als das Wasser zu verdampfen begann, änderte sich das Verhältnis von Moderator zu Brennstoff, und immer weniger der bei der Kernspaltung frei werdenden schnellen Neutronen wurden auf die erforderliche thermische Geschwindigkeit abgebremst. Folglich brach die Kettenreaktion zusammen, noch ehe das ganze Wasser verdampft war. In der anschließenden Regenerationsphase kühlte das Gestein ab, und neues Wasser sickerte durch die feinen Kanäle in die Reaktorzone.

War schließlich wieder eine Konzentration von rund 6 Prozent Wasser erreicht, zündete die Kettenreaktion erneut.

Entsprechend diesem Rhythmus hat der Reaktor mehrere 100 000, vielleicht sogar 800 000 Jahre lang funktioniert. Dabei wurden rund sechs Tonnen U235 verbraucht und eine Energiemenge von etwa 15 000 Megawattjahren frei, so viel, wie das Kernkraftwerk Isar II in zehn Jahren bei ununterbrochenem Betrieb erzeugt. Nachzutragen ist noch, dass es sich bei dem Oklo-Reaktor nicht um einen monolithischen Reaktorblock gehandelt hat, sondern dass insgesamt 16 eng benachbarte, aber voneinander separierte Reaktionszonen zusammengewirkt haben.

War Oklo der einzige naturgeschaffene Reaktor? Diese Frage hat die Wissenschaftler nicht ruhen lassen. Hunderte von Uranerzproben vornehmlich aus Afrika, Australien sowie Nord- und Südamerika wurden gesammelt und untersucht. Dabei wurden ausschließlich Proben berücksichtigt, die älter als 600 Millionen Jahre waren und für die man für die Zeit davor einen Anteil an U235 von mindestens 1 Prozent errechnet hatte. Außerdem mussten sie aus einer Lagerstätte mit einem Urangehalt von mindestens 20 Prozent und einem Volumen von wenigstens 1 Kubikmeter sowie einer Dicke von nicht unter 20 Zentimetern stammen. Trotz aller Anstrengungen konnte bis heute kein Hinweis auf einen weiteren natürlichen Kernreaktor gefunden werden.

Damit könnte das Kapitel beendet sein. Andererseits, es lohnt sich, Oklo nochmals aus der Perspektive der Endlagerung radioaktiver Abfälle zu betrachten. Was an mehr oder weniger langlebigen und gefährlichen Radionukliden beim Betrieb eines Kernreaktors anfällt, ist eine ganze Menge. Insbesondere sind das die bei der Spaltung der Kerne entstehenden »Bruchstücke«, beispielsweise Iod 129 und Iod 131, Cäsium 137 oder auch Strontium 90. Andere Radionuklide wie die Plutoniumisotope Pt239 und Pt241 oder Neptunium 237 entstehen nicht durch Spaltprozesse, sondern werden im Reaktor erst erbrütet. Auch der Einfang von Neutronen kann einen zunächst nicht radioaktiven in einen radioaktiven Atomkern umwandeln. Ein Beispiel dafür ist das Isotop Cobalt 60, das aus Cobalt 59 hervorgeht und das in der Medizin zur Bestrahlung von Tumoren eingesetzt wird. Auch nicht verbrauchtes Uran 235 und Uran 238 zählen zu den strahlenden Abfällen. Natürlich sind diese radioaktiven Isotope mittlerweile größtenteils zu stabilen Isotopen zerfallen und heute kaum mehr nachzuweisen. Aber aus einem Vergleich der natürlichen mit den vorgefundenen Isotopenverhältnissen lassen sich Rückschlüsse auf Ausbreitung und weiträumige Verteilung der Radionuklide gewinnen. Im Prinzip eröffnen derartige Untersuchungen einen Blick in ein viele Millionen Jahre altes Endlager. Das Ergebnis ist sowohl überraschend als auch beruhigend. Denn obwohl die Natur keine wie auch immer gearteten Barrieren aufgebaut hatte, um die Verbreitung der Radionuklide zu unterbinden, ergaben die Untersuchungen, dass sich auch nach so langer Zeit ein Großteil der gefährlichen Substanzen nicht vom Ort ihrer Entstehung entfernt hat. Weder eingedrungenes Wasser noch geologische Prozesse noch die unvermeidliche Verwitterung der Gesteine haben zu einem Abtransport beziehungsweise einer Verflüchtigung der Radionuklide geführt. Bereits wenige Zentimeter außerhalb der ehemaligen Reaktorbereiche war von den Spaltprodukten nichts zu finden. Dazu gehören insbesondere Uran, Neptunium, Plutonium, Technetium und Elemente aus der Gruppe der Lanthanoide, der seltenen Erden.

Besonders deutlich wurde das am Beispiel des Plutoniums. Am Anfang des Kapitels wurde bereits beschrieben, wie in einem Reaktor durch den Einfang von Neutronen U238-Kerne in das Plutoniumisotop Pt239 umgewandelt werden. Dieses Isotop zerfällt mit einer Halbwertszeit von 24 000 Jahren unter Abspaltung eines aus je zwei Protonen und Neutronen bestehenden Heliumkerns zu U235. Wenn also das Pt239 im Laufe der Zeit von seinem Entstehungsort weggewandert wäre, dann sollten in der Nachbarschaft Bereiche zu finden sein, wo der Gehalt an U235 gegenüber anderen Bereichen erhöht ist. Aber obwohl die untersuchten Bereiche zum Teil nur Zentimeter voneinander entfernt waren, war das Verhältnis von U235 zu U238 überall gleich. Das bedeutet, das dem U235 vorausgehende Plutonium blieb mindestens über einen mit der Lebensdauer des Plutoniums vergleichbaren Zeitraum ortsfest. Allerdings fanden sich auch Elemente, die weniger »sesshaft« waren. Dazu gehörten beispielsweise einige Alkalimetalle wie Rubidium und Cäsium, Erdalkalimetalle wie Strontium und Barium und das Halogen Iod.

Zum Schluss noch eine kleine Anekdote: Gegen Ende einer Konferenz zum »Oklo-Phänomen« im Juni 1976 in Libreville, der Hauptstadt Gabuns, mit 70 Teilnehmern aus 20 Ländern ließen einige Anwesende ihrer Fantasie freien Lauf. Schließlich gipfelten die Spekulationen in der Annahme, bei Oklo könne es sich um eine Hinterlassenschaft Außerirdischer handeln. Vielleicht waren es Mitglieder einer hoch entwickelten extraterrestrischen Kultur, die in grauer Vorzeit mit ihren Raumschiffen hier gelandet sind, ihre ausgebrannten Kernreaktoren entsorgt haben und wieder abgereist sind, nachdem sie ihre Brennstoffvorräte ergänzt hatten. – Nach diesem Diskussionsbeitrag sollen es einige Teilnehmer sehr bedauert haben, dass man unglücklicherweise nicht daran gedacht hatte, zu dieser Konferenz auch Stanley Kubrick einzuladen.

Kapitel 2

Ein Tag – so lang

Waren Sie schon mal auf dem innersten Planeten unseres Sonnensystems, dem Merkur? Natürlich nicht! Aber wenn Sie dort gewesen wären, hätten Sie sich vermutlich sehr über die Sonne gewundert. Nicht nur vergehen dort von einem bis zum nächsten Sonnenaufgang rund 176 Erdentage, auch scheint sich die Sonne über ihren Weg am Merkurhimmel nicht ganz im Klaren zu sein. Am Äquator bleibt sie zur Mittagszeit kurz stehen, läuft dann ein Stück rückwärts, hält erneut inne, um sodann wieder in der ursprünglichen Richtung weiterzuwandern. Ein noch eindrucksvolleres Schauspiel bekäme man geboten, wenn man sich zur selben Zeit an einem Ort auf dem Merkur aufhielte, der entweder um ein Viertel des Äquatorumfangs nach Osten beziehungsweise nach Westen versetzt ist, wo sich die Sonne gerade anschickt, auf- beziehungsweise unterzugehen. Ein Beobachter könnte dort einen doppelten Sonnenauf- beziehungsweise Sonnenuntergang erleben: Bevor die Sonne am Morgen ihre Reise über den Himmel beginnt, verschwindet sie nochmals kurz unter dem Horizont. Am Abend, nachdem sie unter den Horizont gesunken ist, taucht sie nochmals kurz auf, um erst dann endgültig unterzugehen. So etwas kennt man auf unserer Erde nicht. Diese Besonderheit ist absolut einmalig und nirgendwo sonst im Sonnensystem anzutreffen (Abb. 6).

Auf unserer Erde geht die Sonne im Osten auf und im Westen unter. Das liegt daran, dass sich die Erde, blickt man von oben auf den Nordpol, entgegen dem Uhrzeigersinn dreht und dass eine Umdrehung in einer deutlich kürzeren Zeit erfolgt als ein Umlauf um die Sonne. Für einen Umlauf braucht die Erde

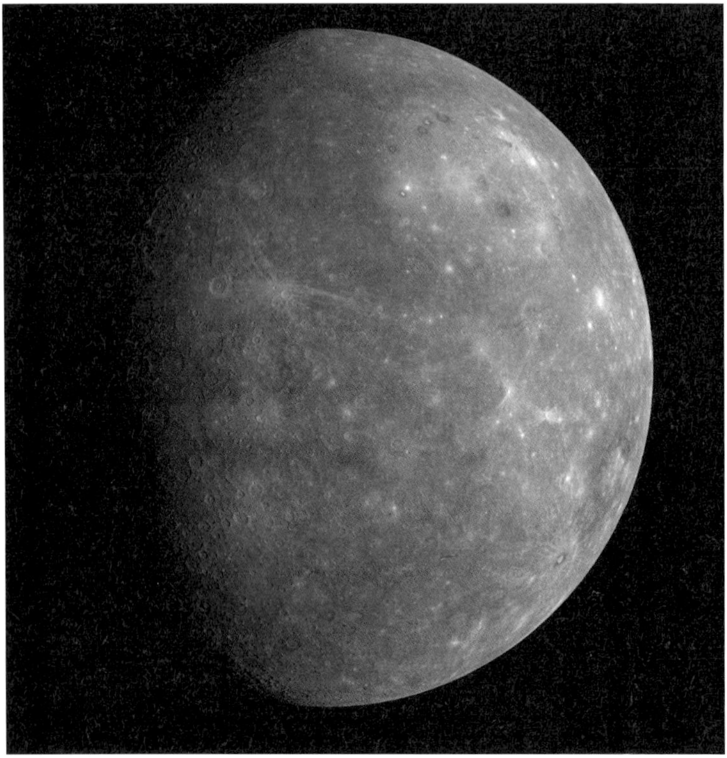

Abb. 6: Der Planet Merkur, im Januar 2008 von der Sonde »Messenger« aus einer Entfernung von rund 27 000 Kilometern aufgenommen. Das Bild entstand, als die Sonde erstmals am Merkur vorbeiflog. Bis die Sonde im März 2011 in eine Umlaufbahn um den Planeten einschwenkte, passierte sie noch zweimal den Merkur: im Oktober 2008 und im September 2009.

rund 365 Tage, für eine Umdrehung knapp 24 Stunden. Wie sich die Lage ändert, wenn ein Planet für eine Umdrehung genauso lange braucht wie für einen Umlauf um seinen Stern, lässt sich gut an unserem Mond studieren. Der Mond wendet uns immer dieselbe Seite zu, da sowohl ein Umlauf um die Erde als auch eine Eigenumdrehung 27,32 Tage in Anspruch nehmen. Auf einem Planeten mit identischer Umlauf- und Rotationsdauer ist daher auf einer Hemisphäre immer Tag, wogegen die andere Hälfte in ewige Finsternis getaucht ist. Wieder anders sind die

Verhältnisse auf einem Planeten, bei dem für eine Eigenumdrehung mehr Zeit vergeht als für einen Umlauf um den Stern. Dort läuft die Sonne in der für uns »falschen« Richtung über den Himmel: Sie geht nicht im Osten auf, sondern im Westen, und der Sonnenuntergang findet im Osten statt.

Diese einfachen Regeln gelten jedoch nur, wenn sich Planeten auf Kreisbahnen bewegen. Wie der deutsche Astronom Johannes Kepler nach jahrelangem Studium unseres Sonnensystems bereits 1609 in seiner Schrift *Astronomia Nova* zeigen konnte, ist das nicht der Fall. Planeten, so hat er in seinem »Ersten Keplerschen Gesetz« formuliert, umrunden ihren Stern auf elliptischen Bahnen. Eine Ellipse besitzt im Gegensatz zu einem Kreis zwei Brennpunkte, die gleich weit vom Mittelpunkt der Ellipse entfernt sind. Und in einem dieser Brennpunkte sitzt der Stern. Der sternnahe Scheitel der Ellipse bildet das Perihel der Planetenbahn, der gegenüberliegende, sternferne Ellipsenscheitel das Aphel. Übrigens: Der Kreis ist eine Sonderform der Ellipse, bei der die beiden Brennpunkte in einem Punkt, dem Kreismittelpunkt, zusammenfallen (Abb. 7).

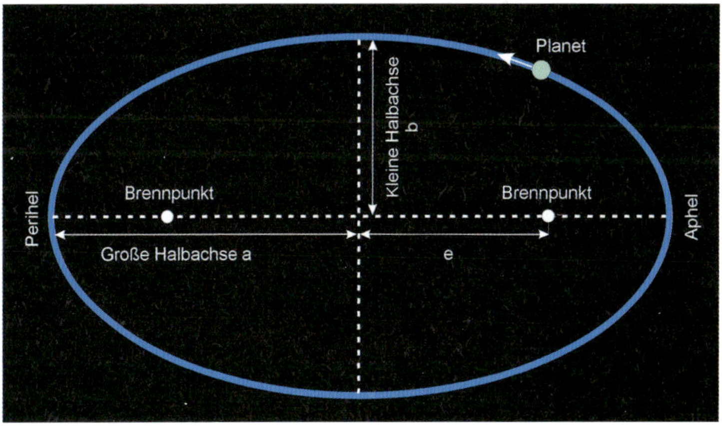

Abb. 7: Planeten umrunden ihren Stern auf elliptischen Bahnen. Die große Halbachse a und die kleine Halbachse b sowie das Verhältnis von e zu a, die sogenannte Exzentrizität, bestimmen das Aussehen der Ellipse. Der vom Planeten umrundete Stern befindet sich in einem der beiden Ellipsenbrennpunkte.

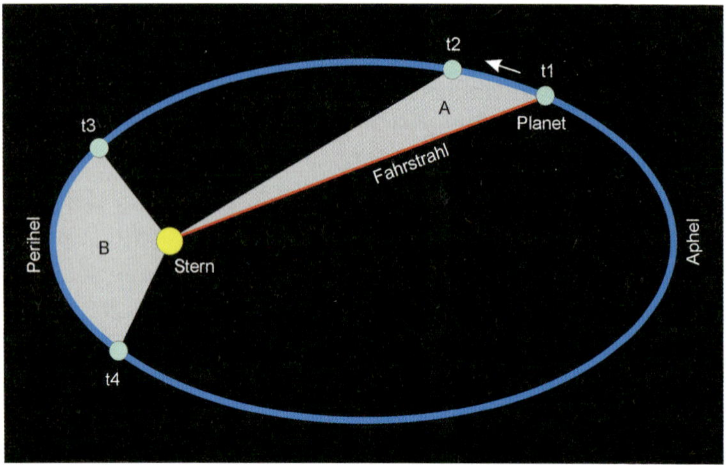

Abb. 8: Nach dem von Johannes Kepler formulierten zweiten Gesetz der Planetenbewegung überstreicht der Fahrstrahl (rot) des Planeten in gleichen Zeiten gleiche Flächen (A und B). Die Zeitspanne zwischen t1 und t2 ist gleich der zwischen t3 und t4. Da der Bahnabschnitt zwischen t1 und t2 jedoch deutlich kürzer ist als der zwischen t3 und t4, ist die Planetengeschwindigkeit in Perihelnähe größer als in der Nähe des Aphels.

Ein Planet auf einer Kreisbahn würde seinen Stern mit gleichbleibender Geschwindigkeit umrunden. Für eine elliptische Planetenbahn gilt das nicht. Die Bahngeschwindigkeit hängt davon ab, wo sich der Planet auf seiner Bahn gerade befindet. Im »Zweiten Keplerschen Gesetz« ist das elegant formuliert. Demnach überstreicht der Fahrstrahl des Planeten in gleichen Zeiten gleiche Flächen. Dabei bezeichnet der Begriff »Fahrstrahl« die Verbindungslinie Stern – Planet. Läuft der Planet auf seiner Bahn entlang, so bewegt sich der Fahrstrahl mit. Die überstrichene Fläche ist das Segment, das von zwei zeitlich unterschiedlichen Bahnpunkten des Planeten und dem Ellipsenbrennpunkt aufgespannt wird (Abb. 8).

Betrachtet man nun zwei gleich große Flächen, die der Fahrstrahl einmal in der Nähe des Perihels und einmal in der des Aphels überstreicht, so sieht man sofort: Der Planet legt eine deutlich längere Strecke im Perihelbereich zurück. Da aber beide Strecken in der gleichen Zeit bewältigt werden, kann das nur heißen, dass die Planetengeschwindigkeit im Perihel höher ist als im Aphel. Dieser Sachverhalt lässt sich auch mithilfe der »Winkelgeschwindigkeit« ausdrücken. Physiker verstehen darunter die Veränderung eines Winkels in einer vorgegebenen Zeit. In unserem Fall ist das der Winkel, den die Fahrstrahlen zu Beginn und am Ende des vom Planeten zurückgelegten Weges einschließen. Demnach ist die Winkelgeschwindigkeit des Planeten im Perihel größer als im Aphel. Natürlich lässt sich auch die Rotationsgeschwindigkeit des Planeten durch eine Winkelgeschwindigkeit ausdrücken. Damit ein Planet seinem Stern immer dieselbe Seite zukehrt, muss er also mit der gleichen Winkelgeschwindigkeit rotieren, mit der er auf seiner Bahn den Stern umläuft.

Überlegen wir noch, wie ein Beobachter von einem festen Standort auf einem Planeten die Sonne wahrnimmt. Obwohl er weiß, dass sich die Sonne nicht bewegt, sieht er sie doch mit einer gewissen Winkelgeschwindigkeit über den Himmel ziehen. Diese »scheinbare« Winkelgeschwindigkeit der Sonne ist gleich der Differenz zwischen der Winkelgeschwindigkeit der Rotation des Planeten und derjenigen seiner Wanderung um die Sonne. Demnach verharrt die Sonne unbeweglich am Himmel, wenn die beiden Winkelgeschwindigkeiten gleich sind.

Fasst man die bisherigen Betrachtungen zusammen, so liegt der Schluss nahe, dass das bizarre »Sonnentheater« auf dem Merkur etwas mit den Winkelgeschwindigkeiten des Planeten zu tun hat. Um das zu bestätigen, benötigen wir die Bewegungsdaten des Merkurs. Bis Anfang der 60er-Jahre des vergangenen Jahrhunderts glaubte man noch, dass ein Merkurtag genauso lang wie ein Merkurjahr sei und dass der Merkur uns wie der Mond immer dieselbe Seite zuwendet. Doch 1965 durchgeführte Radarbeobachtungen ließen erkennen, dass das nicht stimmt. Heute weiß man: Für eine Umdrehung braucht Merkur 58,646, für einen Umlauf um die Sonne 87,969 Erdentage. Das bedeutet: Während der Merkur zweimal die Sonne umrundet, dreht er sich dreimal um seine Achse. Hinzu kommt, dass Merkurs Bahn um die Sonne elliptisch ist. Im Aphel beträgt sein Abstand zur Sonne rund 70 Millionen Kilometer, im Perihel ist er nur noch knapp 46 Millionen Kilometer von ihr entfernt. Für einen Beobachter auf dem Merkur scheint daher die Sonne immer größer zu werden, wenn sich der Planet dem Perihel nähert, um danach wieder zu schrumpfen.

Entsprechend diesem Verhältnis von drei Umdrehungen des Planeten während zweier Umläufe um die Sonne verhalten sich auch die beiden Winkelgeschwindigkeiten wie 3 zu 2 oder 1,5 zu 1, oder anders ausgedrückt: Die Winkelgeschwindigkeit der Merkurrotation ist 1,5-mal größer als die, mit der er die Sonne umkreist. Das ist der über den ganzen langen Merkurtag errechnete Mittelwert. Betrachtet man das Verhältnis in Abhängigkeit von der Position des Merkurs auf seiner Bahn, so weicht es jedoch deutlich vom Mittelwert ab. Denn während sich der Planet mit gleichbleibender Winkelgeschwindigkeit um seine Achse dreht, ist die Bahnwinkelgeschwindigkeit aufgrund der ausgeprägt elliptischen Umlaufbahn nicht überall gleich. Im Aphel ist die Umlaufwinkelgeschwindigkeit 0,68-mal kleiner als die mittlere Winkelgeschwindigkeit und im Perihel um den Faktor 1,53 größer. Im Aphel stehen demnach die beiden Winkelgeschwindigkeiten im Verhältnis 1,5 zu 0,68 und im Perihel im Verhältnis 1,5 zu 1,53.

Analysieren wir, was das für die Bewegung der Sonne am Merkurhimmel bedeutet. Je näher der Planet dem Perihel kommt, umso größer wird seine Bahnwinkelgeschwindigkeit. Kurz vor Erreichen dieser Position wird ein Punkt durchlaufen, an dem die Bahnwinkelgeschwindigkeit 1,5-mal größer ist als der Mittelwert. Dort verhalten sich die Winkelgeschwindigkeiten der Rotation und der Bahnbewegung wie 1,5 zu 1,5. Beide Winkelgeschwindigkeiten sind also gleich! Und da die scheinbare Winkelgeschwindigkeit der Sonne gleich der Differenz der beiden Winkelgeschwindigkeiten ist – in diesem Fall null –, stellt die Sonne ihre nach Westen gerichtete Bewegung am Merkurhimmel ein und kommt zum Stehen. Auf dem weiteren Weg des Planeten bis zum Perihel wächst dann die Bahnwinkelgeschwindigkeit weiter an und übersteigt schließlich die der Rotation um das 1,02-Fache. Die Winkelgeschwindigkeit der Sonne wird also negativ, mit dem Ergebnis, dass die Sonne rückwärts, das heißt nach Osten, zu laufen beginnt. Beim Überschreiten des Perihels jedoch kehren sich die Verhältnisse um. Die Sonne kommt in ihrer Rückwärtsbewegung allmählich zum Stehen und bewegt sich anschließend mit wachsender Winkelgeschwindigkeit wieder in westlicher Richtung über den Merkurhimmel. Dieses Schauspiel ereignet sich zweimal pro Merkurtag.

Sollte jemals ein Mensch den Merkur betreten, so könnte er diese Anomalie überall auf der der Sonne zugewandten Merkurhemisphäre beobachten. Am »dramatischsten« wäre das Schauspiel an vier ausgezeichneten Orten. Zwei liegen am Äquator auf einander gegenüberliegenden Seiten des Planeten, die anderen sind längs des Äquators um jeweils 90 Grad nach Osten beziehungsweise Westen an den Rand der gerade der Sonne zugewandten Hemisphäre versetzt. Während über einem der beiden zentralen Äquatorpunkte die Sonne beim Periheldurchgang senkrecht steht – der andere liegt währenddessen auf der Nachtseite des Planeten –, geht sie an einem der beiden Randpunkte gerade zweimal auf, am anderen zweimal unter. Beim nächsten Periheldurchgang tauschen die Orte ihre Rollen: Wo vorher die Sonne zweimal aufging, steigt sie nun nochmals kurz über den Horizont, ehe sie endgültig untergeht, und wo sie vorher unterging, verschwindet sie nochmals kurz, ehe sie endgültig die »Reise« über den Merkurhimmel antritt.

Könnte man zum Merkur reisen, so würden frischverliebte »Touristen« vermutlich den Ort mit dem doppelten Sonnenuntergang als Ausflugsziel buchen. In die untergehende Sonne hineinträumen und das Ganze kurz darauf noch einmal, das wäre wohl Romantik pur. Sonnenfetischisten sollten dagegen besser die »Caloris Planitia« besuchen, das »Becken der Hitze« (Abb. 9). Dieser mit einem Durchmesser von rund 1500 Kilometern größte Einschlagkrater auf dem Merkur ist der Ort, über dem zum Zeitpunkt jedes zweiten Periheldurchgangs die Sonne im Zenit steht. Dort brennt sie aus nächster Nähe gnadenlos

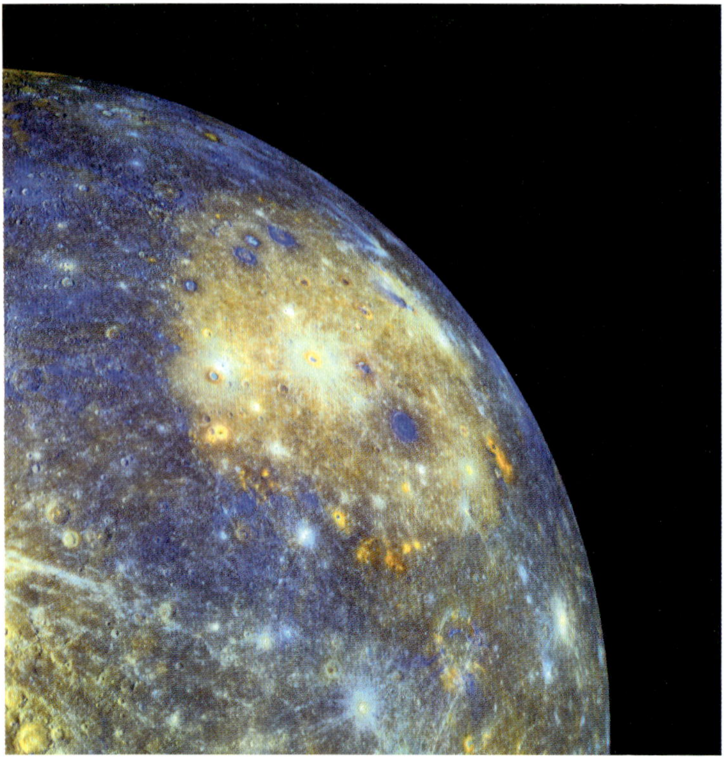

Abb. 9: Das »Becken der Hitze« (Caloris Planitia). Mit einem Durchmesser von rund 1500 Kilometern ist es der größte Einschlagkrater auf dem Merkur. Durchläuft der Planet auf seiner Bahn das Perihel, den Punkt der geringsten Entfernung zur Sonne, dann ist dort gerade Mittag. Folglich brennt die Sonne gnadenlos vom Himmel und sorgt für entsprechend hohe Temperaturen.

vom Himmel. Und als hätte sie sich verirrt, wandert sie auch noch ein Stück zurück, ehe sie langsam ihre zentrale Position am Himmel verlässt.

Jedoch: Eine Reise zum Merkur gehört gegenwärtig noch ins Reich der Utopie, und sie wird noch für sehr lange Zeit eine Utopie bleiben. Allein die Tatsache, dass auf diesem Planeten Temperaturen um 450 Grad herrschen, stellt die heutige Raumfahrt vor eine unlösbare Aufgabe. Aber wer weiß schon, was die Zukunft bringt? Bis dahin müssen wir uns mit den irdischen Sonnenuntergängen begnügen. Insbesondere am Meer sind sie nicht minder romantisch.

Abschließend ist noch zu klären, wieso auf dem Merkur zwischen zwei Sonnenaufgängen volle 176 Erdentage liegen. Der Planet rotiert doch in knapp 59 Tagen einmal um seine Achse. Und in der Zeit, in der er einmal seine Bahn durchläuft, hat er sich schon eineinhalbmal gedreht. Auf der Erde entsprechen eineinhalb Umdrehungen unseres Planeten rund eineinhalb Tagen. Die Sonne ist zwischenzeitlich bereits zweimal aufgegangen. Auf dem Merkur tauschen die Tag- und Nachtseite des Planeten ihre Rollen jedoch erst nach einem vollen Umlauf. Das heißt: Wo vorher Tag war, ist nun Nacht. Damit der Planet wieder so zur Sonne orientiert ist wie zu Beginn des ersten Umlaufs, muss Merkur nochmals seine Bahn entlanglaufen. Für einen Umlauf benötigt Merkur 88 Erdentage, für zwei die doppelte Zeit. Zusammen sind das 176 Erdentage, die einem Merkurtag entsprechen. Wie schon gesagt: ein Tag – so lang.

Kapitel 3

Stiefkinder der Sonne

Blickt hier jemand durch? Was sich neben den acht Planeten noch alles in unserem Sonnensystem herumtreibt, kann schon für Verwirrung sorgen: Asteroiden, Kometen, Zwergplaneten, Planetoiden, Meteoroiden. Für diese Objekte beginnt sich die Wissenschaft immer mehr zu interessieren: Wie sind sie entstanden, woher kommen sie, und woraus bestehen sie? Antworten auf diese Fragen ergänzen nicht nur das allgemeine Wissen um diese »Vagabunden«, sie können auch helfen, Ursprung und Entwicklung unseres Sonnensystems besser zu verstehen. Bevor wir jedoch einige dieser interessanten Objekte näher betrachten, sollte klar sein, was sich hinter den Begriffen verbirgt.

Beginnen wir mit den Asteroiden. Es handelt sich dabei vorwiegend um felsartige Körper mit einem mehr oder weniger großen Anteil an schweren Elementen, darunter hauptsächlich Eisen. Die Mehrzahl der bekannten Asteroiden umläuft die Sonne in einem Bereich zwischen den Planeten Mars und Jupiter, den man auch als »Asteroidengürtel« bezeichnet (Abb. 10). Diese Zone beginnt etwa 2 Astronomische Einheiten (AE) von der Sonne entfernt und reicht hinaus bis zu circa 3,6 AE. (1 AE beziehungsweise 1 AU entspricht der Entfernung Erde – Sonne.) Man vermutet, dass sich dort etwa ein bis zwei Millionen Asteroiden größer als ein Kilometer tummeln. In diesem Reigen ist Ceres mit rund 950 Kilometern Durchmesser der größte Brocken. Pallas, Vesta und Hygiea haben Durchmesser zwischen 400 und 525 Kilometern. Andere wie Juno, Europa und Eunomia sind mit ma-

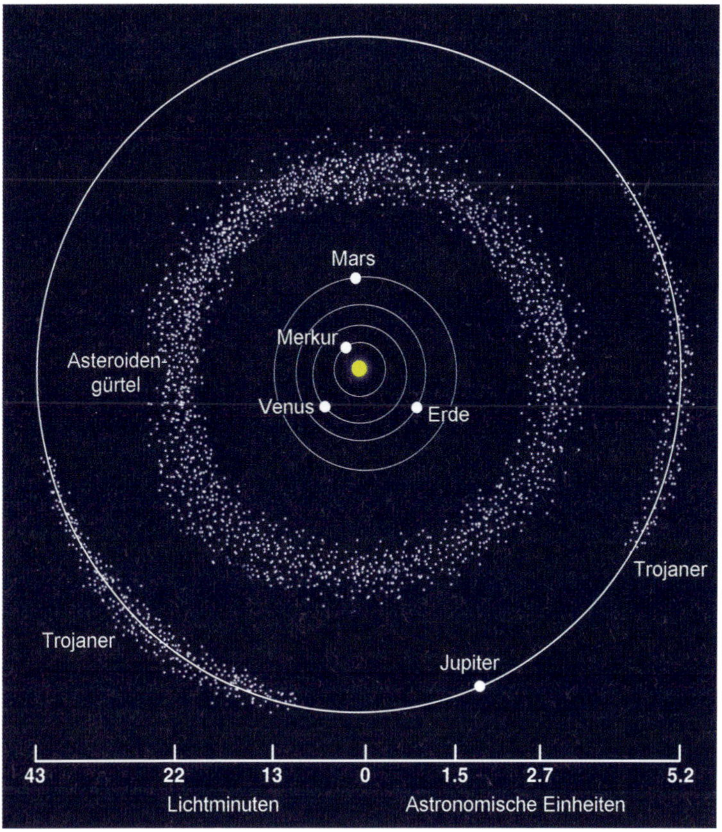

Abb. 10: Halbwegs zwischen den Bahnen von Mars und Jupiter befindet sich der Asteroidengürtel, in dem mehrere Millionen Asteroiden und Kleinkörper um die Sonne kreisen. Eine spezielle Asteroidengruppe, die sogenannten Trojaner, umrunden die Sonne auf gleicher Bahn wie Jupiter, indem sie dem Planeten im Abstand von etwa 60 Grad vorauseilen beziehungsweise nachfolgen. Anhand der Skala am unteren Bildrand lässt sich die Entfernung zur Sonne in Astronomischen Einheiten (AE oder AU) beziehungsweise in Lichtminuten ablesen.

ximal 300 Kilometer Durchmesser bereits deutlich kleiner. In der Literatur finden sich für diese Körper neben der Bezeichnung »Asteroid« auch die Begriffe »Planetoid« oder »Kleinplanet«, ohne dass eine scharfe Grenzgröße festgesetzt ist. Die meisten Asteroiden sind von ziemlich unregelmäßiger Gestalt

Abb. 11: Einige Asteroiden und Kometen mit Name und Größenangabe. Alle wurden mittlerweile von irdischen Sonden besucht und genauer unter die Lupe genommen. Bezeichnung und »Besuchsdatum« der jeweiligen Raumsonde sind in der letzten Zeile vermerkt.

(Abb. 11). Nur bei den besonders massereichen, so beispielsweise bei Ceres, reicht die Gravitationskraft aus, den Körper zu einer annähernd gleichmäßigen Kugel zu formen. Entsprechend den Bestimmungen der Internationalen Astronomischen Vereinigung vom 24. August 2006 rechnet man solche Körper nicht mehr zu den Asteroiden, sondern bezeichnet sie als »Zwergplaneten«.

Zusätzlich zu diesen über 1 Kilometer großen Objekten bevölkern noch mehrere Millionen Kleinkörper den Asteroidengürtel. Manche haben Abmessungen von nur wenigen Metern, andere sind bis zu einigen hundert Metern groß.

Könnte es sein, dass all diese Asteroiden einmal Bestandteil eines Planeten waren, der zwischen Mars und Jupiter die Sonne umkreiste und einst auseinanderbrach? Betrachtet man die Gesamtmasse aller Asteroiden im Asteroidengürtel, so sieht man sofort: Das kann nicht sein. Abschätzungen haben ergeben, dass alle diese Körper zusammen eine Masse von lediglich 3,0 bis 3,6 × 10^{21} Kilogramm auf die Waage bringen. Das sind nur rund 4 Prozent der Masse unseres Mondes. Rund 32 Prozent davon beansprucht allein Ceres für sich. Weitere 19 Prozent entfallen auf die rund 250 Kilometer großen Asteroiden Pallas, Vesta und Hygiea. Und obwohl Europa und Davida immerhin noch eine Ausdehnung von etwa 160 Kilometern haben, sind sie nur noch mit zusammen 2 Prozent an der Gesamtmasse beteiligt. Anhand dieser Auflistung lässt sich gut veranschaulichen, wie sich die Asteroidenpopulation hinsichtlich Masse und Größe zusammensetzt: Mit abnehmender Masse der Asteroiden steigt ihre Anzahl rapide an.

Wenn sich schon aus so wenig Materie kein »vernünftiger« Planet formen lässt, so hätten doch bei der Entstehung des Sonnensystems die Materiebrocken zu einem einzigen großen Körper zusammenklumpen können. Aber genau das hat der Planet Jupiter verhindert. Als er entstand, wuchs mit seiner Masse auch seine Gravitationskraft. In diesem gewaltigen Gravitationsfeld wurden bereits zu einer gewissen Größe herangereifte Körper wieder zerrissen beziehungsweise deren Bahnen so gestört, dass die Planetoiden untereinander kollidierten und dabei auseinanderbrachen.

Doch woher kommen die Asteroiden? Heute glaubt man, dass es sich dabei um Relikte aus der Entstehungszeit unseres Sonnensystems vor circa 4,5 Milliarden Jahren handelt. Diese Körper sind zusammen mit den Planeten entstanden, haben es aber nicht geschafft, ausreichend Materie aus der ursprünglichen Gas- und Staubscheibe um die junge Sonne an sich zu ziehen und mit anderen Planetesimalen zu Planeten zusammenzuklumpen. Asteroiden sind sozusagen die »Loser« im Sonnensystem.

So weit zur Entstehung der Asteroiden. Mittlerweile glaubt man auch zu wissen, wie es dazu kam, dass sich diese Körper im heutigen Asteroidengürtel zusammengefunden haben. Aufschluss gibt das von Tsiganis, Gomes und Morbidelli entwickelte Nizza-Modell, das im Kapitel 5 besprochen wird. Demnach waren die äußeren Planeten im frühen Sonnensystem viel näher zur Sonne platziert. Zudem postuliert das Modell jenseits der Planeten eine mit Planetesimalen bevölkerte Scheibe, die bis 30 AE weit hinausreicht. Anfänglich ließen die zwischen den Planeten und Planetoiden wirkenden Gravitationskräfte die Planeten »gemächlich« in Richtung Sonne beziehungsweise von ihr weg wandern. Nach rund 600 Millionen Jahren kam es jedoch aufgrund einer Resonanz zwischen Jupiter und Saturn zu heftigen Turbulenzen. In dieser Phase drifteten die Planeten in ihre heutigen Positionen, während die Kleinkörper durch die Gravitationskraft der massereichen Planeten aus ihren Bahnen ins Innere beziehungsweise an den Rand des Sonnensystems katapultiert wurden. Ein Teil der nach innen geschleuderten Körper blieb im Gravitationsfeld zwischen Mars und Jupiter gefangen, die nach außen geworfenen Körper umkreisen heute jenseits der Neptunbahn als Trans-Neptun-Objekte (TNO) im torusförmigen Kuiper-Gürtel die Sonne.

Ähnlich der Anzahl der Asteroiden im Asteroidengürtel vermutet man auch im Kuiper-Gürtel viele Millionen, vielleicht sogar bis zu einer Milliarde TNOs. Größenmäßig ist alles vertreten, angefangen von Winzlingen mit nur einigen zehn Metern Durchmesser bis zur Größe Plutos. In ihrer Zusammensetzung unterscheiden sich TNOs von den Kleinkörpern im Asteroidengürtel: Sie gleichen gewaltigen »Geröllhalden« aus lockerem Gestein, vermengt mit viel Eis. Da TNOs auf Bahnen in Entfernungen von 30 bis 50 AE zur Sonne umlaufen, sind sie selbst mit guten Teleskopen nur schwer auszumachen. Dennoch wurden inzwischen etwa 1000 dieser Objekte gefunden, darunter auch solche mit Durchmessern zwischen 800 und 1800 Kilometern. Abschätzungen der TNO-Population gehen von mindestens 100 000 Objekten größer als 500 Kilometer aus. Bekannt geworden sind unter anderen die TNOs Eris und Quaoar, wobei Quaoar sogar rund 100 Kilometer größer ist als Pluto. Diese Entdeckungen waren mit ein Grund, Pluto den Planetenstatus abzuerkennen. Ansonsten wären dem Sonnensystem plötzlich eine Menge neuer Planeten »zugewachsen«. Seit August 2006 gilt Pluto daher als Zwergplanet, als ein KBO, ein Kuiper-Belt-Objekt.

Und dann ist da noch Sedna. 2003 hat man diesen etwa 1800 Kilometer großen Kleinplaneten entdeckt. Im Laufe seines rund 12 000 Jahre dauernden Umlaufs um die Sonne führt ihn seine exzentrische Bahn bis auf 75 AE an sein Muttergestirn heran beziehungsweise 900 AE von ihm weg. Damit gehört er nicht mehr zur Familie der TNOs, aber auch noch nicht richtig zur sogenannten Oortschen Wolke, einer Ansammlung von Kleinkörpern, die unser Sonnensystem schalenförmig umschließt. Man schätzt, dass diese Wolke im Abstand von etwa 300 AE zur Sonne ihren Anfang hat und bis zu 100 000 AE hinausreicht. Sedna wäre demnach als ein »Bindeglied« zwischen dem Kuiper-Gürtel und der Oortschen Wolke anzusehen. Ob diese Wolke wirklich existiert, ist jedoch ungewiss. Beobachtet wurde sie bisher noch nicht. Aber um erklären zu können, von wo aus eine spezielle Klasse von Kometen ihren Ausgang nimmt, ist sie für Astronomen unverzichtbar.

Damit sind wir bei den Kometen. Man bezeichnet sie auch als »schmutzige Schneebälle«. Wesentlicher Bestandteil eines Kometen ist der Kometenkern, mit einem Durchmesser im Bereich von 1 bis zu etwa 100 Kilometern ein lockerer Verbund von gefrorenen Gasen und kleinen Staubpartikeln. In großer Entfernung zur Sonne sind Kometen nicht zu entdecken. Man sieht sie erst, wenn sie sich der Sonne so weit nähern, dass die äußeren Schichten des Kometenkerns zu verdampfen beginnen. Dann entwickelt sich zunächst die Kometenkoma, eine den Kern einhüllende Atmosphäre aus Gasmolekülen und Staub, die im Licht der Sonne hell aufleuchtet. Bei weiterer Annäherung an die Sonne sorgen Sonnenwind und Strahlungsdruck des Sonnenlichts dafür, dass sich der stets von der Sonne weggerichtete und bis zu 10 Millionen Kilometer lange Kometenschweif ausbildet.

Koma und Schweif zehren an der Substanz des Kometen.

Folglich verliert er bei jeder Annäherung an die Sonne einen Teil seiner Masse. Ein Komet von etwa 10 Kilometer Durchmesser hat sich nach rund 1000 Umrundungen der Sonne beziehungsweise nach circa 10 000 bis einer Million Jahren aufgelöst. Da man aber immer wieder Kometen beobachtet, müssen sie von irgendwoher nachgeliefert werden. Als Kometenreservoire gelten der Kuiper-Gürtel sowie die Oortsche Wolke. Der ersten Quelle entstammen die kurzperiodischen Kometen, die für einen Umlauf um die Sonne weniger als 200 Jahre benötigen. Dagegen dürften die langperiodischen Kometen mit Umlaufperioden länger als 200 Jahre ihren Ursprung in der Oortschen Wolke haben. Meist ist es ein nahe dem Sonnensystem vorbeiziehender Stern, der die Bahnen der Kometen in der Oortschen Wolke stört und einige von ihnen in das Innere des Sonnensystems katapultiert. Die kurzperiodischen Kometen werden dagegen durch die Gravitationskraft der Planeten aus ihren Bahnen im Kuiper-Gürtel gedrängt.

Gegenwärtig kennt man rund 1000 Kometen. Insgesamt dürfte es jedoch einige Milliarden geben. Hin und wieder verdanken wir ihnen ein ganz besonderes Schauspiel. Vielleicht erinnern sich einige Leser noch an den Kometen Shoemaker-Levy 9. 1992 lief er so nahe am Planeten Jupiter vorbei, dass er durch dessen Gravitationskraft in 21 Teile zerrissen wurde. Im Juli 1994 stürzten die Bruchstücke dann einer nach dem anderen in die der Erde abgewandte Jupiteratmosphäre. Wenige Minuten nach dem Einschlag hatte sich Jupiter so weit gedreht, dass die Einschlagstellen nun auch von der Erde aus gut zu beobachten waren. Nicht ganz so spektakulär sind die regelmäßig auftretenden Meteorschauer. Auch dafür sind hauptsächlich Kometen verantwortlich. Auf ihrem Weg um die Sonne verlieren sie fortwährend sandkorn- bis kieselgroße Brocken, die sich entlang ihrer Bahnen ansammeln. Kreuzt die Erde auf ihrem Weg diese Spuren, so erhitzen sich die Teilchen durch die Reibung an den Luftmolekülen und verglühen. Auf ihrem Weg durch die Erdatmosphäre zeichnen sie dabei kurzfristig hell leuchtende Striche an den Nachthimmel. Diese auch »Sternschnuppenregen« genannten Erscheinungen wiederholen sich periodisch jedes Jahr.

Etwas verwirrend sind die Begriffe, die mit diesem »Kometenstaub« verbunden sind. Solange die millimeter- bis zentimetergroßen Teilchen noch um die Sonne kreisen beziehungsweise sich zwischen den Planeten aufhalten, bezeichnet man sie als Meteoroide. Die Lichterscheinung, die sie beim Verglühen in der Erdatmosphäre hervorrufen, nennt man Meteor oder auch Sternschnuppe. Und wenn ein Meteoroid beim Durchtritt durch die Erdatmosphäre nicht gänzlich verdampft, so ist das, was davon übrig bleibt und auf der Erdoberfläche ankommt, ein Meteorit.

Sucht man in der Literatur nach Angaben über die Anzahl der Kleinkörper, die auf die Erde fallen, so gehen die Zahlen weit auseinander. Da ist die Rede von 11000 meist kleinen Meteoriten jährlich und einem täglichen Massenzuwachs der Erde von etwa 6000 Tonnen durch meteoritischen Staub. An anderer Stelle heißt es, dass pro Tag Meteoriten mit einer Gesamtmasse von rund 40 Tonnen in die Erdatmosphäre eindringen und etwa 20000 Meteorite mit einer Masse von etwa 100 Gramm pro Jahr die Erdoberfläche erreichen. Nach einer dritten Quelle soll die Erde pro Jahr 40000 Tonnen an Masse durch Meteoriten zulegen, was rund einem Kilogramm Meteoritenmasse pro 10000 Quadratkilometer Erdoberfläche entspricht. Und schließlich ist sogar die Rede von einigen Millionen Tonnen, die die Erde pro Jahr durch Meteoriten an Masse gewinnt.

Welche Angabe der Wirklichkeit am nächsten kommt, sei dahingestellt. Sicher ist jedoch, dass unter den zig Tonnen an Kleinmeteoriten gelegentlich auch Brocken auf die Erde donnern, die es in sich haben. Generell gilt: Mit wachsender Größe und Masse der Objekte nimmt die Häufigkeit der Einschläge auf der Erde schnell ab. Verwunderlich ist das nicht, man muss sich nur vergegenwärtigen, dass zwar eine Unmenge kleiner und kleinster Asteroiden und Kometen, aber nur sehr wenige wirklich große im Sonnensystem herumgeistern. Eines der letzten spektakulären Ereignisse war der »Einschlag« eines Meteoriten am 30. Juni 1908 nahe des Flusses Steinige Tunguska in Sibirien, wobei rund 2000 Quadratkilometer Wald sprichwörtlich »flachgelegt« wurden. Genau genommen war es gar kein Einschlag, denn einen dazugehörigen Krater hat man bis heute nicht gefunden. Die Wissenschaft ist sich noch immer nicht im Klaren, was da genau passiert ist. Die wahrscheinlichste der vielen Theorien, die sich um das Ereignis ranken, besagt, dass ein etwa 30 bis 70 Meter großer Steinmeteorit in etwa 5 bis 15 Kilometer Höhe explodiert ist und die Druckwelle die Bäume wie Streichhölzer geknickt hat. Die Explosion soll die Wucht von 15 Millionen Tonnen TNT-Sprengstoff (Tri-Nitro-Toluol) gehabt haben, so viel wie eine mittlere Wasserstoffbombe (Abb. 12).

Im statistischen Mittel ist etwa alle 800 bis 1000 Jahre mit einem Einschlag eines 50 Meter großen Körpers zu rechnen. Der Einschlag eines rund 10 Kilometer großen Asteroiden wiederholt sich dagegen nur etwa alle 100 Millionen Jahre. So ein Riesending traf die Erde vor rund 65 Millionen Jahren. Von seinem Einschlag zeugt ein mittlerweile unter Sedimentschichten begrabener 180 Kilometer großer und etwa 10 Kilometer tiefer Krater, den man in den 70er-Jahren des vergangenen Jahrhunderts auf der Yucatán-Halbinsel in Mittelamerika entdeckt hat. Dieser sogenannte Chicxulub-Krater ist neben dem deutlich jüngeren und kleineren Nördlinger-Ries-Krater nördlich der Schwäbischen Alb einer der am besten erhaltenen großen Einschlagkrater. Anhand der Dimension des Kraters konnte man berechen, dass der Asteroid etwa zehn Kilometer groß gewesen sein muss und dass seine Bewegungsenergie beim Eintritt in die Erdatmosphäre dem Äquivalent von circa 100 Billionen Tonnen TNT gleichkam. Entsprechend groß waren die Verwüstungen. Computersimulationen haben ergeben, dass noch in 1000 Kilometer Entfernung die Erde wie bei einem Beben der Stärke 10 auf der Richterskala erschüttert wurde. Etwa 50 Minuten nach dem Einschlag fegten Sturmböen mit einer Geschwindigkeit von bis zu 800 Kilometern pro Stunde über die Landschaft. Am gravierendsten war ver-

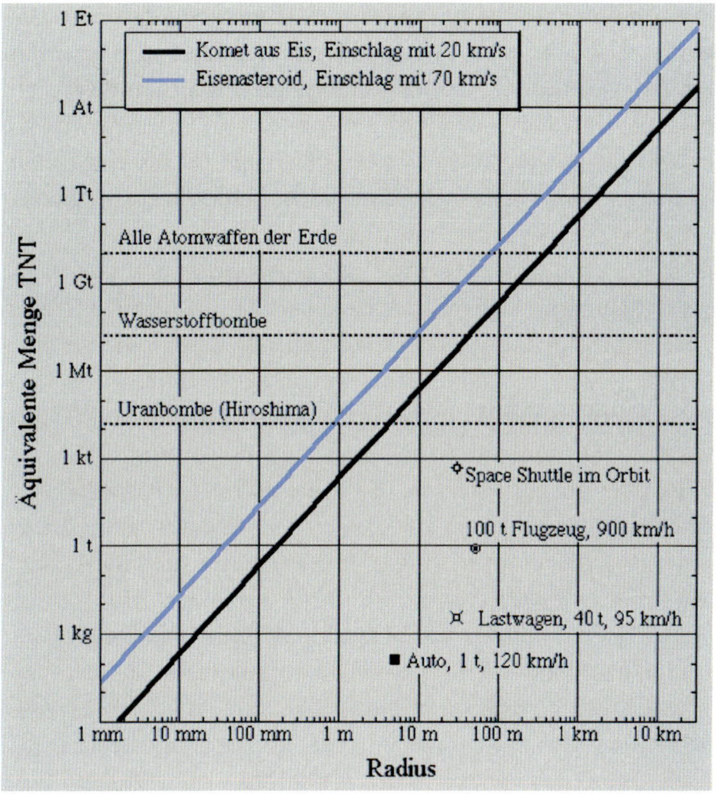

Abb. 12: Je nach Größe, Material und Geschwindigkeit des Einschlagkörpers sind die beim Einschlag freigesetzte Energie (angegeben in Tonnen des Sprengstoffs TNT) und die Verwüstung auf der Erde unterschiedlich groß.

mutlich die Auswirkung auf die Erdatmosphäre. Der Einschlag dürfte 4000 Kubikkilometer Gestein aufgeschmolzen beziehungsweise verdampft und in die obere Atmosphäre geschleudert haben. Dort hat es als Staub die Sonne über viele Monate hinweg verfinstert und die Tage zu Nächten gemacht. Folglich war ein Großteil der Pflanzen nicht mehr zur Photosynthese fähig und ging ein. Der dadurch verursachte Nahrungsmangel war sehr wahrscheinlich mit ausschlaggebend für das Aussterben der zu dieser Zeit im Tierreich dominanten Dinosaurier.

Selbstverständlich haben Wissenschaftler versucht herauszufinden, woher dieses Asteroidenmonster kam. Ein amerikanisch-tschechisches Astronomenteam des Southwest Research Institute und der Universität Prag hat sich 2007 dieser Sache angenommen und eine im Asteroidengürtel auf ähnlichen Bahnen umlaufende Schar von Asteroiden, die heute als Baptistina-Asteroiden-Familie bekannt ist, genauer unter die Lupe genommen. Computersimulationen, mit deren Hilfe man die Wege der mittlerweile auseinandergedrifteten Baptistina-Asteroiden zurückverfolgt hat, haben gezeigt, dass diese Körper ihre Existenz sehr wahrscheinlich einer rund 160 Millionen Jahre zurückliegenden Kollision zweier riesiger Asteroiden zu verdanken haben. Damals soll im inneren Asteroidengürtel ein 170 Kilometer großer Asteroid, der heute als »Urahn« der Baptistina-Familie angesehen wird, von einem anderen, etwa 60 Kilometer großen Objekt gerammt worden sein (Abb. 13). Nach den Simulationsergebnissen wurden bei diesem »Crash« die beiden Asteroiden in etwa 300 mehr als zehn Kilometer große und mindestens 100 000 über einen Kilometer ausgedehnte Bruchstücke zertrümmert. Dabei soll auch der im September 1890 von dem französischen Astronomen Auguste Charlois entdeckte, circa 40 Kilometer große Asteroid 298 Baptistina entstanden sein, der heute das Zentrum der Baptistina-Familie bildet.

Die Simulationen haben auch gezeigt, dass nicht alle der bei der Kollision entstandenen Bruchstücke der Baptistina-Familie im Asteroidengürtel verblieben. Etwa 20 Prozent sind durch gravitative Wechselwirkung mit anderen Objekten auf Bahnen gedrängt worden, die sie ins innere Sonnensystem geführt haben. Wiederum circa 2 Prozent davon schlugen schließlich auf dem Mars, der Venus, der Erde und dem Mond ein. Nach Ansicht der Forscher gehörte auch der Asteroid, der vor 65 Millionen Jahren den Chicxulub-Krater auf der Erde ausgehoben hat, mit einer Wahrscheinlichkeit von 90 Prozent zu dieser Gruppe.

Unterstützt wird diese Theorie sowohl durch die Geschichte

Abb. 13: So könnte es gewesen sein: Künstlerische Darstellung der Kollision zwischen dem 170 Kilometer großen »Urahn« der Baptistina-Familie und einem etwa 60 Kilometer großen Asteroiden vor etwa 160 Millionen Jahren.

der großen Einschlagkrater auf Erde und Mond als auch durch geochemische und mineralogische Befunde. So haben aufwendige Rechnungen ergeben, dass die Einschläge der aus dem Asteroidengürtel entkommenen Baptistina-Asteroiden auf die inneren Planeten etwa 40 Millionen Jahre nach dem großen Crash ein Maximum erreicht haben. Zeitlich passt das gut zusammen mit der Einschlagrate von Asteroiden auf Erde und Mond, die sich vor rund 100 bis 120 Millionen Jahren plötzlich verdoppelt hat, um ab da langsam auf den heutigen Wert abzusinken. Zum anderen lässt sich aus der chemischen Zusammensetzung der Sedimente um den Chicxulub-Krater ableiten, dass der Körper, der den Einschlag verursacht hat, ein C/X-Typ war. Das heißt, er ähnelt in seiner Zusammensetzung sehr den seltenen sogenannten kohligen Chondriten. Diese primitiven Asteroiden, die sich seit ihrer Entstehung praktisch unverändert erhalten haben, zeichnen sich durch einen hohen Anteil an Kohlenstoff, vermengt mit winzigen Silikatkügelchen, aus. Das Reflexions- oder auch Rückstrahlvermögen dieser Körper – Astronomen sprechen von der Albedo eines Körpers – ist sehr niedrig, so dass sie Sonnenlicht fast nicht reflektieren und praktisch schwarz erscheinen. Spektroskopische Untersuchungen sowie Albedobestimmungen haben nun ergeben, dass zu diesem Typ von Asteroiden auch 298 Baptistina und die bisher untersuchten Mitglieder der Baptistina-Familie gehören. Damit kommt sehr wahrscheinlich nur ein Mitglied der Baptistina-Familie als Verursacher des Chicxulub-Kraters infrage.

Auch der Mondkrater Tycho, der vor rund 110 Millionen Jahren entstand, fällt mit seiner Größe von 85 Kilometern statistisch aus dem Rahmen der Einschläge auf unserem Trabanten. Simulationen haben ergeben, dass Tycho von einem etwa vier Kilometer großen Projektil »ausgegraben« wurde. Laut den Berechnungen der Forscher dürfte in den letzten 160 Millionen Jahren der Mond von einem Mitglied der Baptistina-Familie getroffen worden sein, wogegen die Einschlagsrate von Asteroiden aus anderen Bereichen des Sonnensystems eins pro 570 Millionen Jahre beträgt. Aufgrund dieser Statistik vertreten die Forscher die Ansicht, dass auch das Objekt, das den Tycho-Krater verursacht hat, mit einer Wahrscheinlichkeit von 70 Prozent ein Mitglied der Baptistina-Familie war. Um einen höheren Wahrscheinlichkeitsgrad ansetzen zu können, bräuchte man noch Informationen über die chemische Zusammensetzung des Tycho-Materials. Da bis jetzt jedoch noch kein Astronaut den Tycho-Kessel betreten hat, muss man wohl noch eine Weile auf diese »Erleuchtung« warten.

Apropos Zusammensetzung: Neuere spektroskopische Untersuchungen sowie Messungen der Albedo des Asteroiden 298 Baptistina lassen vermuten, dass es sich bei den Baptistina-

Asteroiden doch nicht um kohlige Chondrite handelt. Sollte sich das bestätigen, so würde das die Argumentation, die einen Zusammenhang zwischen dem Chicxulub-Einschlagobjekt und der Baptistina-Familie herstellt, deutlich aufweichen. Allerdings sind die Daten noch nicht hieb- und stichfest. Um die Angelegenheit endgültig entscheiden zu können, sind weitere Untersuchungen, insbesondere an anderen Mitgliedern der Baptistina-Familie, geplant.

Wer nun glaubt, das Chicxulub-Ereignis war wohl der folgenschwerste Einschlag, den die Erde hat hinnehmen müssen, der irrt. In den letzten 500 Millionen Jahren hat es mindestens vier weitere Ereignisse gegeben, die ein Aussterben von bis zu 95 Prozent aller Lebewesen zur Folge hatten und für die ein Meteoriteneinschlag, wenn auch nicht als alleinige Ursache, so doch zumindest mitverantwortlich war. Doch die größte »Katastrophe«, die über die Erde hereinbrach und die sie nur mit Glück überlebt hat, ereignete sich viel früher, zu einer Zeit, als die Erde noch gar nicht »fertig« war, sondern erst rund 90 Prozent ihrer heutigen Masse aus der protoplanetaren Staubscheibe um die Sonne auf sich gezogen hatte. Damals, vor etwa 4,5 Milliarden Jahren, traf ein etwas mehr als marsgroßer Körper mit einer Geschwindigkeit von rund 14000 Kilometern pro Stunde wie ein »Streifschuss« die junge Protoerde. Dabei wurden große Mengen oberflächennahes Erdmaterial abgeschabt und in den Raum hinausgerissen. Ein Teil fiel wieder auf die Erde zurück, ein Teil verschwand auf Nimmerwiedersehen im Weltraum, und der wohl größte Teil schwenkte in Form einer Trümmerwolke in eine Umlaufbahn um die Erde ein. Im Laufe der Zeit klumpten die einzelnen Brocken zu immer größeren Körpern zusammen und vereinigten sich schließlich zu einem großen Objekt, dem Mond.

Natürlich war niemand dabei, der den Hergang dieses »Unglücks«, das sich letztlich doch als großes Glück für die Erde entpuppte, bestätigen könnte. Aber da diese Theorie gegenwärtig die plausibelste unter allen Theorie zur Entstehung des Mondes ist, wird sie auch von den meisten Astronomen akzeptiert. Aber wie schon im Prolog erwähnt: Naturwissenschaftliche Theorien sind falsifizierbar – solange jedoch niemand eine astrophysikalisch wahrscheinlichere Version präsentieren kann, gilt die alte als anerkannt.

So gewiss, wie die Erde die bisherigen Einschläge überstanden hat, so gewiss kommt der nächste Einschlag. Ungewiss ist lediglich, wann und wo sich der Einschlag ereignen und wie heftig er ausfallen wird. Kleineren Asteroiden beziehungsweise Kometen kann die Menschheit relativ gelassen entgegensehen. Der Einschlag eines 100 Meter großen steinigen Asteroiden setzt zwar eine Energie von rund 40 Millionen Tonnen TNT frei und hinterlässt einen etwa 500 Meter tiefen und zweieinhalb Kilometer großen Krater, aber bereits in 100 Kilometer Entfernung sind keine Gebäudeschäden mehr zu erwarten. Lediglich das Geschirr in den Regalen würde etwas klappern, vielleicht gingen auch ein paar Fenster zu Bruch, und wer gerade in seinem Auto sitzt, der würde ein leichtes Schaukeln verspüren. Der Leser kann sich ja selbst mal einen Asteroiden nach seinem Gusto »basteln«, die Daten in das unter http://impact.ese.ic.ac.uk/ImpactEffects/ im Internet aufrufbare Programm eintippen und sich ausrechnen lassen, was er da angerichtet hätte. Kurzum: Ein 100 Meter großer Asteroid hebt die Welt nicht aus den Angeln. Für Personen, die sich zum Zeitpunkt des Einschlags im Umkreis von weniger als etwa 20 Kilometern aufhalten, ist das verständlicherweise nur ein geringer Trost. Denn die vom Einschlag ausgehende Druckwelle bläst dort alles weg, was sich ihr in den Weg stellt.

Der Einschlag eines Objekts mit Abmessungen im Bereich von einigen zehn Kilometern ist jedoch von anderer Qualität. Insbesondere auf die Menschheit und die belebte Natur würde sich ein derartiges Ereignis global verheerend auswirken. Damit stellt sich die Frage: Gibt es eine Möglichkeit, im Falle eines Falles die drohende Gefahr abzuwenden? Da sich Objekte auf Kollisionskurs mit einer Geschwindigkeit von einigen zehn Kilometern pro Sekunde nähern, kann man nichts mehr tun, wenn beispielsweise ein Asteroid der Erde schon so nahe gekommen ist, dass ein einfaches Teleskop genügt, um ihn zu sehen. Abwehrmaßnahmen müssten viele Monate, besser Jahre vor dem zu erwartenden Einschlag eingeleitet werden. Dazu muss man aber erst mal wissen, ob überhaupt und, wenn ja, wann ein Einschlag droht. Und um eine Abwehrstrategie entwickeln zu können, braucht man eine Menge an Informationen – um was für einen Körper handelt es sich, wo befindet er sich gerade, welcher Flugbahn folgt er und wie groß ist seine Geschwindigkeit? Das heißt: Man muss unser Sonnensystem fortwährend nach Objekten absuchen, deren Bahn sie so nahe an die Erde heranführt, dass das Risiko einer Kollision besteht. Körper, auf die das zutrifft, bezeichnet man als PHAs (Potentially Hazardous Asteroids = potenziell gefährliche Asteroiden). Nach einer Übereinkunft fallen in diese Kategorie alle Objekte, die sich bis auf 0,05 Astronomische Einheiten oder weniger der Erde nähern und die größer sind als rund 150 Meter.

Mittlerweile gibt es einige Programme, die es sich zur Aufgabe gemacht haben, rechtzeitig sogenannte NEOs (Near Earth Objects = Objekte, die der Erde nahe kommen) aufzuspüren. Da ist zum einen das »Spacewatch Project« der Universität von Arizona, dann das Projekt »LINEAR«, das von der U.S. Air Force und der NASA am Massachusetts Institute of Technology (MIT) betrieben wird, und das »NEO Program« am Jet Propulsion Laboratory in Kalifornien. Auf der Internetseite http://spaceweather.com/index.php findet man eine fortwährend aktualisierte Liste künftiger naher Begegnungen von Asteroiden mit der Erde. Je weiter jedoch eine Vorhersage in die Zukunft reicht, desto ungenauer ist sie. So unterliegt ein Asteroid auf seinem Weg nicht nur den gravitativen Einflüssen anderer Asteroiden und dem steten Druck der Sonnenstrahlung, auch kennt man zu keiner Zeit die für eine sichere Bahnbestimmung nötigen exakten Positionen der Planeten und der Sonne, und schon gar nicht die genaue Masse des betrachteten Objekts. All das führt letztlich dazu, dass ein Einschlag nur mit einer mehr oder weniger großen Wahrscheinlichkeit prognostiziert oder ausgeschlossen werden kann.

Die Bedrohungsgeschichte des 2004 entdeckten 210 bis 330 Meter großen Asteroiden Apophis ist ein gutes Beispiel für diese Unsicherheit. Erste Bahnberechnungen lieferten ein Ergebnis, das ziemlich erschreckt hat. Denn im Jahr 2029 sollte der Asteroid die Erde mit einer Wahrscheinlichkeit von 2,7 Prozent treffen, bei seiner Wiederkehr im Jahr 2036 mit einer Wahrscheinlichkeit von rund 0,02 Prozent. Ob es zu einer Kollision kommt, hängt weitgehend davon ab, wie stark der Asteroid bei einem Vorbeiflug an der Erde aus seiner Bahn abgelenkt wird. Auf der zehnstufigen Torino-Skala, einer Skala zur Bewertung des Einschlagrisikos von NEOs, rangierte Apophis zu diesem Zeitpunkt auf Stufe 4. Nachdem es 2005 und 2006 gelungen war, Apophis nochmals mit dem Arecibo-Radioteleskop in Entfernungen von 27 bis 40 Millionen Kilometern aufzuspüren, konnte man die Bahndaten des Asteroiden präzisieren. Demnach sollte Apophis am 13. April 2029 an unserem Planeten vorbeifliegen, und zwar in einer Entfernung von rund 30 000 Kilometern (Abb. 14). Für einen Einschlag 2036 ergaben die Rechnungen jedoch immer noch eine Wahrscheinlichkeit von 1 zu 45 000 beziehungsweise 0,0022 Prozent. Damit fiel Apophis auf Stufe 1 der Torino-Skala. Mittlerweile hat ein Astronomenteam an der Universität Hawaii Hunderte bisher unveröffentlichter Bilder des nächtlichen Himmels ausgewertet und dabei eine Reihe weiterer Daten zur Position von Apophis gewonnen. Unter Einbeziehung dieser Daten und anderer Faktoren, die auf die Bahn von Apophis einen nicht zu vernachlässigenden Einfluss haben, hat man dann im Oktober 2009 neue Bahnberechnungen angestellt. Das Resultat ist sehr erfreulich. Es bestätigt die Bahndaten für 2029, und es reduziert nochmals die Wahrscheinlichkeit für eine Kollision im Jahr 2036 von 0,0022 auf 0,0004 Prozent beziehungsweise 1 zu 250 000 (Stand 2010). Aufgrund dieser günstigen Prognose rangiert Apophis gegenwärtig auf Stufe 0 der Torino-Skala. Radarmessungen, die für das Jahr 2013 geplant sind, sollen dieses Ergebnis erhärten. Nach Ansicht der NASA wird sich dabei auch zeigen, dass Apophis die Erde 2036, am Ostersonntag, in einem

Abstand von mindestens 49 Millionen Kilometern passieren wird.

Wie sehr Apophis die Astronomen umtrieb, mag eine kleine Geschichte verdeutlichen. 2006, als die Bahndaten des Asteroiden noch sehr schwammig waren, lobte die »Planetary Society«, eine gemeinnützige, nichtstaatliche Organisation, die die Erforschung des Sonnensystems unterstützt, einen Preis von 50 000 Dollar für eine Mission zur hochgenauen Erfassung der Apophis-Bahn aus. Auch amerikanische und europäische Raumfahrtorganisationen begleiteten den Wettbewerb. Ge-

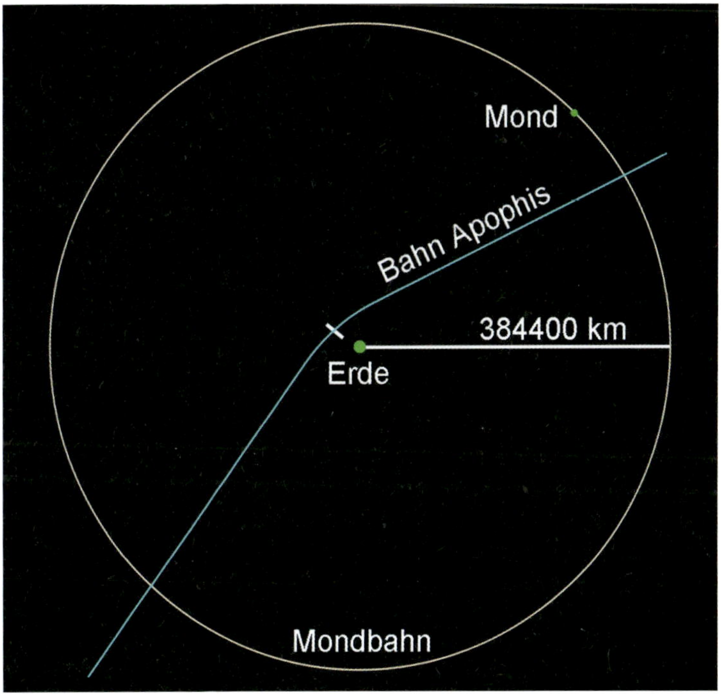

Abb. 14: Entsprechend den Berechnungen der Astronomen soll der Asteroid Apophis im April 2029 im Abstand von circa 30 000 Kilometern an der Erde vorbeifliegen und dabei leicht abgelenkt werden. Die blaue Linie zeigt die Flugbahn des Asteroiden, der weiße Querbalken veranschaulicht die Unsicherheit in der Berechnung der Flugbahn. Der Mond umrundet unsere Erde in einem rund 13-mal größeren Abstand (mittlere Entfernung Erde – Mond: 384 400 Kilometer).

wonnen hat das Rennen 2008 ein Team von SpaceWorks Engineering in Atlanta mit dem Vorschlag, 2012 eine Sonde zu Apophis zu schicken, um dessen Masse sowie Massenschwerpunkt zu ermitteln und regelmäßig Messungen seiner Position vorzunehmen. Im Jahr 2019 soll das Rendezvous mit dem Asteroiden stattfinden. Ob man auch heute noch an diesem Vorhaben festhält, ist den Autoren nicht bekannt. Im Grunde genommen machen die mittlerweile gewonnenen Erkenntnisse die Mission überflüssig.

Apophis darf man also getrost vergessen. Doch was kann man tun, wenn der Einschlag eines Asteroiden zweifelsfrei bevorsteht? Von der Erde aus ist mit Sicherheit nichts auszurichten, dazu sind die Entfernungen zu groß. Man muss hin zu dem Objekt! Dass man über die Technik dazu verfügt, haben etliche Missionen gezeigt. 1986 flog die Sonde »Giotto« in knapp 600 Kilometer Entfernung am Halleyschen Kometen vorbei, die Sonde »Galileo« passierte 1991 auf ihrem Flug zum Jupiter den Asteroiden Gaspra in 1600 Kilometer Entfernung, zwei Jahre später auch noch den Asterioden Ida, und im Juli 1999 näherte sich die Sonde »Deep Space« bis auf 26 Kilometer dem Asteroiden Braille.

Andere Erkundungsflüge verlaufen noch spektakulärer: Die Sonde »NEAR Shoemaker« erreicht 2000 den Asteroiden Eros und schwenkt in einen zeitweise nur 50 Kilometer über dem Asteroiden verlaufenden Orbit ein. Elf Monate später landet »NEAR« sogar auf Eros. Die Sonde »Deep Impact« bombardiert 2005 den Kometen Tempel 1 mit einem rund 370 Kilogramm schweren Einschlagkörper, um aus dem hochgewirbelten Kometenmaterial Rückschlüsse auf die Zusammensetzung zu gewinnen. Und im September 2005 setzt die japanische Sonde »Hayabusa« auf dem Kleinkörper Itokawa auf mit dem Ziel, Staub von der Oberfläche des Asteroiden in einem Probenbehälter zu sammeln. Kurze Zeit später löst sich die Sonde wieder von dem Asteroiden, begleitet ihn zunächst rund zwei Jahre auf seinem Weg durchs All und beginnt im April 2007 mit dem Rückflug zur Erde. Im Juni 2010 landet die Rückkehrkapsel schließlich weich in Australien. Ob der Probenbehälter tatsächlich Asteroidenstaub enthielt, ist gegenwärtig noch unsicher.

Und noch ein letztes Beispiel: die Raumsonde »Rosetta«. Im März 2004 gestartet, soll sie im November 2014 auf dem Kometen 67P/Tschurjumow-Gerasimenko ein 100 Kilogramm schweres Landegerät absetzten, mit dem man nach organischen Verbindungen suchen will. Eigentlich hätte »Rosetta« schon im Januar 2003 abheben und zum Kometen 46P/Wirtanen fliegen sollen, aber Probleme mit der Trägerrakete Ariane haben den Start dann um mehr als ein Jahr verzögert – Zeit genug für Wirtanen, das Weite zu suchen.

Automatisierte Robotersonden bieten also die Möglichkeit, einem auf Kollisionskurs befindlichen Asteroiden auf die Pelle zu rücken, und zwar lange bevor er sich der Erde nähert. Doch wie lässt sich so ein Geschoss »unschädlich« machen? Die Idee, den potenziellen Einschlagkörper mit starken Sprengladungen, beispielsweise Atombomben, zu zertrümmern, ist auf den ersten Blick verlockend. Die beiden Katastrophenfilme »Armageddon« und »Deep Impact« aus dem Jahr 1998 hatten exakt das zum Thema. Nach genauerer Betrachtung muss man jedoch von dieser Methode dringend abraten. Einen mehrere Kilometer großen Brocken mit einem Donnerschlag in viele kleine zu zerlegen, wird nicht funktionieren. Dazu müsste man unter Berücksichtigung von Struktur und Aufbau des Asteroiden eine Unmenge kleiner Sprengladungen zielgenau setzen, auch tief in seinem Inneren. Das geht nicht ohne die entsprechenden Bohrgeräte, die man erst zum Asteroiden bringen müsste. Und wie groß und schwer die sind und wie viel Energie sie verbrauchen, kann man in jeder Mine studieren. Sollte es wider Erwarten doch gelingen, so hätte man den Teufel mit dem Beelzebub ausgetrieben. Anstelle eines lokal katastrophalen Einschlags hätte man Tausende kleiner kosmischer Bomben produziert, die eine ganze Hemisphäre der Erde verwüsten könnten.

Dennoch, die Atombombe muss man nicht ganz von der Liste möglicher Abwehrmaßnahmen streichen, man muss sie nur geschickter einsetzen. Ein Vorschlag lautet, die Bombe in geringer Entfernung zum Asteroiden zur Explosion zu bringen. Die dabei entstehende Strahlung sowie vom Explosionsherd wegkatapultiertes Bombenmaterial könnten genug Druck auf den Asteroiden ausüben, um ihn geringfügig aus seiner Bahn zu schieben. Ein anderer Vorschlag nimmt sich die Sonde »Deep Impact« zum Vorbild. Ähnlich dem Einschlagkörper, den »Deep Impact« 2005 auf den Kometen Tempel 1 hat krachen lassen, könnte man auch einen massereichen Materiebrocken oder gleich die ganze Sonde mit größtmöglicher Geschwindigkeit auf den Asteroiden lenken. Auch hier würde der übertragene Impuls den Asteroiden etwas vom Kurs abbringen. Auch wenn die Ablenkungen durch Atombomben beziehungsweise Impaktkörper nur sehr gering ausfallen, würde sich eine derartige Aktion, Jahre vor dem drohenden Einschlag durchgeführt, im Laufe der Zeit zu einer immer größeren Ablenkung auswachsen, die den Asteroiden letztlich an der Erde knapp vorbeifliegen ließe.

Man könnte auch versuchen, den Asteroiden peu à peu aus seiner Bahn zu schieben. Dazu müssten mehrere Raketentriebwerke so auf dem Asteroiden verankert werden, dass deren resultierender Schub möglichst senkrecht zur augenblicklichen Flugbahn gerichtet ist. Allerdings, mit Feststoff- oder Flüssigraketen wäre wohl kein großer Effekt zu erzielen. Sie sind zu schnell ausgebrannt, und allein der Transport des entsprechenden Treibstoffs würde eine Unmenge an Energie verbrauchen. Hier könnten eventuell elektrische Antriebe aushelfen, sogenannte Ionentriebwerke, wie sie die ESA (European Space Agency) bereits mit der Sonde »SMART-1« auf einem Flug zum Mond erfolgreich erprobt hat. Diese elektrostatischen Antriebe verwenden kein Gas, sondern nutzen elektrisch geladene Atome, sogenannte Ionen, die zunächst durch Beschuss von Cäsium oder Xenon mit Elektronen erzeugt und anschließend in einem starken elektrischen Feld beschleunigt und mit hoher Geschwindigkeit ausgestoßen werden. Der dabei entstehende Rückstoß erzeugt einen Schub in die entgegengesetzte Richtung. Die für die Erzeugung und Beschleunigung der Ionen nötige Energie können entweder Solarzellen oder ein mitgeführter Kernreaktor liefern. Im Vergleich zu einer konventionellen Rakete ist der Schub zwar sehr gering, dafür können Ionentriebwerke über Monate oder gar Jahre kontinuierlich arbeiten.

Da sich alle massebehafteten Körper gegenseitig anziehen, hat man auch daran gedacht, die Gravitation als eine Art Abschleppseil zu nutzen. Als »Gravitations-Traktor« könnte ein massereiches Raumschiff dienen, das in einer Entfernung von wenigen hundert Metern längere Zeit neben dem Asteroiden herfliegt. Raumschiff und Asteroid würden sich mit gleicher Kraft gegenseitig anziehen. Damit bei diesem Duell nicht der Asteroid gewinnt und das Raumschiff zu sich heranholt – das kleine Raumschiff ist ja durch die Gravitationskraft viel leichter zu beschleunigen als der um vieles massereichere Asteroid –, müsste der Raketenantrieb des Raumschiffs den Abstand konstant halten. Letztlich wäre es die von den Raketenmotoren freigesetzte Energie, die dazu verwendet würde, den Asteroiden aus seiner Bahn zu schleppen. Die Wirksamkeit eines derartigen »Gravitations-Traktors« hinge also von der Leistungsfähigkeit seiner Triebwerke ab.

Eine andere Kategorie von Abwehrkonzepten will die Energie der Sonne nutzen. Ein Vorschlag beruht auf der Idee, einen kleinen Teil der Oberfläche des Asteroiden so stark aufzuheizen, dass dort die Materie verdampft und in den Weltraum abströmt. Dazu sollen riesige justierbare Spiegel die Sonnenstrahlung gezielt auf den Asteroiden lenken. Die abdriftende Masse würde einen Rückstoß erzeugen, der den Asteroiden ablenkt. Auch mit einem auf dem Asteroiden verankerten Sonnensegel, einer großen, das Sonnenlicht gut reflektierenden Folie, glaubt man einen Asteroiden ablenken zu können. Der Effekt beruht auf dem Strahlungsdruck, den das von der Sonne kommende Licht auf das Segel ausübt. Genau genommen ist es der von den Photonen transportierte Impuls, der, zweimal übertragen, den Effekt bewirkt: einmal, wenn das Photon auf das Segel trifft, und nochmals, wenn das Photon vom Segel per Reflexion zurückgeworfen wird. Der daraus resultierende Druck auf das Segel ist zwar sehr gering, aber er wirkt permanent.

Schließlich könnte auch der sogenannte Yarkovsky-Effekt helfen, einen Asteroiden aus seiner Bahn zu drängen. Dieser bereits 1900 von dem russischen Ingenieur Yarkovsky entdeckte Mechanismus beruht auf der unterschiedlichen Erwärmung, die ein rotierender Körper durch die Sonnenstrahlung erfährt. Denn die »Abendseite« des Asteroiden, also die Seite, die sich gerade von der Sonne wegdreht, ist stets wärmer als die »Morgenseite«, die sich auf die Sonne zudreht und gerade erst aufgeheizt wird. Folglich strahlt die wärmere Seite mehr und energiereichere thermische Photonen ab, das heißt Photonen aus dem Bereich der Infrarotstrahlung, als die Morgenseite. Da jede Emission eines Photons einen Rückstoß in die entgegengesetzte Richtung zur Folge hat, resultiert aus dem Unterschied in der Emission der Abend- und Morgenseite eine Differenzkraft, die den Asteroiden beiseiteschieben könnte (Abb. 15). Zwar ist auch dieser Effekt äußerst gering, aber über einen langen

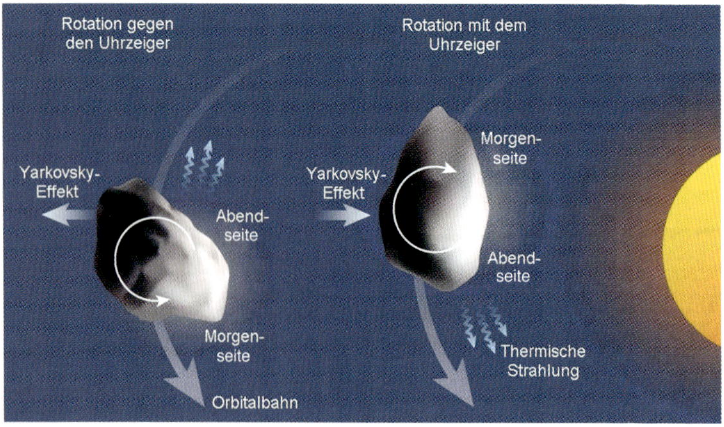

Abb. 15: Der Yarkovsky-Effekt. Da die Abendseite eines rotierenden Asteroiden wärmer ist als die Morgenseite, emittiert sie mehr und energiereichere thermische Strahlung als die Morgenseite. Der dadurch entstehende Rückstoß schiebt den Asteroiden aus seiner Bahn. Ob der Asteroid in Richtung Stern oder von ihm wegdriftet, hängt von der Rotationsrichtung des Asteroiden ab.

Zeitraum doch nicht zu vernachlässigen. Indem man gezielt das Absorptions- und Reflexionsvermögen der beiden Hemisphären unterschiedlich gestaltet, könnte man den Effekt noch verstärken. Es würde genügen, eine Seite des Asteroiden weiß anzustreichen – ob die Innung der Maler und Lackierer hinter diesem Vorschlag steckt, ist nicht bekannt.

Sollte sich die Menschheit eines Tages mit einem Asteroiden konfrontiert sehen, so besteht, wie obige »Rezeptauswahl« zeigt, eine Chance, das Schlimmste zu verhindern. Allerdings dürfte eine Reihe bisher nicht erwähnter Fakten das auf den ersten Blick Machbare weiter erschweren. Vor allem die Tatsache, dass alle Asteroiden relativ rasch rotieren, würde die Steuerung von Sonnensegeln oder auf dem Asteroiden fixierten Raketenantrieben vor große Probleme stellen. Auch hat man erkannt, dass die »Schale« vieler Asteroiden und Kometen keineswegs aus gewachsenem Gestein besteht. Vielmehr ist sie von eher schwammartiger Natur, gebildet von einer porösen Schicht aus Staub und kleinen Brocken, die durch sogenannte Van-der-Waals-Kräfte nur locker zusammengehalten werden. Auf einer derartigen Unterlage ein Objekt stabil zu verankern, dürfte schwerfallen. Kritisch könnte es auch für Abwehrmaßnahmen werden, die die Energie der Sonne in ihr Konzept einbeziehen. Schon auf dem Jupiter, der rund fünfmal so weit von der Sonne entfernt ist wie die Erde, ist die Intensität der Strahlung auf ein 25stel der Intensität auf der Erde gesunken. Fraglich, ob da eine Abwehr eines noch weit entfernten Asteroiden funktioniert. Sicherlich wird der menschliche Erfindergeist auch diese Probleme lösen. Man kann nur hoffen, dass dem kein bedrohlicher Asteroid zuvorkommt.

Ist nun das Image von Asteroiden und Kometen beim Leser negativ besetzt? Diese Körper scheinen nur Probleme zu bereiten! Doch das war nicht immer so. Zumindest nicht in der Frühzeit der Erdgeschichte. So soll vor Milliarden Jahren durch Asteroideneinschläge die Entstehung der Kontinente begünstigt worden sein (*Spektrum der Wissenschaft*, Heft 5/2010). Und auch die Frage »Woher stammt das Wasser der

Erde?« beantwortet die Wissenschaft mittlerweile mit dem Verweis auf Asteroiden und Kometen. Mehr dazu findet man beispielsweise in *Chemie in unserer Zeit* (Heft 4/2003). Auch die bereits angesprochene Entstehung des Mondes gehört in die Kategorie »Segensreicher Einschlag«. Ohne ihn gäbe es auf der Erde entweder gar keine oder abwechselnd stark unterschiedlich ausgeprägte Jahreszeiten. Kurzum: Manchmal haben Asteroideneinschläge auch positive Auswirkungen. Dass sie zumeist verheerend sind, darf man ihnen nicht ankreiden, denn in der unbelebten Natur ist Moral eine unbekannte Größe. Hier zählen allein die Naturgesetze.

Blenden wir noch mal zurück zum Yarkovsky-Effekt. Entdeckt wurde er an dem rund einen halben Kilometer großen Asteroiden Golevka. Messungen haben ergeben, dass der Asteroid im Zeitraum von zwölf Jahren, von 1991 bis 2003, etwa 15 Kilometer von seiner vorausberechneten Position abgedriftet ist. Unter Berücksichtigung der Rotationsgeschwindigkeit und der Oberflächenbeschaffenheit Golevkas hat man versucht, die Kraft, die auf den Asteroiden wirkt, zu berechnen. 0,25 Newton sollen es sein, entsprechend der Gewichtskraft, mit der ein 25-Gramm-Gewicht auf der Erdoberfläche lastet. In Anbetracht der Größe des Asteroiden scheint das vernachlässigbar zu sein. Aber die Kraft wirkt kontinuierlich, und über einen Zeitraum von Millionen Jahren kann sich das zu einer veritablen Bahnstörung auswachsen, die den Asteroiden aus dem Asteroidengürtel heraus in das innere Sonnensystem verfrachtet.

Eine Erweiterung des Yarkovsky-Effekts ist der »YORP-Effekt«, benannt nach seinen Entdeckern **Y**arkovsky, **O**'Keefe, **R**adzievski und **P**addack. Auch er hat seine Ursache in der Emission von Infrarotstrahlung. Seine Wirkung zeigt sich insbesondere bei unsymmetrisch geformten Asteroiden. Je nachdem, welche Gestalt der Asteroid hat, wird die Strahlung nicht mehr in alle Richtungen gleichmäßig, sondern räumlich gerichtet abgegeben. Daraus resultiert ein Drehmoment, wodurch sich entweder die Rotationsgeschwindigkeit des Aste-

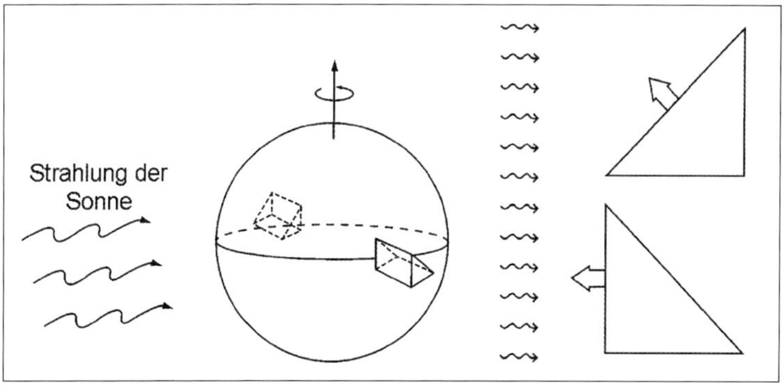

Abb. 16: Modell eines durch zwei angehängte Keile unsymmetrisch geformten Asteroiden. Die Keilflächen reflektieren das Sonnenlicht beziehungsweise emittieren Wärmestrahlung in unterschiedliche Richtungen, so dass ein Drehmoment entsteht. Dadurch verändern sich die Rotationsgeschwindigkeit des Asteroiden und die Lage der Rotationsachse.

roiden oder die Lage seiner Rotationsachse oder beides ändert (Abb. 16). Erstmals beobachtet wurde dieser Effekt an dem im August 2000 entdeckten, 114 Meter großen Asteroiden 2000 PH5. Dieser Asteroid gehört zur Gruppe der erdnahen, sogenannten Aten-Asteroiden. Ihre Bahnen verlaufen jenseits der Venus um die Sonne und im Aphel, dem sonnenfernsten Bahnabschnitt, im Bereich zwischen Erde und Mars. Messungen der Rotationsgeschwindigkeit des Asteroiden von 2001 bis 2005 haben ergeben, dass sich seine Rotationsperiode von rund 12 Minuten gegenwärtig um 1 Tausendstelsekunde pro Jahr verkürzt. Außerdem zeigen Computersimulationen, dass 2000 PH5 noch mindestens 35 Millionen Jahre auf einer stabilen Bahn die Sonne umrunden wird. In dieser Zeit soll sich seine Rotationsperiode auf 20 Sekunden reduzieren. Damit würde sich 2000 PH5 in ferner Zukunft schneller drehen als alle bisher vermessenen Asteroiden.

Im Mittel drehen sich Asteroiden alle vier bis zwölf Stunden einmal um ihre Achse. Kleine Exemplare mit Abmessungen von bis zu etwa zehn Kilometern rotieren dagegen oft deutlich schneller oder auch deutlich langsamer. Wieso das so ist, war lange Zeit rätselhaft. Mit der Entdeckung des YORP-Effekts hat man nun eine Erklärung für dieses Phänomen. Auch die Tatsache, dass etwa 15 Prozent der erdnahen und der Asteroiden im Asteroidengürtel einen kleinen Trabanten haben, einen Mond, ist sehr wahrscheinlich auf die Wirkung des YORP-Effekts zurückzuführen. Denn bei einem sich drehenden Objekt wirkt wie bei einem Karussell eine Zentrifugalkraft, die senkrecht zur Rotationsachse nach außen gerichtet ist. Je weiter ein Massenpunkt von der Rotationsachse entfernt ist und je schneller sich das Objekt dreht, desto größer ist die Kraft. Insbesondere bei Asteroiden, die aus locker gebundenem Material bestehen, übersteigt irgendwann die Zentrifugalkraft die den Asteroiden zusammenhaltenden Kräfte, wenn sie durch den YORP-Effekt in immer schnellere Rotation versetzt werden. Dann kann ein größerer Brocken von der Oberfläche losgerissen werden, beziehungsweise der Asteroid bricht komplett auseinander. Im ersten Fall hat der Asteroid fortan einen kleinen Trabanten, im zweiten entsteht ein »Doppelasteroid«, dessen zwei Teile nun um den gemeinsamen Schwerpunkt kreisen.

Und noch ein »Asteroiden-Rätsel« findet eine plausible Erklärung: Wie konnte es einigen Mitgliedern der Baptistina-Familie gelingen, aus dem Asteroidengürtel zu entkommen, ins innere Sonnensystem vorzudringen und mit der Erde beziehungsweise dem Mond zu kollidieren? Aus dieser Gruppe soll ja auch der Asteroid stammen, der vor 65 Millionen Jahren den Dinosauriern zugesetzt hat. Ursächlich sind wieder der Yarkovsky- und der YORP-Effekt. Der kombinierte Einfluss dieser beiden Mechanismen hat im Laufe der Zeit die Familienmitglieder aus ihren ursprünglichen Bahnen verdrängt und auf Bahnen gezwungen, auf denen sie die Sonne entweder in geringerem oder in größerem Abstand umlaufen. Ein Teil der Asteroiden geriet dabei in eine 7:2-Resonanz mit dem Jupiter (J7:2) und zugleich in eine 5:9-Resonanz mit dem Mars (M5:9). Für einen Asteroiden aus dieser Gruppe bedeutet das, dass sich der Asteroid nach sieben und der Planet Jupiter nach zwei Umläufen um die Sonne wieder an den Stellen ihrer Bahnen befinden, von wo aus sie gestartet sind. Andererseits muss der Asteroid seine Bahn fünfmal durchlaufen und der Mars neunmal, bis Asteroid und Mars wieder bei ihren Ausgangspositionen angelangt sind.

Simulationen haben nun gezeigt, dass die Bahnen von Asteroiden in einer J7:2/M5:9-Resonanz innerhalb weniger Millionen Jahre immer exzentrischer werden und schließlich die Marsbahn kreuzen. Mithilfe der dort verstärkt auf den Asteroiden einwirkenden Schwerkraft des Planeten gelang es dann einigen Objekten, aus dem Asteroidengürtel zu entkommen. Die Simulationsergebnisse zeigen, dass innerhalb der letzten 160 Millionen Jahre etwa 20 Prozent der bis zu 10 Kilometer großen Asteroiden der Baptistina-Familie die Flucht gelungen ist. Obwohl die meisten dieser Objekte entweder in die Sonne gestürzt sind oder bei einer nahen Begegnung mit dem Planeten Jupiter ganz aus dem Sonnensystem geschleudert wurden, gelangten etwa 2 Prozent in das innere Sonnensystem und kollidierten mit der Erde oder den anderen Planeten.

In Anbetracht dieser Erkenntnisse kann man abschließend noch ein wenig spekulieren. Was wäre, wenn es den Yarkovsky/YORP-Effekt nicht gäbe? Wäre die Erde dann vor 65 Millionen Jahren nicht von dem Asteroiden getroffen worden, der zur Auslöschung der Dinosaurier beitrug? Würde die Erde dann auch heute noch von diesen »Monstern« beherrscht? Wenn dem so wäre, dann wäre die Entwicklung der Säugetiere sehr wahrscheinlich anders verlaufen. Vermutlich würde diese Spezies noch immer ein Nischendasein führen, und der Mensch – falls die Evolution unter dem Joch der Saurier überhaupt ein ihm ähnliches Wesen hervorgebracht hätte – hätte die Erde nicht erobert. Mancher mag sich wünschen, es wäre so gekommen. Er sollte jedoch nicht vergessen, dass es dann auch ihn nicht gäbe.

Kapitel 4

Prima Klima

Wem das Wasser bis zum Halse steht, der darf den Kopf nicht hängen lassen. Ein aufmunternder Spruch für diejenigen, die, wie auch immer, in die Bredouille geraten sind. Aber vielleicht gewinnt dieser Satz bald mehr an unheilvoller Bedeutung, als man ihm gegenwärtig zugestehen mag. Nach den Erkenntnissen des »Zwischenstaatlichen Ausschusses über den Klimawandel« IPCC (Intergovernmental Panel on Climate Change) vom Mai 2007 haben wir aufgrund der fortschreitenden Erderwärmung bis 2100 mit einer Erhöhung der Meeresspiegel um 0,19 bis 0,58 Meter und einer Erhöhung der bodennahen Lufttemperatur um 1,1 bis 6,4 Grad Celsius zu rechnen. Kurz vor der Weltklimakonferenz in Kopenhagen im Dezember 2009 zeichneten 26 weltweit führende Klimaforscher ein nochmals düstereres Bild. Mittlerweile gibt es Anzeichen dafür, dass sich das Klima schneller verändert als bisher angenommen. Bis 2100 könne der Meeresspiegel sogar um 1 Meter ansteigen, auf den doppelten vom IPCC vorhergesagten Wert. Als hauptsächliche Ursache für diesen Klimawandel wird mit einer Wahrscheinlichkeit von über 90 Prozent die vom Menschen verursachte Zunahme von Treibhausgasen in der Atmosphäre angegeben.

Dass unser Planet nicht auf Temperaturen unter dem Gefrierpunkt auskühlt, haben wir vornehmlich der Sonne zu verdanken. In 150 Millionen Kilometer Entfernung beträgt ihre Strahlungsleistung 1,37 Kilowatt pro Quadratmeter. Entsprechend dem Verhältnis Querschnittsfläche der Erde zu ihrer Gesamtoberfläche von 1 zu 4 trifft jedoch im Mittel theoretisch nur ein Viertel der Leistung auf einen Quadratmeter Erdoberfläche. Theoretisch deswegen, weil auch die Erdatmosphäre einen gewissen Anteil »schluckt«. Denkt man sich die Atmosphäre mal kurz ausschließlich aus Sauerstoff und Stickstoff bestehend und berücksichtigt, dass nur der Teil der eingestrahlten Sonnenenergie zur Erwärmung beiträgt, der nicht beispielsweise von Wolken, Eis- oder Schneeflächen wieder reflektiert wird, so würde die »Sonnenheizung« für eine Atmosphärentemperatur an der Oberfläche der Erde von minus 2 Grad Celsius sorgen. Gegenüber dem kalten Weltraum mit etwa minus 270 Grad Celsius ist das nicht schlecht. Tatsächlich beträgt die mittlere oberflächennahe Lufttemperatur jedoch angenehme 15 Grad Celsius. Diesen um 17 Grad höheren Wert verdanken wir einem Anteil von 0,1 Prozent an sogenannten Treibhausgasen in unserer Atmosphäre. Ganz ohne Atmosphäre wäre der Unterschied sogar noch viel größer, nämlich 33 Grad.

Das Funktionsprinzip ist recht einfach. Die von der Sonne kommende kurzwellige Strahlung dringt bei klarem Himmel bis auf den reflektierten Anteil nahezu ungehindert zur Erdoberfläche durch und heizt die Erde auf. Die erwärmte Erde strahlt nun ihrerseits langwelliges Infrarotlicht ab, das jedoch nicht gänzlich in den Weltraum gelangt, sondern zum Teil von den Treibhausgasen absorbiert wird. Dies führt dazu, dass auch die Treibhausgase erwärmt werden und Infrarotstrahlung in alle Richtungen emittieren. Ein Teil erreicht den Weltraum, ein Teil trifft die Erdoberfläche. Der Richtung Erdoberfläche abgestrahlte Anteil trägt zur Erwärmung der Erde bei (Abb. 17).

Die Treibhausgase unterteilt man in zwei Gruppen. Da sind zunächst die natürlichen Treibhausgase: Wasserdampf, Kohlendioxid, Methan, Ozon und Lachgas. Allein der Wasserdampf trägt 62 Prozent zur Erderwärmung bei, Kohlendioxid weitere 22 Prozent. Auf die Konzentration dieser Gase haben wir nur beschränkt Einfluss. Was uns Sorge machen sollte, sind die anthropogenen Treibhausgase, also die, welche vom Menschen zusätzlich in die Atmosphäre entlassen werden. An erster Stelle steht hier das Kohlendioxid mit einem Anteil von 52 Prozent, gefolgt von Methan mit 17 Prozent. Aber auch

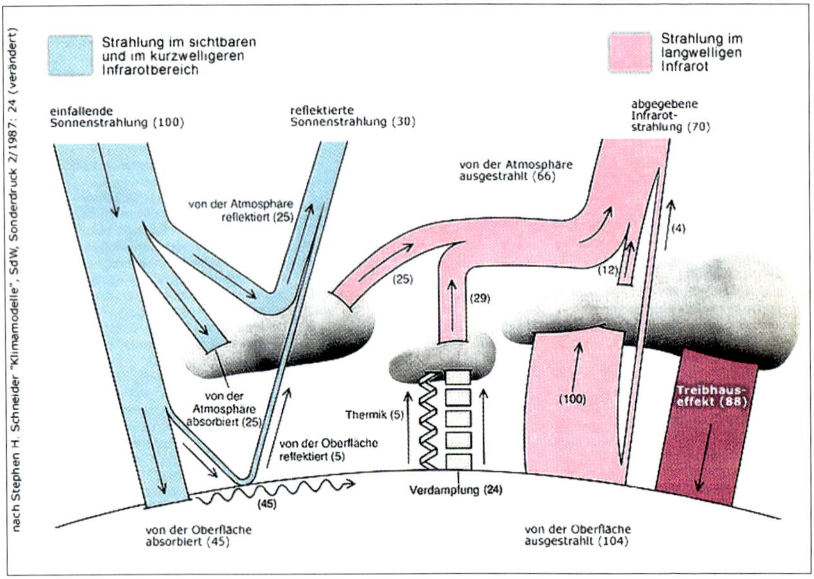

Abb. 17: Der Treibhauseffekt. Rund 30 Prozent des von der Sonne kommenden kurzwelligen Lichts werden von Wolken und dem Erdboden reflektiert. Der Rest wird von der Erdoberfläche und der Atmosphäre absorbiert und als Infrarotstrahlung wieder abgegeben. Den größten Teil der vom Erdboden emittierten IR-Strahlung absorbieren zunächst Treibhausgase wie Kohlendioxid, Wasserdampf und Methan, bevor sie einen wesentlichen Anteil der absorbierten Energie (dunkelrot) wieder abgeben und damit die Erde aufheizen.

Ozon mit 13 Prozent und vor allem die vielfältigen Verbindungen der Fluorchlorkohlenwasserstoffe (FCKW) mit 12 Prozent Anteil tragen zur weiteren Erwärmung bei. Wie hoch dieser vom Menschen verursachte Gaseintrag in die Atmosphäre ausfällt, haben wir in der Hand.

Messungen an Eisbohrkernen haben ergeben, dass das Kohlendioxid in den letzten 800 000 Jahren nie mehr als 0,029 Prozent der Atmosphäre ausgemacht hat. Seit Beginn der Industrialisierung ist jedoch dieser Anteil vor allem durch die Verbrennung fossiler Rohstoffe, durch die Aktivitäten der Zementindustrie sowie durch die großflächige Entwaldung auf 0,0385 Prozent angestiegen. Im schlimmsten Fall, ohne die Einleitung entsprechender Gegenmaßnahmen, könnte es bereits 2030 zu einer Verdopplung der vorindustriellen Kohlendioxidkonzentration in der Atmosphäre kommen. Der damit einhergehende prognostizierte Temperaturanstieg würde die größte Klimaveränderung seit 10000 Jahren bedeuten und die Fähigkeit vieler Ökosysteme, sich an diese Klimaveränderungen anzupassen, überschreiten. Nach Einschätzung von Klimaforschern bestünde jedoch eine Chance, das Schlimmste abzuwenden, vorausgesetzt, die Staatenlenker verständigten sich rechtzeitig über gemeinsame Maßnahmen zur Reduzierung des anthropogenen Treibhausgasausstoßes.

Diese Prognosen werden jedoch nicht von allen gleichermaßen als zutreffend erachtet. Manche Skeptiker sind trotz der Fülle wissenschaftlich fundierter Fakten von Zweifeln geplagt. Niemand kann ausschließen, sagen sie, dass sich die Wissenschaft irrt. Es könnte doch sein, dass andere – bisher unbekannte – Ursachen als die vom Menschen verantwortete Zunahme der atmosphärischen Treibhausgaskonzentration den sich andeutenden Klimawandel einleiten. Abrupte Klimaschwankungen von plus/minus 10 Grad innerhalb weniger Jahrzehnte, so wird argumentiert, habe es immer wieder gegeben. Verursacht würden diese Extreme vermutlich durch eine Veränderung der Meeresströme. Außerdem sei eine gegenwärtige signifikante Erwärmung der Erde nicht zweifelsfrei nachgewiesen. Schuld an der Erwärmung könnten ja auch periodische Änderungen der Erdbahnparameter sein, beispielsweise der Neigung der Erdachse oder der Elliptizität der Erdbahn. Über einen längeren Zeitraum betrachtet, könnte sich auch die Präzession der Erdachse negativ auf das Klima auswirken. Bekannt sind diese Veränderungen unter dem Stichwort »Milanković-Zyklen«. Und nicht zuletzt: Welchen Einfluss hat die Sonne? Das IPCC schätzt, dass die Sonne seit Beginn der Industrialisierung um 1850 mit einer Steigerung von etwa 0,12 Watt pro Quadratmeter zur Erderwärmung beigetragen hat. Parallel mit dem zyklischen Auftreten von Sonnenflecken erhöhte sich ihr Energieausstoß um 0,1 Prozent. Schließlich dürfe man auch das aus den Meeren freigesetzte Kohlendioxid nicht unterschätzen. Mengenmäßig soll es den vom Menschen verursachten Eintrag um ein Vielfaches übertreffen.

Wie sich das Klima langfristig entwickelt, wird sich vermutlich erst in einigen Jahrzehnten zweifelsfrei beurteilen lassen. Vielleicht kommt es noch schlimmer als prognostiziert. Über sehr lange Zeit wächst sich der Klimawandel vielleicht sogar zu einer Katastrophe aus. Wohlgemerkt, zu einer Katastrophe aus anthropozentrischer Sicht, zu einer selbst verschuldeten Katastrophe für die Menschheit, nicht für die Natur. Die Natur kennt keine Katastrophen. Doch wie auch immer sich das Klima verändert, es wird nicht nur Verlierer, es wird auch Gewinner geben. Andere Lebewesen, die gegenwärtig ihr Dasein in ökologischen Nischen fristen, werden aufblühen und die Erde in Harmonie mit ihrer Umwelt bewohnen, nicht beherrschen. So war es immer im Laufe der Erdgeschichte. Wenn der Mensch für sich in Anspruch nehmen will, ein mit Vernunft begabtes Wesen zu sein, dann sollte er die drohende Gefahr der Klimaveränderung ernst nehmen und versuchen abzuwenden, was noch abzuwenden ist. Gelingt das nicht, könnte sich auch die Spezies Mensch, wie schon so viele andere Arten, dereinst als ein Irrweg der Natur erweisen, als eine, wenn auch tragische Episode in der Geschichte des Planeten Erde.

Verglichen mit den Zuständen auf anderen Planeten sind jedoch die klimatischen Bedingungen auf der Erde, alle prognostizierten Veränderungen eingerechnet, geradezu paradiesisch. Fiktive Außerirdische würden uns vielleicht vorwerfen, auf sehr hohem Niveau zu jammern. Schauen wir uns doch mal um. Man muss sich nicht allzu weit von der Erde entfernen, um auf unerträgliche Verhältnisse zu stoßen. Denken wir nur an die drei anderen erdähnlichen Planeten unseres Sonnensystems. Welche klimatischen Bedingungen auf dem Merkur vorherrschen, kann man im Kapitel 2, »Ein Tag – so lang«, erfahren. Noch ungemütlicher dürfte es auf der Venus sein. Ein exzessiver Treibhauseffekt hat dort die Temperatur auf über 450 Grad Celsius ansteigen lassen, und Wolken aus Schwefel-

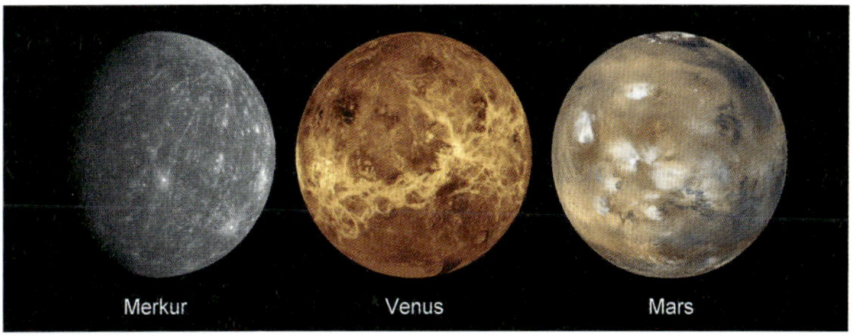

Abb. 18: Die Planeten Merkur, Venus, Mars. Merkur wurde im Oktober 2008 aus 27 600 Kilometer Entfernung von der Sonde »Messenger« fotografiert. Das Bild der Venus entstand durch eine Kombination von Radaraufnahmen der Planetenoberfläche auf dem Computer. Auf dem Mars sind neben geologischen Oberflächenstrukturen Wolken aus Wassereis und die Eiskappe am Nordpol zu erkennen. Die Darstellung entspricht nicht dem wahren Größenverhältnis.

säure hüllen den ganzen Planeten ein. Auf dem Mars, der rund eineinhalbmal so weit von der Sonne entfernt ist wie die Erde, liegt die mittlere Temperatur bei minus 55 Grad Celsius. Dort hilft kein Treibhauseffekt, weil die Marsatmosphäre nur ein Hundertstel so dicht ist wie die der Erde. Und der lebenswichtige Sauerstoff findet sich auf keinem der drei Kandidaten in nennenswerten Mengen (Abb. 18).

Alle genannten Planeten rotieren um eine Achse. Alle außer der Venus benötigen für eine Umdrehung weniger Zeit als für einen Umlauf um die Sonne. Folglich herrscht überall auf der Oberfläche der Himmelskörper abwechselnd Tag und Nacht, so dass auf eine Phase der Aufheizung wieder eine Phase der Auskühlung folgt. Aber es gibt auch Planeten, die für eine Umdrehung genauso lange brauchen wie für einen Umlauf um ihren Stern. Der Planet CoRoT-4b, der den etwa eine Milliarde Jahre alten Stern CoRoT-4 umkreist, ist einer dieser Kandidaten. Am 24. Juli 2008 wurde er von Wissenschaftlern der Universität Exeter mithilfe des französischen Weltraumteleskops COROT (COnvection, ROtation and planetary Transits) entdeckt. CoRoT-4b hat eine etwas geringere Masse als unser Jupiter, sein Durchmesser ist jedoch etwas größer. In etwas mehr als neun Tagen umkreist dieser Gasriese seinen rund 5900 Grad Celsius heißen Stern auf einer nahezu perfekten Kreisbahn im Abstand von nur 13,5 Millionen Kilometern. Die Erde ist mehr als elfmal so weit von der Sonne entfernt.

Planeten, die für einen Umlauf um ihren Stern genauso viel Zeit benötigen wie für eine Eigenumdrehung, wenden ihrem Stern immer dieselbe Hemisphäre zu. Astronomen bezeichnen dieses Verhalten als »gebundene Rotation«. Was das bedeutet, ist unschwer zu erraten: Die dem Stern zugewandte Planetenhälfte wird stark aufgeheizt, während die andere, dem kalten Weltraum zugekehrte Seite auskühlt und in eine Kältestarre verfällt. Berechnungen haben ergeben, dass sich auf CoRoT-4b eine Gleichgewichtstemperatur von 900 Grad Celsius eingestellt hat. Der Temperaturunterschied zwischen »Vorder- und Rückseite« dürfte jedoch beträchtlich sein. Abgesehen davon, dass Leben auf einem Gasriesen keinen festen Boden unter den Füßen hat, sind auf dem Planeten lebensfreundliche Temperaturen vermutlich weder »vorne« noch »hinten« anzutreffen. In der Atmosphäre des Planeten könnten Winde für einen gewissen Temperaturausgleich zwischen den beiden Hemisphären sorgen. Nicht auszuschließen, dass sich dabei lokal auch Stürme entwickeln, die mit Geschwindigkeiten von einigen hundert Kilometern pro Stunde um den Gasball fegen und die insgesamt ungastlichen Verhältnisse noch verschärfen.

Einem anderen Extrem begegnet man im 190 Lichtjahre entfernten Sternsystem HD 80606. Der Planet HD 80606b, der dort in 111 Tagen einen unserer Sonne ähnlichen, aber rund zwei Milliarden Jahre älteren Stern umläuft, ist etwa viermal so massereich wie unser Jupiter. Was den Planeten so interessant macht, ist seine Bahn. Sie ist außerordentlich elliptisch und zählt zu den exzentrischsten Planetenbahnen, die wir kennen (Abb. 19). Im Apastron, dem am weitesten vom Stern entfernten Bahnpunkt, beträgt der Abstand zum Stern 130 Millionen Kilometer, im Periastron, dem zum Stern nächsten Bahnpunkt, nur 5 Millionen Kilometer. In der Sprache der Astronomen entspricht das einer Bahnexzentrizität von 0,93.

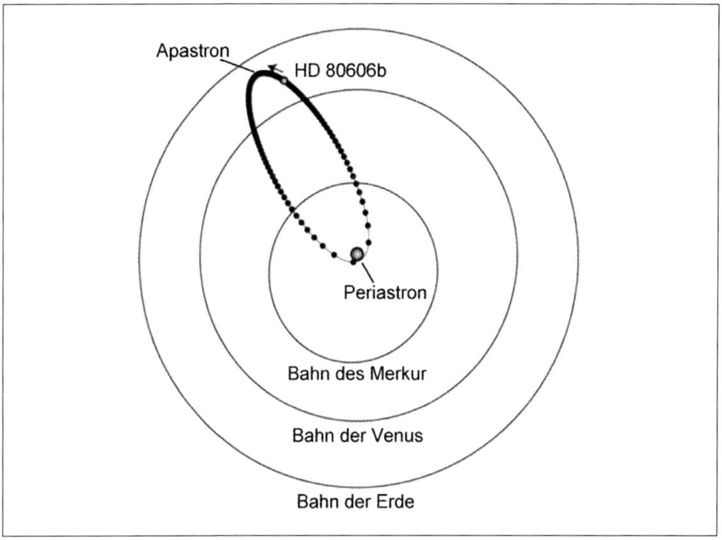

Abb. 19: Im Vergleich zu den Bahnen von Merkur, Venus und Erde ist die des Planeten HD 80606b hochgradig exzentrisch. Im Apastron ist der Planet rund 130 Millionen Kilometer von seinem Mutterstern entfernt, im Periastron sind es nur noch 5 Millionen Kilometer. Da die Punkte längs der Bahn von HD 80606d in zeitlich gleichen Abständen gesetzt sind, ist gut zu erkennen, dass die Geschwindigkeit des Planeten im Periastron größer ist als im Apastron.

Wie kommt dieser Wert zustande? Nun, eine Ellipse besitzt zwei Brennpunkte, und in einem sitzt der Stern, den der Planet umläuft. Die Linie, die von der Mitte der Ellipse zu einem der beiden Ellipsenscheitel führt, bezeichnet man als »Große Halbachse« der Ellipse. Nennen wir sie a. Der Abstand vom Mittelpunkt der Ellipse zu einem der beiden Ellipsenbrennpunkte sei e. Als Exzentrizität der Ellipse gilt das Verhältnis von e zu a. Im vorliegenden Fall misst e gleich 62,5 Millionen Kilometer und a 67,5 Millionen Kilometer, und e zu a ist gleich 0,93.

Doch zurück zum Planeten HD 80606b und der Temperatur in seiner Atmosphäre. Aus Messungen mit für infrarotes Licht empfindlichen Teleskopen hat man eine mittlere Temperatur von 430 Grad Celsius abgeleitet. Wie gesagt, das ist der Mittelwert. Im Periastron, in Sternnähe, bekommt der Planet jedoch rund 800-mal so viel Strahlungsenergie ab wie am anderen Ende seiner Bahnellipse, also im Apastron. Im November 2007 hat man den Planeten, während er sein Periastron durchläuft, mit dem für Infrarotstrahlung empfänglichen Spitzer-Weltraumteleskop der NASA beobachtet und den Temperaturverlauf in der Atmosphäre aufgezeichnet. Das Ergebnis ist wahrlich beindruckend. Innerhalb von nur acht Stunden stieg die Temperatur von rund 530 auf satte 1230 Grad Celsius an! Dass dieser abrupte Temperatursprung von 700 Grad nicht ohne Einfluss auf die Atmosphäre des Planeten bleibt, ist klar. Modellrechnungen haben gezeigt, dass sich auf der dem Stern zugewandten Planetenseite Stoßwellen in der Atmosphäre ausbilden, die in Form außerordentlich starker Winde um den Planeten jagen. Würde es sich bei HD 80606b nicht um einen Gasplaneten handeln und gäbe es dort Leben, so müsste es wohl sehr flach am Boden siedeln, um nicht weggeblasen zu werden. Aber das ist eher ein Thema für Science-Fiction.

Im Februar 2009 haben »Planetenjäger« aus der Forschergruppe um Didier Queloz von der Genfer Sternwarte die Entdeckung eines Planeten um den im Sternbild Einhorn stehenden, knapp 500 Lichtjahre entfernten Stern CoRoT-7 bekannt gegeben. Dieser im Tycho-Sternkatalog unter der Nummer TYC 4799-1733-1 geführte, etwa 1,5 Milliarden Jahre alte Zwergstern ist etwas kleiner und mit einer Oberflächentemperatur von rund 5000 Grad Celsius auch etwas kühler als unsere Sonne. Der Planet trägt die Bezeichnung CoRoT-7b. Er ist knapp doppelt so groß wie unsere Erde und hat 4,8-mal so viel Masse. In 20,5 Stunden umrundet er seinen Stern auf einer nahezu kreisförmigen Bahn in einer 60-fach geringeren Entfernung als unsere Erde die Sonne. Übrigens, auch dieser Planet wurde mithilfe des COROT-Teleskops entdeckt (Abb. 20).

Was CoRoT-7b zu einer Sensation macht, ist die Tatsache, dass es sich bei ihm nicht um einen Gas-, sondern um einen Gesteinsplaneten mit ähnlicher Zusammensetzung wie unsere Erde handelt, sozusagen um eine »Super-Erde«. Das heißt jedoch nicht, dass man auf CoRoT-7b leben könnte. Ganz im Gegenteil: Aufgrund der geringen Entfernung zu seinem Stern herrscht auf CoRoT-7b eine mittlere Temperatur von fast 1400 Grad Celsius. Genauere Untersuchungen haben ergeben, dass es auf der Tagseite des Planeten, der seinem Stern immer dieselbe Hälfte zukehrt, circa 2000 Grad Celsius heiß ist, wogegen die Nachtseite auf minus 200 Grad Celsius ausgekühlt ist. Bei diesen Bedingungen dürfte die Tagseite des Planeten zum Teil mit Seen aus flüssiger Lava bedeckt sein. Simulationen amerikanischer Forscher haben gezeigt, dass die Atmosphäre des Planeten von den Dämpfen, die aus diesen Seen aufsteigen, gespeist wird. Sie besteht hauptsächlich aus Natrium, Kalium, Siliziummonoxid und Sauerstoff mit kleineren Mengen an Magnesium, Aluminium, Kalzium und sogar Eisen. Da die Temperatur mit zunehmender Höhe kontinuierlich abfällt, kondensieren diese Gase in unterschiedlichen Höhen wieder aus. Nach Ansicht einiger Forscher führt das zu der paradoxen Situation, dass es vom Himmel über CoRoT-7b nicht Wassertropfen, sondern kleine Steinchen herabregnet. Von den Daten, die die Sonde »Cassini« über den Saturntrabanten Titan zur Erde gefunkt hat, sind die Planetologen ja einiges gewohnt. Dort könnte es Seen aus Methan geben, und der Regen dürfte aus Methantropfen bestehen. Aber Steine – das ist wahrlich ein apokalyptisches Klima.

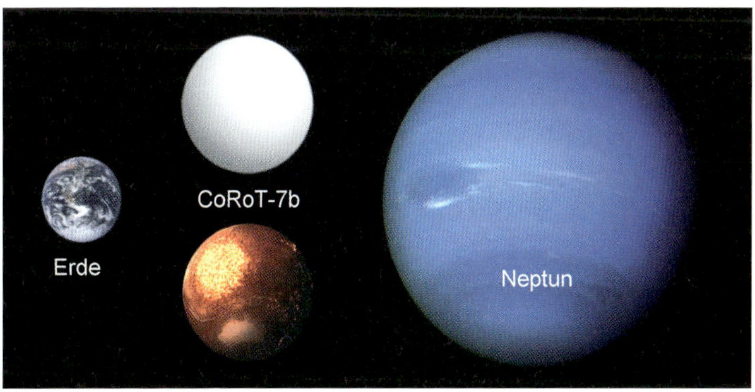

Abb. 20: Der Planet CoRoT-7b im Größenvergleich zur Erde und zum Planeten Neptun. Wie es auf CoRoT-7b aussehen könnte, zeigt das Bild unter der weißen Scheibe.

Ziehen wir Bilanz: Dass ein Wesen wie der Mensch auf derartigen Planeten fehl am Platze ist, steht außer Diskussion. Das muss aber nicht heißen, dass Leben unter extremen klimatischen Bedingungen prinzipiell unmöglich ist. Für Leben, wie wir es kennen, trifft das sicher zu. Aber wer sagt denn, dass es nicht auch andere Lebensformen gibt? Formen, die nicht auf Kohlenstoff aufbauen, sondern auf anderen Elementen? Unsere Sicht auf das Leben ist bis dato sehr einseitig. Oberstes Credo in der Biologie ist noch immer: Leben kann nur in Anwesenheit von Wasser in flüssiger Form bestehen. Setzen wir uns mit diesem Dogma nicht unnötig Scheuklappen auf, die die Suche nach außerirdischem Leben einengen? Dieser Meinung ist auch eine Wissenschaftsgruppe um Maria Firneis vom Institut für Astronomie an der Universität Wien. Hier versucht man den Geozentrismus in Astronomie und Biologie ein wenig aufzubrechen. Es könnte doch auch Lebensformen geben, die sich nicht in Wasser, sondern in alternativen Lösungsmitteln wie Ammoniak, Ethan, Formamid, Methan, Schwefelsäure oder auch Wasser-Ammoniak-Gemischen entwickelt haben. Da diese Substanzen in anderen Temperaturbereichen als Wasser in flüssigem Zustand vorkommen, würde sich der Begriff »Habitable Zone« – man versteht darunter den Bereich um einen Stern, in dem ein umlaufender Planet von seinem Stern gerade so viel Strahlungsenergie empfängt, dass das jeweilige Lösungsmittel weder gefriert noch verdampft, sondern flüssig ist – deutlich erweitern. Nach Ansicht der Forscher müssen sich primitive Systeme, beispielsweise in Form belebter Makromoleküle, die sich in diesen Lösungsmitteln entwickeln können, nicht zwingend auf Kohlenstoff aufbauen. Damit rücken insbesondere der Saturntrabant Titan und der Jupitertrabant Europa in den Fokus der Suche nach andersartigem, extraterrestrischem Leben. Bei zukünftigen Weltraummissionen sollte man daher gezielt auch nach »Alien-Molekülen« Ausschau halten. Doch auch wenn man dereinst uns fremde Strukturen finden sollte: Unterhalten kann man sich mit denen nicht.

Kapitel 5

Spring, Neptun, spring!

»Mein Vater erklärt mir jeden Sonntag unsere neun Planeten.« Bis September 2006 war dies ein wunderbarer Merksatz, um sich anhand des Anfangsbuchstabens jedes Worts die Reihenfolge der Planeten unseres Sonnensystems – Merkur, Venus, Erde, Mars, Jupiter, Saturn, Uranus, Neptun, Pluto – ins Gedächtnis zu rufen. Wie gesagt: Das galt bis September 2006. Seitdem zählt Pluto nicht mehr zu den Planeten, denn die Internationale Astronomische Vereinigung hat ihm mit einer umstrittenen Entscheidung den Planetenstatus aberkannt und ihn zu einem Zwergplaneten degradiert. Damit hat unser Sonnensystem nur noch acht Planeten, und der schöne Merksatz ist auch nichts mehr wert.

Nach neuesten Forschungsergebnissen hat dieser Satz nicht nur ab 2006 seine Gültigkeit verloren, er hat auch den Zustand in der Frühzeit unseres Sonnensystems falsch wiedergegeben. Denn sehr wahrscheinlich waren die vier äußeren Planeten Jupiter, Saturn, Uranus und Neptun anfänglich anders aufgestellt. Ihre heutigen Bahnen dürften sie nicht schon bei der Entstehung des Sonnensystems, sondern erst rund 700 Millionen Jahre später eingenommen haben. Da das Sonnensystem rund 4,5 Milliarden Jahre alt ist, ziehen diese Riesen ihre vertrauten »Kreise« vermutlich erst seit rund 3,8 Milliarden Jahren.

Wie die Planetologen zu dieser Ansicht gelangten, ist eine interessante Geschichte. Sie beginnt mit der Theorie zur Entstehung eines Planetensystems, der Geburt des zentralen Sterns und der Frage, wie sich Planeten bilden.

Ein Stern entsteht, indem eine ausgedehnte interstellare

Gas- und Staubwolke unter ihrer eigenen Schwerkraft kollabiert. Ist schließlich die Materie im Zentrum der Wolke so weit komprimiert, dass dort eine Temperatur von rund 10 Millionen Grad herrscht, beginnt Wasserstoff zu Helium zu verschmelzen. Aus diesen Fusionsprozessen gewinnt der Stern fortan seine Energie. Das restliche, nicht zur Sternentstehung verbrauchte Wolkengas sammelt sich scheibenförmig um den Stern und bildet die sogenannte protoplanetare Gasscheibe, auch »solarer Nebel« genannt. Dieses Scheibengas ist der Baustoff, aus dem sich die Planeten entwickeln. Das beginnt damit, dass etwa 1 Tausendstelmillimeter große Partikel miteinander kollidieren und aneinander haften. Auf diese Weise entstehen zunächst kleine, etwa ein Zentimeter große, kompakte Teilchen, die mit dem Gasstrom mitschwimmen. In weiteren Zusammenstößen wachsen diese »Klümpchen« zu immer größeren Festkörpern aus Gestein und Eis heran. Ab einer Größe von einigen zehn Metern entkoppeln dann die Brocken vom Scheibengas und rotieren nun »keplersch« um den Stern, das heißt, sie gehorchen dem Dritten Keplerschen Gesetz. Vereinfacht ausgedrückt besagt das, dass sich ein Objekt auf einer Umlaufbahn um einen Zentralkörper umso langsamer bewegt, je weiter es von ihm entfernt ist.

Um weiterzuwachsen, sind die großen Gesteinsbrocken nicht mehr darauf angewiesen, per Zufall mit anderen Teilchen zu kollidieren. Vielmehr ist ihre Gravitation nunmehr bereits so stark, dass sie kleinere Partikel anziehen und an sich binden können. Ab einer Größe von etwa einem Kilometer bezeichnet man die Körper dann als »Planetesimale«, die Vorläufer der Planeten. Im weiteren Verlauf verschmelzen dann benachbarte Planetesimale zu ganzen Planeten. Zwar ziehen sich zwei Objekte unterschiedlicher Masse gegenseitig mit gleicher Kraft an, dennoch wird der Körper, der bereits mehr Masse gewonnen hat, den mit weniger Masse leichter zu sich heranziehen als umgekehrt. Auf diese Weise sammeln die im Entstehen begriffenen Planeten alle Kleinkörper in ihrer Umgebung auf und räumen entlang ihrer Bahnen einen mehr oder weniger breiten Streifen frei.

Im Rahmen dieser »Sammelaktion« kondensiert jedoch nur ein Bruchteil von etwa 1,5 Prozent des Scheibengases zu Planeten. Körper mit weniger als etwa zehn Erdmassen haben eine zu geringe Anziehungskraft, um etwas von dem verbliebenen Scheibengas an sich zu binden. Ihre Entwicklung zu einem gesteinsartigen Planeten ist abgeschlossen. Ist ihre Masse jedoch auf mindestens zehn Erdmassen angewachsen, so können sie kraft ihrer Gravitation verbliebenes Scheibengas dauerhaft an sich ziehen. Auf diese Weise entstehen riesige Gasplaneten. Der Gasanteil kann dabei die Masse des gesteinsartigen Kerns um ein Vielfaches übertreffen. Beim größten Planeten unseres Sonnensystems, dem Jupiter, entfallen zwischen 95 und 97 Prozent seiner Masse auf die Gase Wasserstoff und Helium.

Am Ende der Planetenentstehung zeigt sich die protoplanetare Gasscheibe gegenüber ihrer ursprünglichen Form und Zusammensetzung stark verändert. Nahm anfänglich die Dichte des Gases von der Scheibenmitte nach außen kontinuierlich ab, so ist die Gasscheibe jetzt im Bereich der Planetenbahnen stark ausgedünnt, eventuell sogar ganz gasfrei. Außerdem schwimmen neben den Planeten eine Unmenge von Kleinkörpern, Asteroiden und Kometen in der Scheibe. Entweder haben sie es nicht geschafft, zu Planeten heranzuwachsen, oder es handelt sich um Bruchstücke, die bei Zusammenstößen ursprünglich größerer Körper abgesprengt wurden. Dieser »Schutt« aus der Entstehungsgeschichte des Sonnensystems ist ein wesentlicher Teil der »späten« protoplanetaren Scheibe.

Diese Prozesse dauern an, solange noch ausreichend Gas in der protoplanetaren Scheibe vorhanden ist. Doch das wird immer weniger. Nach etwa 10 bis 20 Millionen Jahren ist es aufgebraucht: einerseits für die Bildung von Planeten, andererseits wird es von der Strahlung des zentralen Sterns in den Raum hinausgeblasen. Auch am Rand der Scheibe geht fortwährend Gas verloren. Entweder wird es durch die Gravitation von nahe vorbeiziehenden Sternen abgezogen oder von der Ultraviolettstrahlung heißer Sterne so stark aufgeheizt, dass die Gaspartikel Geschwindigkeiten erreichen, die groß genug sind, um der Anziehungskraft des Sterns zu entkommen und aus der Scheibe zu »verdunsten«.

Dieses Szenario der Planetenentstehung ist heute Stand der wissenschaftlichen Forschung. Allerdings handelt es sich dabei lediglich um ein grobes »Strickmuster«. Insbesondere über Aufbau und Struktur des einstigen solaren Nebels weiß man nur wenig. Ohne diese Kenntnis ist die Planetenbildung um unsere Sonne jedoch nur schwer nachzuvollziehen. Im Laufe der letzten 50 Jahre sind daher vermehrt Anstrengungen zur Rekonstruktion der protoplanetaren Scheibe unternommen worden.

Das erste Modell eines solaren Nebels wurde bereits 1949 vorgestellt und seitdem vielfach überarbeitet und verbessert. Zur Abschätzung der Verteilung der Masse in der protoplanetaren Scheibe greift man heute auf das sogenannte »Minimum Mass Solar Nebula«-Modell (MMSN) zurück. In diesem Modell schätzt man zunächst den Metallanteil – das sind alle Elemente schwerer als Helium – der Planeten Merkur bis Neptun ab. Wird dieser Anteil noch um den zugehörigen Gasanteil, vornehmlich Wasserstoff und Helium, ergänzt, so erhält man die jeweilige »erweiterte« Gesamtmasse der einzelnen Planeten. Der Gasanteil lässt sich dabei anhand der Häufigkeitsverteilung der Elemente in der Sonne abschätzen. Geht man nun davon aus, dass die so ermittelte Masse eines Planeten homogen über eine ringförmige Fläche um die Sonne »verschmiert« war, deren mittlerer Radius gleich der gegenwärtigen mittleren Entfernung des jeweiligen Planeten von der Sonne ist, so erhält man die ursprüngliche Massenverteilung im solaren Nebel. Die örtliche Flächendichte ist dann gleich der erweiterten Masse des jeweiligen Planeten geteilt durch die zugehörige Ringfläche.

Mit diesen Daten lässt sich der Verlauf der Flächendichte quer über die protoplanetare Scheibe bestimmen. Im MMSN-Modell nimmt die Flächendichte umgekehrt proportional zur Entfernung von der Sonne hoch 3/2 ab. Das gilt vom Innenrand der Merkurbahn bis über die Neptunbahn hinaus, also im Bereich von rund 0,3 bis 30 Astronomischen Einheiten

(1 Astronomische Einheit oder Astronomical Unit, 1 AE oder AU, entspricht der Entfernung Erde – Sonne). Addiert man die in diesem Bereich enthaltene Masse des solaren Nebels, so erhält man einen Wert von 0,013 Sonnenmassen. In Anbetracht der großen Unsicherheiten bei der Bestimmung der erweiterten Planetenmassen ist das ein akzeptables Ergebnis. Ähnliche Werte hat man mittlerweile auch bei der »Vermessung« protoplanetarer Scheiben um andere Sterne erhalten.

Versucht man die Entstehung der Planeten aus dem rekonstruierten solaren Nebel zu verstehen, so stößt man auf gravierende Probleme. Insbesondere die Bildung der beiden Planeten Uranus und Neptun lässt sich nicht erklären. Beide Planeten haben mindestens eine mit der Erdmasse vergleichbare Menge an Wasserstoff und Helium an ihre Gesteins- beziehungsweise Eiskerne gebunden. Wie schon erwähnt, ist die Anziehungskraft von mindestens zehn Erdmassen nötig, damit ein Körper beginnen kann, Gas aus dem solaren Nebel zu akkretieren. Doch bei der niedrigen Flächendichte, die das MMSN-Modell insbesondere in den Außenbereichen des solaren Nebels vorgibt, sollte sich die Scheibe schon aufgelöst haben, lange bevor Uranus und Neptun auf zehn Erdmassen herangewachsen sind. Legt man den Modellrechnungen zur Planetenentstehung das MMSN-Modell zugrunde, so hätte es Milliarden Jahre gedauert, bis die beiden Planeten die entsprechende Masse auf sich vereinigt hätten. Selbst für den Planeten Jupiter, der nur rund fünf Astronomische Einheiten von der Sonne entfernt ist, liefern die Modellrechnungen eine Entstehungszeit von vielen Millionen Jahren. Mit anderen Worten: Die Planeten können nicht dort entstanden sein, wo sie heute ihre »Kreise« ziehen. Vielmehr dürften sie in einem deutlich geringeren Abstand zur Sonne herangewachsen sein, dort, wo die Flächendichte der Scheibe wesentlich größer war. Im Vergleich zu heute muss das Planetensystem also einmal völlig anders ausgesehen haben, und irgendwann muss es zu einer tiefgreifenden Umordnung gekommen sein.

Wie das Sonnensystem vermutlich ausgesehen und wie es

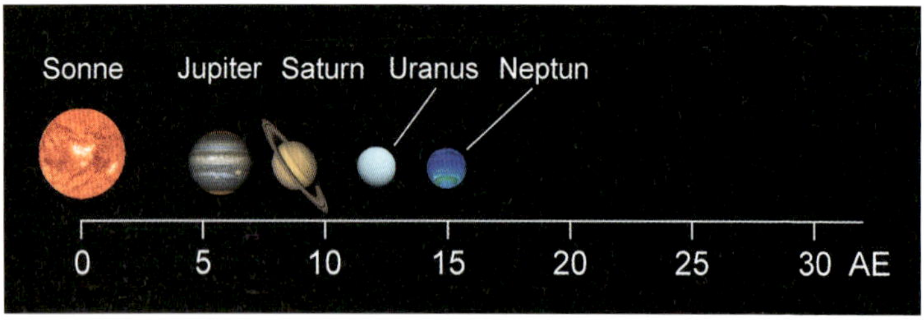

Abb. 21: Positionen der vier Gasplaneten unseres Sonnensystems bei ihrer Entstehung entsprechend dem Nizza-Modell.

sich entwickelt hat, haben 2005 die Wissenschaftler Tsiganis, Gomes und Morbidelli zusammen mit ihren Kollegen anhand des sogenannten Nizza-Modells simuliert. Der Name geht zurück auf die bekannte Stadt am Mittelmeer, wo das Modell entwickelt wurde. Im Nizza-Modell starten die vier großen Planeten auf nahezu kreisförmigen, praktisch in einer Ebene liegenden Bahnen. Mit Ausnahme von Jupiter, der bei 5,45 AE, also auf einem 0,25 AE größeren Bahnradius als heute platziert ist, starten die anderen drei auf viel engeren Bahnen: Saturn bei 8 bis 9 AE, Uranus bei 11 bis 13 AE und Neptun bei 13,5 bis 17 AE (Abb. 21). Außerdem gehen die Forscher davon aus, dass sich jenseits dieser Planeten eine mit Planetesimalen aus der Entstehungszeit des Sonnensystems bevölkerte Scheibe anschließt, die bis 30 AE hinausreicht. Die in diesem Scheibenbereich versammelte Masse bemisst sich auf rund 35 Erdmassen.

Heute sind Jupiter 5,2 AE, Saturn 9,54 AE, Uranus 19,2 AE und Neptun 30,1 AE von der Sonne entfernt. Doch wie sind sie dahin gekommen? Folgt man den Modellrechnungen, so hat sich folgendes Szenario entwickelt: Zunächst wurde ein Teil der Kleinkörper, die am Innenrand der an die Planeten anschließenden Planetesimalscheibe die Sonne umliefen, vom äußersten Planeten nach innen in den Bereich der anderen Riesenplaneten »gestreut«. Der Begriff »streuen« besagt hier, dass der Planet kraft seiner Gravitation die Kleinkörper aus ihrer Bahn geschleudert hat. In der Folgezeit kam es dann zu einer Vielzahl enger Begegnungen zwischen diesen Planetesimalen und den vier Planeten. Dabei wurden nicht nur die Bahnen der Planetesimale, sondern auch die der Planeten durch den gegenseitigen Schwerkrafteinfluss kontinuierlich verändert. Jupiter begann langsam in Richtung Sonne zu wandern, Saturn, Uranus und Neptun drifteten gemächlich nach außen.

Diese »sanfte« Migration der Planeten währte rund 600 Millionen Jahre. Dann änderte sich die Situation dramatisch. Jupiter und Saturn hatten sich mittlerweile so weit voneinander entfernt, dass sich zwischen ihnen eine 2-zu-1-Resonanz einstellte. Das bedeutet: Jupiter umkreiste die Sonne zweimal in der Zeit, in der Saturn genau einen Umlauf absolvierte. Nach jedem Umlauf des Saturn begegnete er dem Planeten Jupiter stets an derselben Stelle seiner Bahn. Mit ihrer vereinten Schwerkraft, die während der einige zehn Millionen Jahre andauernden Resonanz immer an derselben Stelle im System wirkte, sorgten nun die beiden Planeten für ausgesprochen turbulente Verhältnisse unter den anderen Mitgliedern. Uranus und Neptun wurden auf chaotische, stark elliptische Bahnen weit nach außen geworfen, wobei sie sich auch noch durch ihre Schwerkraft wechselseitig störten. In 50 Prozent aller Simulationsrechnungen haben Uranus und Neptun dabei sogar ihre Plätze getauscht. Das könnte erklären, warum Neptun eine größere Masse als Uranus besitzt, und es könnte ein Hinweis darauf sein, dass im frühen Sonnensystem die vier Riesenplaneten anders als heute aufgereiht waren, nämlich Jupiter, Saturn, Neptun, Uranus.

Auch die Kleinkörper in der Scheibe wurden von der Umstrukturierung des Sonnensystems nicht verschont. So haben die beiden Planeten auf ihrem Weg nach außen durch die Planetesimalscheibe unzählige der in ihrem Einflussbereich befindlichen Kleinkörper mit sich gerissen. Heute bilden diese Körper den von Asteroiden und Kometen bevölkerten Kuiper-Gürtel am Rande des Sonnensystems. Ein Teil der Kleinkörper gelangte aber auch ins Innere des Planetensystems, mit der Folge, dass die inneren Planeten einem schweren Bombardement ausgesetzt wurden. Insbesondere auf dem Merkur und dem Mond ist die verheerende Wirkung dieser Einschläge noch gut zu beobachten. In unserer Zeit kommt es nur noch vereinzelt zu spektakulären Kollisionen von Asteroiden oder Kometen mit einem der Planeten. Der Komet Shoemaker-Levy 9, der 1994 auf den Jupiter stürzte, hat nochmals gezeigt, welche Energie derartige Bomben aus dem Weltraum freisetzen. Mittlerweile sind auch die Bahnen von Uranus und Neptun wieder nahezu kreisförmig. Durch die vielen Begegnungen der Planeten mit anderen Kleinkörpern verkleinerten sich deren Exzentrizitäten im Laufe der Zeit immer mehr.

Fasst man die Ergebnisse aus dem Nizza-Modell zusammen, so lässt sich Folgendes feststellen: Mit der Annahme, dass anfänglich die vier großen Planeten in der protoplanetaren Scheibe im Vergleich zu ihren heutigen Bahnen kompakter gestaffelt waren und die Sonne in deutlich geringerem Abstand umrundeten, liefert die Simulation der Entwicklung des Sonnensystems ein Bild, das gut mit den heutigen Gegebenheiten übereinstimmt.

Bleibt abschließend noch die Frage, auf welchen Bahnen sich die Planeten Uranus und Neptun im frühen Sonnensystem bewegten. Hat tatsächlich Neptun einst die Sonne in geringerem Abstand umrundet als Uranus? Wie schon erwähnt, deutet etwa die Hälfte aller Simulationsergebnisse darauf hin. 2007 gelang es Steve Desch von der Arizona University in Tempe, diese Theorie mit neuen Berechnungen zur protoplanetaren Scheibe zu erhärten. Dass der Verlauf der Flächendichte im solaren Nebel nicht so gewesen sein konnte, wie er sich aus dem MMSN-Modell ergibt, war unbestritten. Doch welches Ergebnis erhält man, wenn man das MMSN-Modell mit dem Nizza-Modell kombiniert? Wenn man die Flächendichte im solaren Nebel mit den vier großen Planeten in den Positionen berechnet, die das Nizza-Modell vorgibt? Steve Desch ging dabei genauso vor, wie bereits beim MMSN-Modell beschrieben, nur dass diesmal die Massen der vier Planeten über die Nizza-Modell-Bahnen »verschmiert« wurden. Erste Berechnungen zeigten, dass die Flächendichte nach außen viel schneller abfällt als im MMSN-Modell, dafür ist sie jedoch im Bereich der vier Planeten etwa fünfmal größer. Damit war gewährleistet, dass die Planeten auf ihren Bahnen bis zur Auflösung des solaren Nebels ausreichend Masse »aufsammeln« konnten, um zu ihrer heutigen Größe heranzuwachsen. Was jedoch störte, war die Tatsache, dass die Flächendichte nicht gleichmäßig nach außen abfiel, sondern im Bereich von Uranus und Neptun eine starke Unregelmäßigkeit aufwies. Das passte nicht zum allgemeinen Trend und stand im Widerspruch zu einer physikalisch plausiblen Massenverteilung in der Scheibe. Doch als Desch die Positionen von Uranus und Neptun vertauschte, erhielt er für die Flächendichte plötzlich eine vom Zentrum bis zum Rand der Scheibe gleichmäßig abfallende Kurve.

Dieses Ergebnis hat alle überrascht. Denn damit musste Neptun näher an der Sonne entstanden sein als Uranus: Neptun bei rund 11,5 AE und Uranus bei circa 14,2 AE. Angedeutet hatte sich das ja schon bei den Simulationsrechnungen des Nizza-Modells, die in der Hälfte aller Fälle einen Platzwechsel von Uranus und Neptun zum Ergebnis hatten. Der glatte Kur-

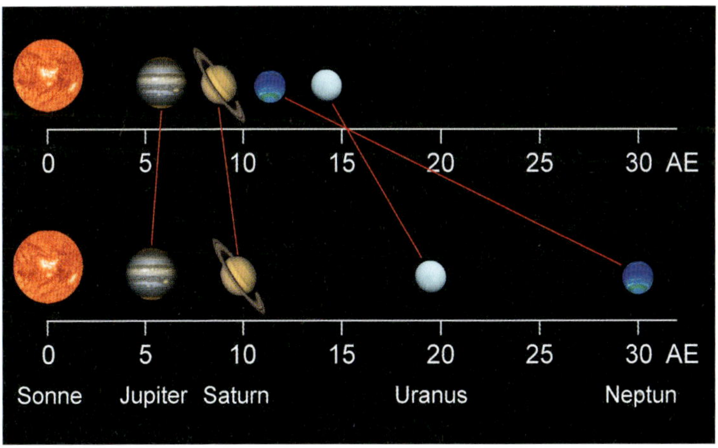

Abb. 22: Nach Steve Desch korrigierte ursprüngliche Positionen der Planeten Uranus und Neptun. Die Linien verdeutlichen die rund 600 Millionen Jahre nach Entstehung des Sonnensystems einsetzende »Wanderung« der Gasplaneten auf ihre heutigen Bahnen um die Sonne.

venverlauf der Flächendichte, der sich nur einstellt, wenn man die Plätze von Uranus und Neptun vertauscht, lässt es nun sehr wahrscheinlich erscheinen, dass unser Sonnensystem während der ersten rund 15 Prozent seiner Geschichte völlig anders ausgesehen hat. Erst als Jupiter und Saturn durch ihre 2-zu-1-Resonanz 600 bis 700 Millionen Jahre später das Sonnensystem in heftige Turbulenzen stürzten, ist Neptun wohl über die Bahn des Uranus hinaus gesprungen (Abb. 22).

Damit erweist sich das Sonnensystem nicht, wie man vermuten könnte, als ein unveränderliches Gebilde, sondern als eine sich im Laufe der Zeit verändernde, hochdynamische Anordnung sich wechselseitig beeinflussender Körper. Ein Blick in die ferne Zukunft hat ergeben, dass sehr wahrscheinlich auch der Planet Merkur in ein paar Milliarden Jahren der Gravitationskraft des Jupiter wird Tribut zollen müssen. Entweder wird er aus seiner Bahn und somit ganz aus dem Sonnensystem geschleudert, oder seine Bahn wird so exzentrisch, dass eine Kollision mit der Erde wahrscheinlich wird. Vielleicht heißt es ja dann: Spring, Merkur, spring!

Kapitel 6

Vorfahrt beachten!

Spitzfindige behaupten: Im gesamten Sonnensystem gibt es nur einen »Mond«, und das ist der Trabant, der unsere Erde umkreist. Genau betrachtet haben sie sogar recht. Natürlich besitzen auch andere Planeten unseres Sonnensystems Trabanten. Gegenwärtig sind vom Mars zwei, vom Jupiter 63, vom Saturn 60, vom Uranus 27 und vom Neptun 13 Begleiter bekannt. Die meisten haben einen wohlklingenden Namen, beispielsweise »Callisto« oder »Amalthea«. Der Rest trägt anstelle eines Namens eine Kennziffer, die Auskunft gibt, zu welchem Planeten der Trabant gehört. Doch nicht einer unter ihnen heißt »Mond«! Der Name »Mond« ist für den Begleiter der Erde reserviert. Ähnlich verhält es sich mit dem Stern, um den die genannten Planeten kreisen. Nur er hört auf den Namen »Sonne«. Alle anderen Sterne, soweit bisher katalogisiert, haben andere Namen oder wiederum Kennziffern.

Doch bleiben wir bei den Trabanten. Besonders in den letzten Jahren hat die Wissenschaft über diese Objekte eine Menge neuer Erkenntnisse gewonnen und zum Teil auch Verwunderliches in Erfahrung gebracht. Neben den im Rahmen der »Apollo«-Missionen erfolgten Mondlandungen haben insbesondere die Raumsonden »Voyager 1« und »2«, »Galileo« und »Cassini« viel zum Verständnis dieser Himmelskörper beigetragen. So haben sich die Jupitertrabanten Ganymed, Callisto, Europa und Io, die bereits 1610 von Galileo Galilei entdeckt wurden, als eigene Welten entpuppt. Unter der vereisten Oberfläche Europas soll sich ein kilometertiefer Ozean verbergen, in dem sich vielleicht sogar Formen primitiven Lebens entwickelt haben. Und auf Io wüten Vulkane, die gewaltige Rauchwolken bis zu 300 Kilometer weit in den Raum hinausblasen. Anders als beim Planeten Mars rührt Ios gelb-oranges Aussehen nicht von oxidiertem, eisenhaltigem Gestein her, sondern von gewaltigen Lavaströmen aus flüssigen Schwefelverbindungen, die seine Oberfläche überziehen.

Zum Teil noch spektakulärer präsentieren sich einige Saturntrabanten. Titan, der 1655 von dem holländischen Astronomen Christiaan Huygens entdeckt wurde und auf dem 2005 die Sonde »Huygens« landete, besitzt sogar eine etwa eineinhalbmal so dichte Atmosphäre wie die Erde. Im Wesentlichen handelt es sich dabei um molekularen Stickstoff, vermischt mit etwa 6 Prozent Argon und ein paar Prozent Methan und Ethan. Das Methan-Ethan-Gemisch ist vornehmlich in den oberen Atmosphärenschichten in Form von Wolken konzentriert. Aus diesen Wolken soll es sogar regnen – natürlich keine Wassertropfen, sondern Methan beziehungsweise Ethan, das sich auf Titan zu die Oberfläche gestaltenden Flüssen vereinigt und in ausgedehnten Seen sammelt.

Ein ganz anderes Gesicht zeigt uns Iapetus, ein weiterer Trabant des Planeten Saturn. Während eine Hemisphäre nahezu schwarz ist, ist die andere sehr hell. Man vermutete, dass die dunkle Seite von Iapetus einem Regen kleiner Partikel ausgesetzt ist, die ständig von der Oberfläche des rabenschwarzen Trabanten Phoebe abdriften. Im Oktober 2009 gelang dann eine spektakuläre Entdeckung: Mithilfe des Infrarot-Weltraumteleskops »Spitzer« konnte ein Team amerikanischer Astronomen einen gewaltigen Staubring nachweisen, der mit einem Durchmesser von 24 Millionen Kilometern weit außen den Saturn umgibt. Nach Ansicht der Forscher wird der Ring fortwährend durch neue Staubpartikel gefüttert, die durch Einschläge von Teilchen aus dem interplanetarischen Raum und aus der Umgebung Saturns vom Trabanten Phoebe abplatzen. Damit lässt sich das unterschiedliche Aussehen von Iapetus gut erklären: Material aus dem Staubring driftet auf spiralförmigen Bahnen nach innen und gelangt so in den Bereich

Abb. 23: Der Jupitertrabant Io und die Saturnmonde Iapetus und Enceladus. Aus Gründen der Anschaulichkeit sind die Monde gleich groß dargestellt. Tatsächlich ist Io mit einem Durchmesser von 3600 Kilometern etwas mehr als doppelt so groß wie Iapetus und rund siebenmal so groß wie Enceladus.

der Umlaufbahn von Iapetus. Da Phoebe und der Staubring den Saturn in zu Iapetus entgegengesetzter Richtung umlaufen, prallen die Staubpartikel auf Iapetus wie Tropfen auf die Windschutzscheibe eines Autos und bedecken so die in Bewegungsrichtung weisende Hemisphäre des Trabanten mit einer nahezu schwarzen Schicht (Abb. 23).

Auch Enceladus, ein weiterer Trabant des Saturn, hat einiges zu bieten. Im Bereich seines Südpols hat »Cassini« aktive Eisvulkane entdeckt, die 750 Kilometer hohe Fontänen von Wasserdampf und Eispartikeln in den Raum hinausschleudern. Vermutlich wird Enceladus durch Saturns Anziehungskraft so stark durchgewalkt und dadurch erwärmt, dass sich unter seiner eisigen Oberfläche flüssiges Wasser ansammelt, das durch Spalten im Eis nach oben gepresst wird. Am 12. März 2008 flog »Cassini« sogar durch diese Wasserdampffontänen, um den Salzgehalt des Wassers zu bestimmen. Der Nachweis flüssigen Wassers auf Enceladus hat die Wissenschaft aufhorchen lassen. Schließlich ist seine Existenz für die Entstehung von Leben eine unverzichtbare Voraussetzung.

Ist all das schon ziemlich spektakulär, so wird es vom Verhalten zweier eher unscheinbarer Trabanten des Saturn noch

Abb. 24: Epimetheus und Janus, zwei 113 und 179 Kilometer große Monde, umkreisen den Planeten Saturn auf nahezu identischen Bahnen. Die Bahnradien der beiden Trabanten unterscheiden sich nur um rund 50 Kilometer.

übertroffen. Die Rede ist von Janus und Epimetheus (Abb. 24). Man hat diese beiden Trabanten auch schon als die »siamesischen Zwillinge« des Saturn bezeichnet, weil sie den Planeten auf nahezu identischen Bahnen umkreisen. Dazu einige Details: Beide Trabanten befinden sich in Korotation mit Saturn, das heißt, sie wenden ihrem Planeten immer dieselbe Seite zu, weil sie sich während eines Umlaufs genau einmal um ihre Achse drehen. Einer der beiden Trabanten umrundet Saturn in einem Abstand von 151 500 Kilometern, die Bahn des anderen hat einen um nur 50 Kilometer größeren Radius. Vermutlich sind Janus und Epimetheus Teile eines größeren Trabanten, der in der Frühphase des Planetensystems auseinanderbrach. Mit einem mittleren Durchmesser von 179 Kilometern ist Janus etwas größer als Epimetheus mit 113 Kilometern. Und genau diese Abmessungen sind das Problem, beziehungsweise sie wären ein Problem, wenn nicht... doch der Reihe nach.

Wie die Planeten die Sonne, so umkreisen auch die Trabanten ihren Planeten »keplersch«, das heißt, sie gehorchen dem Dritten Keplerschen Gesetz, wonach sich die Quadrate ihrer Umlaufzeiten zueinander verhalten wie die zur dritten Potenz erhobenen großen Halbachsen ihrer Bahnellipsen. Dabei versteht man unter dem Begriff »große Halbachse« die Strecke vom Mittelpunkt der Ellipse zu einem ihrer Scheitel. Vereinfacht ausgedrückt besagt das Dritte Keplersche Gesetz, dass sich ein Objekt auf einer Umlaufbahn um einen Zentralkörper umso langsamer bewegt, je weiter es von ihm entfernt ist. In unserem Sonnensystem ist das gut zu beobachten. Der innerste Planet Merkur überholt auf seiner Bahn regelmäßig die Venus, die wiederum überholt die Erde, die den Mars und so fort.

Gleiches gilt auch für Janus und Epimetheus. Alle vier Jahre setzt der auf der Innenbahn umlaufende Trabant an, den auf der Außenbahn zu überholen. Doch wie soll das gehen? Die beiden Bahnen haben zueinander nur einen Abstand von 50 Kilometern. Und aufgrund der Durchmesser der beiden Trabanten von 179 beziehungsweise 113 Kilometern ragt jeder in die Bahn des anderen hinein. Beim Überholvorgang sollte es daher zwangsläufig zur Kollision von Janus mit Epimetheus kommen. Sollte – denn wie durch ein »Wunder« verfehlen die beiden einander. Verantwortlich für dieses »Wunder« ist die Gravitation. Nähern sich die beiden Trabanten einander, so bremst die Anziehungskraft des innen laufenden Trabanten den auf der Außenbahn, und umgekehrt beschleunigt der Trabant auf der Außenbahn den auf der Innenbahn. Der eine verliert, der andere gewinnt Bewegungsenergie. Aufgrund dessen wechselt der auf der Außenbahn umlaufende Trabant vor dem auf der Innenbahn auf die innere Bahn, und der innen umlaufende springt hinter dem äußeren auf die Außenbahn (Abb. 25). Der ursprünglich äußere Trabant wird also gar nicht von dem anderen überholt, sondern läuft jetzt auf der Innenbahn dem anderen davon. Auf diese Weise kommen sich die beiden Objekte nie näher als 15000 Kilometer. Von einem »Crash« kann also keine Rede sein. Der letzte Bahnwechsel fand 2010 statt. Anfang 2014 wird sich das Schauspiel wiederholen.

Entsprechend dem Motto »Überholen verboten und Vorfahrt beachten« kommen die beiden Trabanten also gut über die Runden. Soweit bisher bekannt, ist diese »Verkehrsregel«

einmalig im Sonnensystem. Letztlich kommt der zunächst am Überholen gehinderte Trabant aber doch noch am anderen vorbei. Denn nach vier Jahren ist es der ursprünglich auf der Außenbahn laufende Trabant, der nun auf der Innenbahn den auf die Außenbahn gewechselten Begleiter zu überholen versucht. Jetzt muss er ihm die Vorfahrt auf die Innenbahn einräumen. – Wer will da noch behaupten, es gäbe keine himmlische Gerechtigkeit!

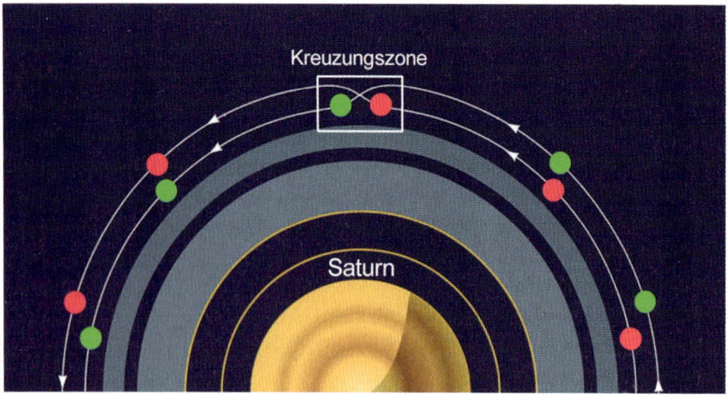

Abb. 25: Aufgrund der gegenseitigen gravitativen Anziehung von Epimetheus und Janus kollidieren die beiden Monde nicht, wenn der Trabant auf der inneren Bahn zum Überholen ansetzt, sondern wechseln auf die Bahn des jeweils anderen Monds.

Kapitel 7

Kohlenstoff – to be or not to be

Woher kommt der Kohlenstoff? Eine interessante Frage. Doch bevor wir darauf eine Antwort geben, wollen wir uns zunächst ein paar Fakten zu diesem Stoff ins Gedächtnis rufen. Im Kosmos ist Kohlenstoff, nach Wasserstoff, Helium und Sauerstoff, das vierthäufigste Element. Auch unser Körper besteht zu knapp 20 Prozent aus diesem Element. Sucht man nach Kohlenstoff, so findet man ihn in vielfältigen Modifikationen: beispielsweise in Form von Graphit, als Diamant, als amorphen Kohlenstoff und in einer Unmenge chemischer Verbindungen. Daneben existieren noch einige teilweise künstlich hergestellte Strukturen, beispielsweise Kohlenstofffasern, Glaskohlenstoff, Kohlenstoffnanoröhren oder auch sogenannte Fullerene. In Letzteren bilden 60 Kohlenstoffatome ein reguläres hexagonales Wabenmuster. Ersetzt man dort einige Sechsecke durch Fünfecke, so rollt sich das Gebilde zu einem geschlossenen kugelförmigen Körper zusammen.

Was den Kohlenstoff besonders auszeichnet, ist seine Vierwertigkeit, auch Valenz genannt. Dieser Begriff aus dem Wörterbuch der Chemie gibt an, wie viele Wasserstoffatome ein Atom an sich binden kann. Aufgrund seiner vier freien Valenzen eröffnen sich dem Kohlenstoff eine Menge unterschiedlicher Bindungsmöglichkeiten. Die einfachste Kohlenstoffverbindung ist das Methanmolekül. Hier hängt an jeder Valenz des Kohlenstoffatoms ein Wasserstoffatom in Form von Einfachbindungen. Neben diesen Einfachbindungen sind auch Doppel- und Dreifachbindungen möglich. Dabei beansprucht ein gebundenes Atom zwei beziehungsweise drei Kohlenstoffvalenzen für sich. Das bekannte Kohlendioxidmolekül ist ein schönes Beispiel für eine Doppelbindung. Zwei Sauerstoffatome sind dort über je zwei Bindungen an ein Kohlenstoffatom gekoppelt. Was die Stabilität derartiger Bindungen anbelangt, so sind Doppelbindungen »haltbarer« als Einfachbindungen und Dreifachbindungen wiederum fester als Doppelbindungen.

Kohlenstoff kann nicht nur Verbindungen mit anderen Atomen eingehen, sondern auch mit seinesgleichen. Auch da kommt es zu Einfach-, Doppel- und Dreifachbindungen. Auf diese Weise entstehen äußerst komplexe Moleküle mit einem Gerüst aus einer langen Kohlenstoffkette, an die seitlich die verschiedensten Atome oder auch ganze Molekülgruppen angehängt sein können. In einem der wichtigsten Makromoleküle des Lebens, der Desoxyribonukleinsäure, der DNA, ist das verwirklicht. Dieser beim Menschen knapp einen Meter lange Molekülstrang beinhaltet den kompletten Bauplan des Individuums. Und nicht zuletzt ist der Kohlenstoff auch zu sogenannten aromatischen Verbindungen fähig. Das sind zu einem Ring geschlossene Verbindungen von sechs Kohlenstoffatomen. Rund ein Drittel aller bekannten organischen Verbindungen sind aromatische Verbindungen.

Insbesondere für das Leben ist der Kohlenstoff unverzichtbar. Leben ist ein außerordentlich komplexer und wandelbarer Zustand der Materie. Um beispielsweise die identische Reproduktion von Zellen bei der Zellteilung oder des gesamten Individuums bei der Fortpflanzung sicherzustellen, muss eine Menge an Information übermittelt werden. Und je höher die Informationsdichte, umso komplexer müssen die Informationsträger, die Moleküle, sein, welche die Information transportieren. Die Komplexität des bereits angesprochenen DNA-Moleküls zeigt das exemplarisch. Hier kommen die vielfältigen Bindungsmöglichkeiten des Kohlenstoffs voll zum Tragen. Denn je variabler die Struktur der zum Aufbau der Zellen des Individuums verfügbaren Moleküle, desto spezifischer sind auch die Funktionen, welche die Zellen zu übernehmen in der Lage sind.

Neben Kohlenstoff könnte auch das Element Silizium als Baustein für ähnlich komplexe Moleküle dienen. Auch Silizium ist vierwertig. Da jedoch Bindungen zwischen zwei Siliziumatomen schwächer sind als Bindungen zwischen Silizium und Wasserstoff oder Sauerstoff, brechen Moleküle, die eine Siliziumkette zum Gerüst haben, leicht entzwei. Wie fest und schwer zu lösen dagegen Silizium-Sauerstoff-Bindungen sind, zeigt sich beispielsweise am Siliziumdioxidmolekül. Im Gegensatz zu Kohlendioxid ist Siliziumdioxid unter normalen Bedingungen nicht gasförmig, sondern ein Festkörper, nämlich Quarz. Außerdem ist Silizium nicht zu gegenseitigen Doppel- oder Dreifachbindungen in der Lage, was die Bandbreite der möglichen Bindungsformen erheblich einschränkt. Vermutlich waren diese Nachteile ausschlaggebend, dass das Leben den Kohlenstoff zur Basis seiner komplexen Moleküle gemacht hat, und das, obwohl die Erdkruste zu mehr als 50 Prozent aus Silizium besteht und Kohlenstoff dort nur eine untergeordnete Rolle spielt. Diese »Entscheidung« der Natur unterstreicht eindringlich die Bedeutung des Elements Kohlenstoff für das Leben.

Doch zurück zur Eingangsfrage: Woher kommt der Kohlenstoff? Woher kommen überhaupt die Elemente? Über ihre Entstehung entscheiden die im Kosmos herrschenden Bedingungen. Ein wesentlicher Parameter ist die Temperatur. So war der Kosmos etwa 1 Millionstelsekunde nach dem Urknall rund 10 Billionen Grad heiß. Bei dieser Temperatur war das Universum mit einem Gemenge aus freien Elementarteilchen erfüllt, dem sogenannten Quark-Gluonen-Plasma. Die Quarks sind die Bausteine der Protonen und Neutronen, und die Gluonen fungieren als Träger der starken Kernkraft, welche für den Zusammenschluss der Quarks in den Protonen und Neutronen verantwortlich sind. Mit der fortschreitenden Ausdehnung des Universums sank aber die Temperatur. Und so reichte schon Augenblicke später die Energiedichte im Kosmos nicht mehr aus, um die Quarks auseinanderzuhalten. Ab da konnte die starke Kernkraft ihre volle Wirkung entfalten und je drei

Quarks zu einem Proton beziehungsweise einem Neutron vereinigen. Protonen sind die Kerne des leichtesten Elements, des Wasserstoffs. Mit anderen Worten: Der Wasserstoff entstand bereits etwa 1 Millionstelsekunde nach dem Urknall. Allerdings waren das noch keine kompletten Wasserstoffatome, denn noch fehlte das Elektron, das im neutralen Wasserstoff den Kern umkreist.

Was die Entstehung weiterer Elemente betrifft, so trat nun eine kurze Pause ein. Ein Teil der Neutronen zerfiel in Protonen, Elektronen und Antineutrinos, und etwa eine Sekunde nach dem Urknall zerstrahlten Elektronen und Positronen – ansonsten ereignete sich nichts Wesentliches. Doch in der Zeit von etwa zehn Sekunden bis drei Minuten nach dem Urknall nahm die Elemententstehung wieder Fahrt auf. In diesen Minuten vereinigten sich bei einer Temperatur von rund 5 Milliarden Grad nahezu alle dem Zerfall entgangenen Neutronen mit Protonen zu Deuteronen und die wiederum zu dem Element Helium. Geringe Mengen an Lithium und Beryllium kamen noch hinzu. Lässt man das Wenige an Lithium und Beryllium kurz beiseite, so setzte sich die Materie des Universums, bezogen auf ihre Massenanteile, fortan aus rund 75 Prozent Wasserstoff und 25 Prozent Helium zusammen (Abb. 26).

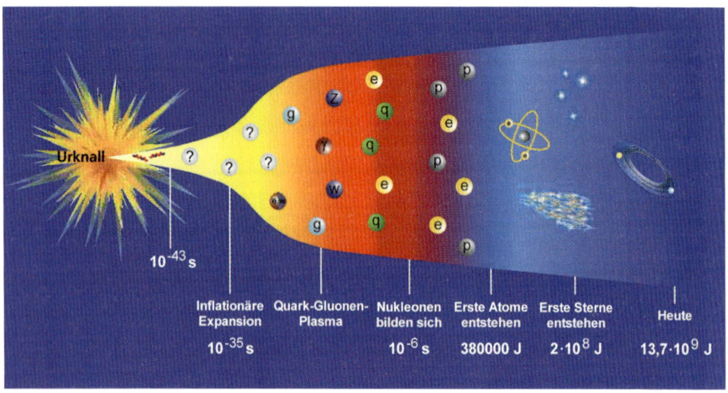

Abb. 26: Zeitliche Entwicklung des Universums.

Mit dieser von den Kosmologen als »Primordiale Nukleosynthese« bezeichneten Phase war das Kapitel »Elemententstehung« zunächst abgeschlossen. Rund 380 000 Jahre später fingen die bis dahin »nackten« Kerne der Elemente die noch fehlenden Elektronen ein, doch das änderte nichts mehr an der Komposition der Materie im Universum. Was sich änderte, war die Ausdehnung des Universums. Es blähte sich immer weiter auf und wurde immer kälter. Etwa eine Million Jahre nach der Primordialen Nukleosynthese war die Temperatur auf einige hundert Grad Celsius abgesunken, und die ursprünglichen hochenergetischen Röntgen- und UV-Photonen hatten so viel Energie verloren, dass der Kosmos nur noch von Photonen des infraroten Lichts erfüllt war. Unsere Augen sind für infrarotes Licht nicht empfänglich. Hätte es damals schon einen menschlichen Beobachter gegeben, er hätte sich in völliger Finsternis zurechtfinden müssen. Diese Epoche der Finsternis, die die Kosmologen als das »Dunkle Zeitalter des Universums« bezeichnen, dauerte rund 100 Millionen Jahre. Sie endete, als die ersten Sterne auftauchten und wieder Licht in das Universum brachten.

Sterne sind gigantische Fusionskraftwerke. Im Zentrum dieser riesigen Gasbälle aus Wasserstoff und Helium herrschen Temperaturen von mehreren Millionen Grad. Beispielsweise ist die Materie im Inneren unserer Sonne rund 14 Millionen Grad heiß. Bei derart hohen Temperaturen verschmelzen die Kerne des Wasserstoffs, die Protonen, zum nächstschwereren Element Helium. Die Energie, die die Sterne aus diesen Fusionsprozessen gewinnen, strahlen sie in Form von Licht unterschiedlicher Wellenlängen ab. Wie lange dieses sogenannte Wasserstoffbrennen andauert, hängt von der Masse des Sterns beim Einsetzen der Verschmelzungsprozesse ab. Unsere Sonne zehrt bereits rund 4,5 Milliarden Jahre von ihrem Wasserstoffvorrat, und voraussichtlich wird das nochmals 4,5 Milliarden Jahre so weitergehen. Sterne mit mehr Masse verheizen ihren »Brennstoff« in deutlich kürzerer Zeit, weil in ihrem Inneren wesentlich höhere Temperaturen herrschen. Sterne mit weniger Masse als unsere Sonne gehen dagegen sparsam mit ihren Reserven um und halten das Wasserstoffbrennen mehrere zehn Milliarden Jahre durch.

Irgendwann geht jedoch bei jedem Stern der Wasserstoff im heißen Zentrum zu Ende. Dann setzt sich das Wasserstoffbrennen nur noch in einer schmalen Schale um den nun ganz aus Helium bestehenden Sternkern fort. Da im Kern nun keine Fusionsenergie mehr freigesetzt wird, schrumpft er unter seiner eigenen Schwerkraft, wobei die äußeren Sternschichten nachfallen und den Druck auf die Wasserstoff brennende Schale erhöhen. Mit wachsendem Druck steigt auch die Temperatur und kurbelt das Schalenbrennen gewaltig an. In dieser Phase bläht die frei werdende Energie den Stern zu einem Roten Riesen mit einem Vielfachen seiner ursprünglichen Größe auf. Schließlich steigt auch die Temperatur im Kern gewaltig an, da er unter dem Einfluss der Gravitation weiter schrumpft. Ist schließlich eine Temperatur von circa 100 Millionen Grad erreicht, setzen dort erneut Fusionsprozesse ein, wobei je drei Heliumkerne zu Kohlenstoff verschmelzen. Astrophysiker bezeichnen diesen Vorgang als »Heliumbrennen«.

Damit sind wir bei dem Prozess angelangt, dem der Kosmos den Kohlenstoff verdankt. Bevor wir uns näher damit beschäftigen, wollen wir noch kurz die Elemententstehung in den Sternen zu Ende bringen. Massereiche Sterne lassen auf das Heliumbrennen noch weitere Brennstufen folgen: das Kohlenstoffbrennen, das Neonbrennen, das Sauerstoffbrennen und schließlich das Siliziumbrennen. Mit dem Siliziumbrennen, bei dem das Element Eisen fusioniert wird, bricht die Fusionskette in den Sternen ab. Eine Verschmelzung von Eisen zu noch schwereren Elementen würde keine Energie mehr freisetzen, vielmehr müsste Energie aufgewendet werden, um den Prozess in Gang zu setzen. Die Elemente schwerer als Eisen, beispielsweise Blei, Gold und Uran, entstehen nicht mehr über Kernfusionsprozesse, sondern durch den Einfang von Neutronen. Letztlich entstehen aber alle Elemente schwerer als Helium in den Sternen, entweder durch Kernfusion oder durch Neu-

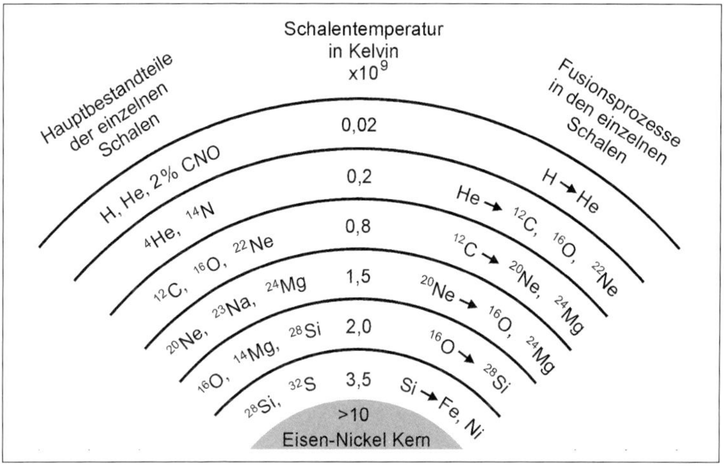

Abb. 27: Durch Kernfusion entstehen in einem massereichen Stern bei stetig steigenden Temperaturen immer schwerere Elemente. Die Reaktionskette beginnt mit der Fusion von Wasserstoff zu Helium und endet mit dem Siliziumbrennen, wobei die Elemente Eisen und Nickel »erbrütet« werden.

troneneinfang, wobei man, streng genommen, auch diesen als einen Kernfusionsprozess betrachten kann, jedoch mit Neutronen. Ohne die Elemente wäre unser Kosmos im wahrsten Sinne des Wortes »einförmig« geblieben, und Leben hätte auch nicht entstehen können (Abb. 27).

Wie der Kohlenstoff und all die anderen Elemente entstehen, ist damit grob skizziert. Aber wieso erscheint den Astrophysikern der Schritt vom Helium zum Kohlenstoff als so wunderlich, dass sie sogar von einem »Kohlenstoffparadoxon« sprechen? Was soll paradox sein an der Verschmelzung von drei Heliumkernen zu einem Kohlenstoffkern, dem Prozess, den man auch als »Triple-Alpha-Prozess« bezeichnet? Ursache dieses Paradoxons ist die Tatsache, dass es eigentlich gar keinen Kohlenstoff geben dürfte. Lange Zeit glaubte man, ein Kohlenstoffkern könne nur entstehen, wenn drei Heliumkerne, auch »Alpha-Teilchen« genannt, exakt zur selben Zeit aufeinandertreffen und miteinander verschmelzen. Doch diese Idee führt schon mitten in das Problem. Dass drei Heliumkerne gleichzeitig zusammenstoßen, ist extrem unwahrscheinlich! Sicher kommt das gelegentlich vor, aber der hohe Kohlenstoffanteil im Kosmos kann so nicht entstanden sein.

1952 schlug daher der österreichisch-australisch-amerikanische Astrophysiker Edwin E. Salpeter einen anderen Weg vor: Zunächst vereinigen sich zwei Heliumkerne zu einem Kern des Elements Beryllium. Anschließend kollidiert der Berylliumkern mit einem weiteren Heliumkern und fusioniert zu Kohlenstoff (Abb. 28). Gute Idee! Doch damit das funktioniert, bedarf es einiger glücklicher Umstände. Zum einen ist der Berylliumkern instabil und zerfällt bereits nach 10^{-16} Sekunden wieder in zwei Heliumkerne. Dem dritten Heliumkern steht also nur ein extrem enges Zeitfenster offen, in dem er mit dem Berylliumkern kollidieren kann. Zum anderen ist die Fusion von Beryllium und Helium zu Kohlenstoff nur dann ausreichend wahrscheinlich, wenn das Beryllium-Helium-Paar in »Resonanz« mit dem Kohlenstoffatom steht. Das heißt: Die Bindungsenergie von

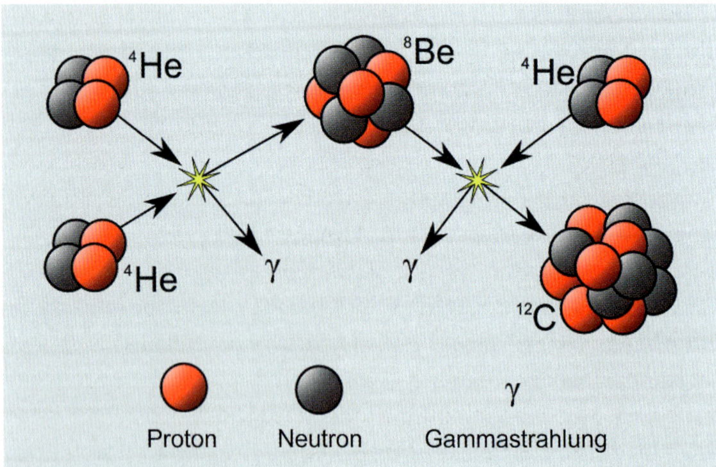

Abb. 28: Der Triple-Alpha-Prozess. Bei der Fusion des Elements Kohlenstoff entsteht zunächst aus zwei Heliumkernen (Alpha-Teilchen) ein Berylliumkern, der sich mit einem weiteren Heliumkern zu Kohlenstoff verbindet.

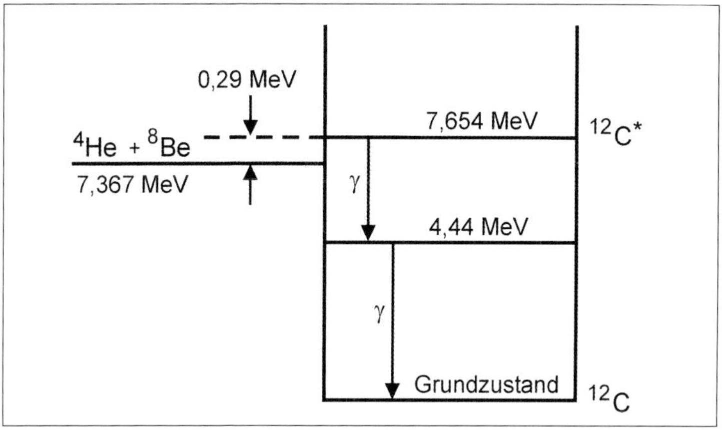

Abb. 29: Energieniveaus des Elements Kohlenstoff. Die Gesamtenergie des Beryllium-Helium-Paares liegt knapp unterhalb des Energieniveaus des angeregten Kohlenstoffkerns. Mit der beim Zusammenstoß der beiden Kerne zusätzlich zur Verfügung stehenden kinetischen Energie wird jedoch das Energieniveau von 7,654 MeV erreicht und die für die Reaktion von Be und He zu C nötige Resonanz herbeigeführt.

7,37 MeV, die bei der Vereinigung von drei Heliumkernen zu einem Kohlenstoffkern frei wird, muss einem Energieniveau des Kohlenstoffs möglichst nahe kommen. Doch von einer derartigen Übereinstimmung wusste man 1952 nichts.

Die Lösung des Problems zeichnete sich ab, als der Astrophysiker Fred Hoyle die Temperatur im Zentrum massereicher Sterne bestimmt hatte, also da, wo die Fusion von Helium zu Kohlenstoff stattfindet. Nach Hoyles Berechnungen herrscht dort eine Temperatur von rund 100 Millionen Grad. In diesem Umfeld gewinnen Teilchen eine kinetische Energie von rund 0,3 MeV. Stoßen also ein Beryllium- und ein Heliumkern in diesem heißen Milieu zusammen, so kommt zur frei werdenden Bindungsenergie des Beryllium-Helium-Paares noch deren kinetische Energie hinzu, so dass die Gesamtenergie nach der Kollision rund 7,65 MeV beträgt. Gestützt auf dieses Ergebnis, wagte Hoyle die Prognose: Der Kohlenstoffkern muss ein Energieniveau bei 7,65 MeV besitzen, ansonsten ist eine Verschmelzung von Beryllium und Helium zu Kohlenstoff kaum möglich (Abb. 29).

Von den Kernphysikern wurde diese Nachricht mit Skepsis aufgenommen. Aber schon kurz danach gelang es dem späteren Nobelpreisgewinner Willy Fowler am California Institute of Technology, die Existenz eines derartigen Energieniveaus in einem angeregten Kohlenstoffkern experimentell nachzuweisen. Damit war die unverzichtbare Resonanz zwischen dem Beryllium-Helium-Paar und dem Kohlenstoffkern bestätigt. Fazit: In der Summe liegt die Bindungsenergie der beiden Kerne Beryllium und Helium zwar deutlich unterhalb der Resonanzenergie des angeregten Kohlenstoffs, aber zusammen mit der kinetischen Energie der beiden Teilchen wird diese Lücke geschlossen. Da die Teilchen ihre kinetische Energie der hohen Temperatur im Stern verdanken, spricht man auch von »Thermischer Resonanz«.

Ende gut, alles gut? Nicht ganz! Zwei Hürden sind noch zu nehmen. Die erste Hürde hängt damit zusammen, dass es sich bei den per Heliumfusion entstehenden Kohlenstoffkernen nicht um Kerne im Grundzustand handelt, sondern um »angeregte« Kerne. Ähnlich wie man ein Atom anregen kann, indem man ihm Energie zuführt, lassen sich auch Atomkerne in einen angeregten Zustand versetzen. Ein Atom wird vornehmlich durch die Absorption eines Photons, eines Lichtquants, angeregt, wobei ein Elektron der Elektronenhülle auf eine weiter außen liegende, höherenergetische Schale gehoben wird. In einem Atomkern gibt es jedoch keine Elektronen, nur Protonen und Neutronen. Dort führt eine Energiezufuhr, beispielsweise durch einen Stoß, zu einer »Aufheizung« des Kerns. Dabei gewinnen die Nukleonen des Kerns, die Protonen und Neutronen, ähnlich wie die Teilchen eines Gases zusätzliche thermische Energie. Der gesamte Kern wird in Schwingungen versetzt. Man kann das mit einem mit Wasser gefüllten Luftballon vergleichen, der nach einem Stoß zu »wabbeln« beginnt. Beiden Anregungsformen gemeinsam ist, dass sie nach sehr kurzer Zeit, nach etwa 10^{-8} Sekunden, wieder in den Grundzustand zurückfallen und dabei die Anregungsenergie wieder abgeben.

Die aus der Beryllium-Helium-Fusion hervorgehenden Kohlenstoffkerne gehen durch Emission von zwei Gammaquanten in den Grundzustand über. Überraschenderweise schaffen aber nur 4 von 100 000 Kernen diesen »Sprung«. Das sind nur 0,004 Prozent aller Kohlenstoffkerne. Der überwiegende Teil zerfällt wieder in seine Ausgangsteilchen, noch ehe sich die Kerne »abregen« können. Die Ausbeute an stabilem Kohlenstoff ist also außerordentlich gering. Und sie wird, wie sich gleich zeigen wird, noch kleiner werden. Ist der Kohlenstoffkern jedoch einmal in den Grundzustand übergegangen, so ist er stabil und kann nicht mehr in seine Bestandteile zerfallen. Das liegt daran, dass die Restenergie des Kerns nach dem Verlust der beiden Gammaquanten nunmehr zu klein für die Bildung eines Beryllium-Helium-Paares ist.

Die zweite Hürde stellt sich dem Kohlenstoff in Form einer möglichen Fusion mit einem weiteren Heliumkern zu Sauerstoff in den Weg. Dieser Schritt würde den gesamten bereits fusionierten Kohlenstoff wieder hinwegraffen, vorausgesetzt, auch zwischen dem Sauerstoffkern und dem Kohlenstoff-Helium-Paar bestünde Resonanz. Glücklicherweise ist das nicht der Fall. Zwar hat auch der Sauerstoff ein Energieniveau nicht weit entfernt von der Energie des Kohlenstoff-Helium-Paares, doch dieses Energieniveau liegt geringfügig tiefer. Zur Erinnerung: Bei der Fusion von Kohlenstoff ist es ja gerade umgekehrt – das entsprechende Resonanzniveau des Kohlenstoffs liegt etwas höher als die Bindungsenergie des Beryllium-Helium-Paares. Wenn also bei der Kollision eines Kohlenstoffkerns mit einem Heliumkern noch die unvermeidliche kinetische Energie der beiden Teilchen zur Bindungsenergie des Paares hinzukommt, so liegt die Gesamtenergie deutlich oberhalb des infrage kommenden Energieniveaus des Sauerstoffs von 7,12 MeV. Von einer Thermischen Resonanz kann also keine Rede sein. Die Fusion von Kohlenstoff mit einem Heliumkern zu Sauerstoff wird damit weitgehend unterdrückt (Abb. 30).

»Weitgehend« heißt jedoch nicht vollständig. Rund die Hälfte

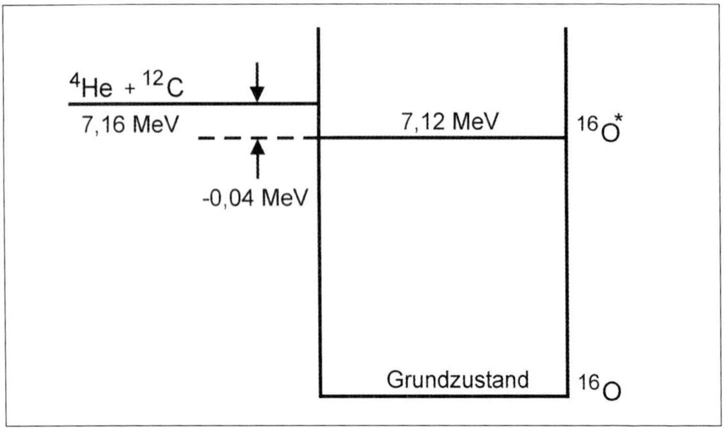

Abb. 30: Energieniveaus des Elements Sauerstoff. Da die Gesamtenergie des Helium-Kohlenstoff-Paares bereits oberhalb des entsprechenden Energieniveaus des angeregten Sauerstoffkerns liegt, ist eine resonante Reaktion von C und He zu O nicht möglich.

aller Kohlenstoff-Helium-Kollisionen führt trotz fehlender Resonanz zur Bildung von Sauerstoff. Schuld daran sind die Eigentümlichkeiten der Quantenmechanik, auf die wir hier aber nicht näher eingehen wollen. Wie bereits angedeutet, reduziert sich damit nochmals die Menge der in der ersten Fusionsreaktion gebildeten Kohlenstoffkerne. Am Ende dieser Reaktionskette, die mit der Fusion zweier Heliumkerne zu Beryllium beginnt und mit Sauerstoff endet, stehen etwa gleiche Mengen an Kohlenstoff und Sauerstoff, die beiden wichtigsten Elemente für die Entwicklung von Leben. Dass trotz aller »Verluste«, die im Lauf der Prozesse eintreten, Kohlenstoff dennoch das vierthäufigste Element im Universum ist, verdankt sich letztlich der unglaublich hohen Zahl von Kollisionen, die sich fortwährend zwischen den Reaktionspartnern ereignen.

Schließlich drängt sich noch die Frage auf, ob nicht in einer Folgereaktion auch der Sauerstoff mit einem weiteren Heliumkern zu Neon verschmelzen kann. Aufgrund von Auswahlregeln, die den Spin der beteiligten Kerne betreffen, ist dieser Schritt jedoch extrem unwahrscheinlich.

Die Entstehung von Kohlenstoff in den Sternen beruht also auf einer Reihe glücklicher Umstände. Bestünde keine Resonanz zwischen Kohlenstoff und dem Beryllium-Helium-Paar, so könnte kein Kohlenstoff entstehen. Bestünde dagegen Resonanz zwischen Sauerstoff und dem Kohlenstoff-Helium-Paar, so würde aller Kohlenstoff wieder vernichtet. Der Astrophysiker Fred Hoyle war über diese Feinabstimmung der Prozesskette so verwundert, dass er nicht mehr an eine Aneinanderreihung von Zufällen glauben mochte. Er war fortan überzeugt, dass sich hinter all dem ein auf ein Ziel gerichteter Sinn verbirgt. Seiner Meinung nach seien in der Natur keine blinden Kräfte am Werk, vielmehr müsse es eine höhere Macht geben, die an den Stellschrauben der Physik gedreht habe.

Kapitel 8

Warten auf den Knall

Angst? Nein, Angst muss man nicht haben. Aber man kann sich ja mal Gedanken machen, was passiert, wenn es passiert. Die Rede ist von Eta Carinae, einem der beeindruckendsten Sterne in unserer Galaxis. Zu finden ist dieses »Sternmonster« am Südhimmel, im Sternbild Schiffskiel, in einer Entfernung von 7500 Lichtjahren. Eta Carinae gehört zu der sehr seltenen Klasse der sogenannten Leuchtkräftigen Blauen Veränderlichen (LBV). Mit einer Masse von 100 bis 120 Sonnenmassen und einer Oberflächentemperatur von etwa 30000 Grad ist er so leuchtkräftig wie zusammen circa vier Millionen Sonnen. Im Bereich infraroter Strahlung gehört der Stern, neben unserem Sonnensystem, sogar zu den hellsten am Himmel. 99 Prozent seiner Leuchtkraft entfallen allein auf diesen Wellenlängenbereich. Könnte man Eta Carinae an die Stelle unseres Zentralsterns setzten, so würde er mit einem Durchmesser von rund 1,54 Milliarden Kilometern bis zur Bahn des Planeten Jupiter reichen (Abb. 31).

Man vermutet, dass Eta Carinae mit einer Masse von circa 150 Sonnenmassen »geboren« wurde. Aufgrund eines starken Sternwindes und zahlreicher Massenausbrüche hat er davon mittlerweile etwa 30 Sonnenmassen eingebüßt. Erstmals katalogisiert wurde der Stern im Jahr 1677 von dem englischen Astronomen und Mathematiker Edmond Halley, der auch den nach ihm benannten Halleyschen Kometen als Erster beobachtete. Eta Carinae war damals ein Stern mittlerer Helligkeit, also mit bloßem Auge zu erkennen. In den Jahren bis 1730 nahm seine Helligkeit kontinuierlich zu, so dass er sich schließlich zum hellsten Stern im Sternbild Schiffskiel entwickelte. In den folgenden Jahren verblasste er wieder zu seiner ursprünglichen Helligkeit, um sie bis zum Jahr 1820 allmählich wieder zu steigern. 1827 war er schon wieder zehnmal so hell. Dieses Schauspiel wiederholte sich noch zweimal in der Zeit bis 1837.

Im Jahr 1841 überstürzten sich dann die Ereignisse. Ein gewaltiger Ausbruch, ähnlich einer Supernova, erschütterte Eta Carinae. An seinen Polen stieß der Stern etwa zehn Sonnenmassen an Materie aus, die mit einer Geschwindigkeit von circa 700 Kilometern pro Sekunde in den Raum hinausschoss

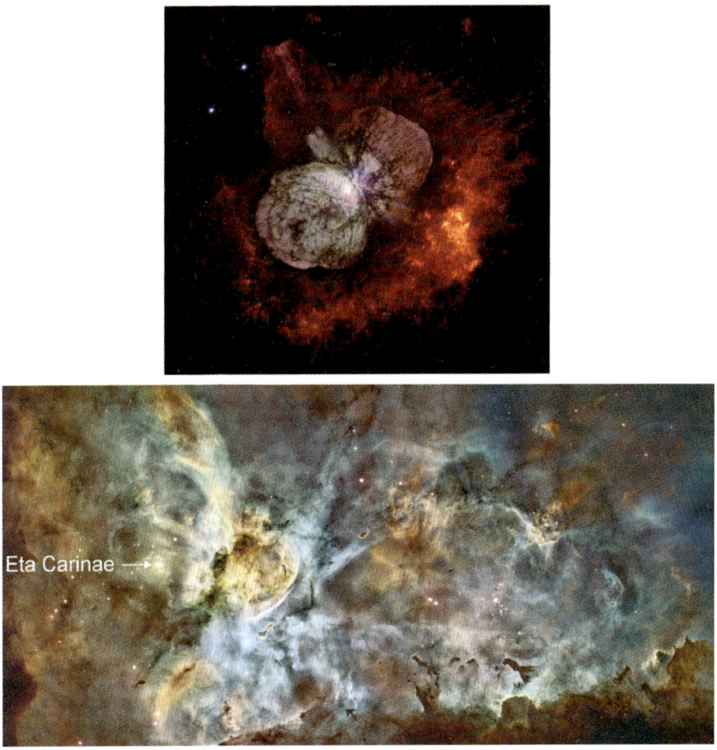

Abb. 31: Eta Carinae und der pilzförmige Homunkulus-Nebel. Der Pfeil markiert die Position des Sterns im 7500 Lichtjahre entfernten Carina-Nebel (NGC 3372). Das Nebelbild ist aus 48 hochaufgelösten, mit dem Hubble-Teleskop gemachten Einzelbildern zusammengesetzt.

und zwei riesige pilzförmige Gas- und Staubwolken, den sogenannten Homunkulus-Nebel, formte. Einer dieser »Pilze« ist so gerichtet, dass man seinen Kopf gut erkennen kann, der andere weist von uns weg. Trotz Eta Carinaes Entfernung von 7500 Lichtjahren machte ihn dieser Ausbruch 1843, neben Sirius, zum zweithellsten Stern am Nachthimmel. Anhand der Masse und der Ausbreitungsgeschwindigkeit der bipolaren Wolken konnten die Astronomen auch deren Bewegungsenergie berechnen und damit auf die Gewalt des Ausbruchs schließen. Es zeigte sich, dass Eta Carinae dabei eine Energiemenge freigesetzt hat, wie sie unsere Sonne in 200 Millionen Jahren produziert. Die beiden Wolken, die sich gegenwärtig bereits rund 6,4 Billionen Kilometer in den Raum hinaus erstrecken, dehnen sich noch immer mit einer Geschwindigkeit von etwa 660 Kilometern pro Sekunde aus.

In den Folgejahren verblasste Eta Carinae wieder, sodass er zwischen 1900 und 1940 mit bloßem Auge nicht mehr zu sehen war. Aber schon kurz darauf ging es wieder bergauf. Von 1998 bis 1999 verdoppelte sich seine Helligkeit. Zurzeit liegt sie knapp unterhalb der Sichtbarkeitsgrenze für das bloße Auge. Im Teleskop zeigt sich Eta Carinae heute nicht nur vom Homunkulus-Nebel eingehüllt, sondern auch von einer weiter entfernten hufeisenförmigen Gaswolke mit einem Durchmesser von etwa zwei Lichtjahren umgeben. Vermutlich stammt sie von einem Ausbruch, der sich bereits vor mehr als 1000 Jahren ereignet hat.

Warum sich Eta Carinae so spektakulär gebärdet, lässt sich anhand der gängigen Theorien zu Struktur und Entwicklung von Sternen verstehen. Je massereicher ein Stern, desto mehr Leuchtkraft besitzt er. Allerdings nimmt die Leuchtkraft nicht gleichmäßig mit der Sternmasse zu, sondern proportional zur Masse hoch 3. Ein Stern mit der doppelten Masse unserer Sonne hat demnach nicht die doppelte, sondern die achtfache Leuchtkraft. Sterne großer Masse machen sich daher mit einer gewaltigen Leuchtkraft bemerkbar. Im Massenbereich um die 100 Sonnenmassen entwickeln diese Sterne einen enormen

Strahlungsdruck, der beträchtliche Mengen an Materie von der Oberfläche des Sterns in den Raum hinaustreibt. Pro Jahr verliert Eta Carinae die 500-fache Masse der Erde. Hinzu kommt, dass derart massereiche Sterne in hohem Maße instabil sind und wie ein schlagendes Herz pulsieren. Dabei beschleunigen sich die Fusionsprozesse im Zentrum periodisch und produzieren einen Überschuss an Strahlungsenergie. Wird der Abfluss der zusätzlichen Energie durch die äußeren Sternschichten behindert, so bläht sich der Stern auf. Da mit zunehmendem Abstand vom Zentrum die äußeren Sternschichten immer schwächer gebunden sind, übersteigt schließlich der nach außen wirkende Strahlungsdruck die nach innen gerichtete Gravitationskraft, was zu den beobachteten Massenauswürfen führt.

Und noch etwas ist interessant: Eta Carinae strahlt nicht vollkommen gleichmäßig. Im Bereich der Ultraviolett- und Röntgenstrahlung schwankt die Intensität geringfügig mit einer Periode von fünfeinhalb Jahren. Mittlerweile ist man sich ziemlich sicher, dass es sich bei Eta Carinae nicht um einen Einzel-, sondern um einen Doppelstern handelt, also um zwei eng benachbarte Sterne, die um ihren gemeinsamen Schwerpunkt kreisen. Ein Beobachter, der parallel zur Rotationsebene der Sterne auf das System blickt, sieht, wie die Sterne bei jedem Umlauf voreinander vorbeiziehen und sich dabei gegenseitig abschatten. Wenn dem so ist, dann könnten die Ausbrüche auch durch die gewaltigen Gravitationskräfte hervorgerufen worden sein, die die beiden Sterne bei ihrem Tanz um den gemeinsamen Schwerpunkt aufeinander ausüben. Was die intensive Röntgenstrahlung betrifft, die von Eta Carinae ausgehend die irdischen Detektoren erreicht, so hat sie ihren Ursprung sehr wahrscheinlich in einem Bereich, in dem zwei Sternwinde aufeinanderprallen. Dabei wird die Materie stark verdichtet und bis zur Emission von Röntgenstrahlung aufgeheizt. In dem Doppelsternsystem trägt dazu jeder der beiden Sterne mit seinem Sternwind bei. Komplizierter wäre die Sache, falls es sich bei Eta Carinae um einen einzelnen Stern handeln würde. Dann müssten beide Sternwinde von einem Stern abströmen, beispielsweise ein schneller und ein langsamer, und in einer gemeinsamen Stoßfront kollidieren.

Wie es mit Eta Carinae weitergeht, darüber sind sich die Astronomen einig. Circa drei Millionen Jahre ist der Stern erst alt – und doch schon am Ende seines Lebens. Die Astronomen schätzen, dass nur noch 10 000 bis 20 000 Jahre vergehen werden, bis es bei Eta Carinae zum finalen Knall kommt. In astronomischen Maßstäben ist das eine sehr kurze Zeitspanne. Zum Vergleich: Unsere Sonne hat heute bereits 4,5 Milliarden Jahre auf dem Buckel, und aller Voraussicht nach wird sie noch weitere vier bis fünf Milliarden Jahre scheinen wie bisher. Bei Eta Carinae schreitet die Entwicklung jedoch sehr viel schneller voran. Aufgrund seiner enormen Masse herrschen im Zentrum Temperaturen, bei denen die Kernfusionsprozesse – zunächst verschmilzt Wasserstoff zu Helium, dann Helium zu Kohlenstoff und Sauerstoff und nach einigen weiteren Stufen schließlich Silizium zu Eisen und Nickel – rasend schnell ablaufen. Der letzte Schritt vom Silizium zum Eisen wird nur noch Stunden dauern. Wenn schließlich aller Brennstoff verheizt ist und der von innen nach außen wirkende Strahlungsdruck wegfällt, wird der Stern in Sekunden unter seiner eigenen Schwerkraft zusammenbrechen und in einer Supernova explodieren.

Supernovae (SN) gehören zu den spektakulärsten Ereignissen im Kosmos. Die dabei freigesetzte Energie ist von einer Dimension, die unser Vorstellungsvermögen auf eine harte Probe stellt. Als Beispiel mag die Supernova 1987A (SN 1987A) dienen, die am 24. Februar 1987 in einer circa 180 000 Lichtjahre entfernten Begleitgalaxie unserer Milchstraße, der Großen Magellanschen Wolke, aufleuchtete. Bei dem Vorläuferstern, der sein Leben in dieser SN ausgehaucht hat, handelte es sich um einen sogenannten Blauen Überriesen mit einer Masse von etwa 17 Sonnenmassen und einer Oberflächentemperatur von 30 000 bis 40 000 Grad. Als der Stern explodierte, wurde eine Energie von insgesamt 10^{45} bis 10^{46} Joule freigesetzt. Eine schwache Vorstellung davon, wie groß diese Energiemenge ist, liefert folgender Vergleich: Um ein Gramm Wasser um ein

Grad Celsius, genauer von 14,5 auf 15,5 Grad Celsius, zu erwärmen, sind 4,18 Joule nötig. Mit 10^{46} Joule könnte man somit die milliardenfache Menge des Wassers aller Weltmeere 20 Milliarden Mal von null auf 100 Grad erhitzen.

Die von einer SN abgegebene Energie verteilt sich auf drei Säulen. Rund 99 Prozent der Energie tragen winzige Teilchen von sehr geringer Masse davon, sogenannte Neutrinos. Sie entstehen bei den Fusionsprozessen in den Sternen, insbesondere jedoch beim Kollaps eines massereichen Sterns. Etwa 1 Prozent der Energie steckt in der kinetischen Energie der in den Raum hinauskatapultierten Sternmassen, und nur circa 0,01 Prozent entfällt auf elektromagnetische Strahlung, das heißt auf Gammastrahlung, Röntgenstrahlung und sichtbares Licht sowie auf kosmische Strahlung. Im Gegensatz zu den erstgenannten Strahlungsarten gehört die kosmische Strahlung nicht zu den elektromagnetischen Wellen, vielmehr handelt es sich dabei um eine Teilchenstrahlung, vornehmlich bestehend aus nahezu lichtschnellen Elektronen, Protonen und Heliumkernen.

Angesichts dieser enormen »Energieausschüttung« einer SN drängt sich die Frage auf: Besteht Anlass zur Sorge, wenn Eta Carinae explodiert? Können die Neutrinos und die Strahlung dem irdischen Leben gefährlich werden? Oder ist Eta Carinae weit genug von uns entfernt, so dass sich die freigesetzte Energie im Raum verliert? Für eine Antwort muss man die Wirkung der bei einer SN auftretenden Strahlungsformen abklären. Anhand der Ergebnisse kann man dann versuchen, das Maß der Gefährdung abzuschätzen. Auf Erfahrungswerte kann man sich dabei nicht stützen, denn zum Glück ist die Menschheit noch nie mit einer nahen SN konfrontiert worden. Schwierig zu bestimmen ist insbesondere die Wechselwirkung der Strahlung mit der irdischen Atmosphäre, denn durch sie muss die Strahlung ja erst hindurch, ehe sie auf belebte Strukturen auf der Erde trifft. Außerdem ist die Wirkung von Neutrinos auf biologisches Gewebe noch nicht ausreichend erforscht. Und überhaupt weiß niemand, wie heftig die SN Eta Carinae ausfallen wird. Mit anderen Worten: Präzise Aussagen, welches Gefährdungspotenzial in Eta Carinae steckt, kann man nicht erwarten. Vielmehr wird man sich mit ein paar groben Abschätzungen zufriedengeben müssen.

Um bei den dabei unvermeidlichen Entfernungsangaben nicht fortwährend mit großen Zahlen operieren zu müssen, ist es sinnvoll, zunächst geeignete Maßeinheiten einzuführen. Entfernungsangaben in unserem Sonnensystem werden meist in einem Vielfachen einer Astronomischen Einheit (Astronomical Unit), kurz AE (AU), angegeben. Ein AE entspricht der Entfernung Erde – Sonne, das sind rund 150 Millionen Kilometer. Als nächstgrößere Einheit findet das »Lichtjahr« Verwendung, also die Strecke, die das Licht in einem Jahr zurücklegt. Umgerechnet entspricht 1 Lichtjahr rund 9,5 Billionen Kilometern. Noch größere Entfernungen gibt man in Parsec an. Ein Parsec, eine Parallaxensekunde oder kurz 1 pc, entspricht einer Entfernung von 3,26 Lichtjahren. So ist beispielsweise der Stern mit der geringsten Entfernung zu unserer Sonne, Proxima Centauri, rund 4,3 Lichtjahre oder 1,32 pc entfernt. Reicht die Angabe in pc noch nicht, so kann man auf die 1000-mal größere Einheit, das Kiloparsec, kurz kpc geschrieben, zurückgreifen oder diese Einheit nochmals um den Faktor 1000 vergrößern, so dass man bei einem Megaparsec, Mpc, landet.

Nun, was haben wir zu erwarten, wenn Eta Carinae explodiert? Könnte man die SN sehen? Dazu zunächst ein kurzer Ausflug in das Maßsystem, mit dem die Astronomen die Leuchtkraft eines Sterns beschreiben. Als Einheit dient hier die sogenannte Magnitude. Je kleiner dieser Wert, desto leuchtkräftiger ist der Stern. Unterscheiden sich zwei Sterne um eine Magnitude, so hat der mit der kleineren Magnitude eine 2,5-mal größere Helligkeit als der andere. Man muss jedoch unterscheiden zwischen absoluter und scheinbarer Helligkeit. Denn zwei Sterne von gleicher absoluter Helligkeit, die sich in unterschiedlichen Entfernungen befinden, erscheinen uns unterschiedlich hell. Oder anders herum: Zwei Sterne von gleicher scheinbarer Helligkeit scheinen uns gleich hell zu sein, obwohl sie sich in ihren absoluten Helligkeiten deutlich unterscheiden können. Ist ein Stern genau 10 pc entfernt, so sind dessen scheinbare und absolute Helligkeit gleich groß. Bei weiter entfernten Objekten ist die scheinbare Helligkeit größer als die absolute, bei näheren ist sie kleiner. Das zeigt sich besonders gut am Beispiel unserer Sonne. Deren absolute Helligkeit beträgt 4,87 Magnituden, wogegen ihre scheinbare Helligkeit, aufgrund ihrer geringen Entfernung, minus 26,7 Magnituden beträgt. Sterne mit einer scheinbaren Helligkeit von 6 Magnituden sind in stockdunkler Nacht gerade noch mit bloßem Auge zu erkennen. Objekte mit größeren Magnituden lassen sich nur noch mit optischen Hilfsmitteln, also mit Teleskopen, beobachten. Supernovae, die das Ende eines massereichen Sterns markieren, haben eine mittlere absolute Helligkeit von minus 18,5 Magnituden.

Nehmen wir an, auch die SN Eta Carinae würde mit einer absoluten Helligkeit von minus 18,5 Magnituden aufscheinen. Dann betrüge ihre scheinbare Helligkeit rund minus 6,7 Magnituden. Die SN wäre rund achtmal heller als beispielsweise der Planet Venus, der am 9. Februar 2009 mit einer Helligkeit von minus 4,5 glänzte. Die SN würde also nicht nur des Nachts sofort auffallen, auch am Tag wäre sie noch gut wahrzunehmen, vorausgesetzt, sie steht der Sonne nicht zu nahe. Doch die SN könnte noch viel gewaltiger ausfallen. Am 18. September 2006 entdeckten Astronomen in 240 Millionen Lichtjahren Entfernung eine SN (SN 2006gy) mit einer absoluten Helligkeit von minus 22 Magnituden (Abb. 32). Möglicherweise hatte der explodierte Stern 150-mal so viel Masse wie unsere Sonne. Da auch Eta Carinae in diese »Gewichtsklasse« einzuordnen ist, könnte er sich mit einer ähnlich leuchtkräftigen SN verabschieden. In diesem Fall betrüge die scheinbare Helligkeit etwa minus 10 Magnituden. Das sind nur 2,5 Magnituden mehr als der volle Mond, oder anders ausgedrückt: Die SN würde genauso viel Licht spenden wie unser Erdtrabant bei Halbmond. Im Vergleich zur Sonne wäre die SN jedoch circa 5 Millionen Mal leuchtschwächer. Der zusätzliche Strahlungs-

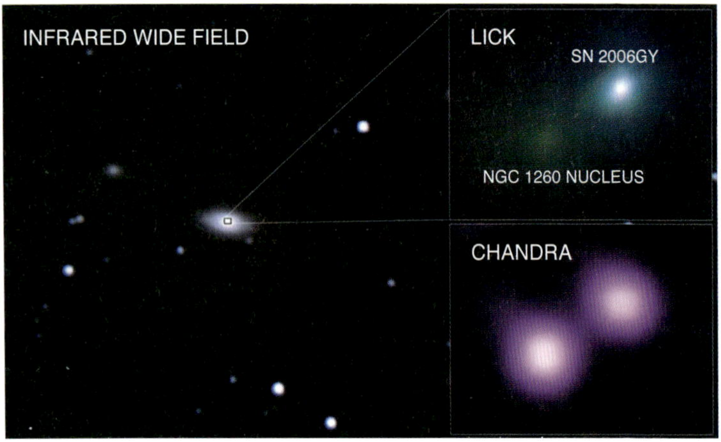

Abb. 32: Die im September 2006 am Himmel erschienene Supernova 2006gy. Die linke Bildhälfte zeigt die Galaxie NGC 1260, in der sich die Explosion ereignet hat. In der Vergrößerung rechts oben ist die Supernova zusammen mit dem Kern der Galaxie zu erkennen. Die enorme Helligkeit im Röntgenbereich dokumentiert die vom Röntgenobservatorium Chandra gemachte Aufnahme (rechts unten).

fluss im Bereich des sichtbaren Lichts wäre daher vernachlässigbar klein und für das irdische Leben sicher ohne Bedeutung. Man müsste Eta Carinae aus der Entfernung von 7500 Lichtjahren schon bis auf etwa vier Lichtjahre heranrücken, damit die SN mit der Sonne konkurrieren könnte.

Neutrinos, wir haben es bereits erwähnt, tragen in etwa 99 Prozent, also fast die gesamte von einer SN freigesetzte Energie davon. Treffen sie auf Materie, so können sie ihre Energie über Streuprozesse an die Atomkerne abgeben. Bei der SN 1987A entstand die ungeheure Menge von 10^{58} Neutrinos. Lassen wir diesen Wert auch für die erwartete Eta-Carinae-SN gelten, und gehen wir wieder von einer SN-Energie von 10^{46} Joule aus, so hat ein Neutrino eine mittlere Energie von nur 1 Billionsteljoule. Allerdings würde uns nicht der gesamte Teilchenstrom treffen, da die Neutrinos vom Explosionsort gleichmäßig in alle Richtungen davonfliegen. Bei der Entfernung von 7500 Lichtjahren wären es dennoch rund

16 Billionen Neutrinos pro Quadratzentimeter Fläche. Nehmen wir ferner an, ein Mensch würde im Augenblick der SN-Explosion frontal zur SN stehen und seine ihr zugewandte Körperfläche betrüge einen Quadratmeter. Dann träfen die Person insgesamt 160 Billiarden Neutrinos mit einer Energie von 160 000 Joule! Eine einmalig absorbierte Strahlendosis von mehr als 10 Sievert (Sv), was einer Energiedosis von 10 Joule pro Kilogramm Körpergewicht entspricht, ist für den Menschen tödlich. Bei einem Körpergewicht von 80 Kilogramm sind das 800 Joule. Wenn also Neutrinos mit einer Gesamtenergie von 160 000 Joule einen Menschen treffen, dann sollte das augenblicklich zum Tod führen.

Ein Blick auf unsere Sonne zeigt, dass das nicht stimmen kann. Auch bei der in der Sonne fortwährend ablaufenden Fusion von Wasserstoff zu Helium entstehen Neutrinos: rund 2×10^{38} jede Sekunde. Pro Quadratzentimeter und Sekunde treffen uns davon 70 Milliarden! – Und? Haben Sie jemals was davon bemerkt? Etwa ein Gefühl wie bei Nadelstichen? Wenn Sie ehrlich sind: nein! Anscheinend durchdringen Neutrinos unseren Körper problemlos. Und nicht nur das: Neutrinos können durch den gesamten Erdball laufen, ohne auch nur mit einem Atom zu kollidieren. Verantwortlich dafür ist der sogenannte Wechselwirkungsquerschnitt σ (= griechischer Buchstabe Sigma). Man versteht darunter eine Fläche um das Zielteilchen, innerhalb der das Neutrino auftreffen muss, damit es zu einer Wechselwirkung zwischen dem Neutrino und dem Teilchen kommt. Das σ von Neutrinos hat den verschwindend kleinen Wert von 10^{-44} Quadratzentimetern. Weiß man noch über die Dichte und die Zusammensetzung der bestrahlten Materie Bescheid, so kann man berechnen, wie viele von den auftreffenden Neutrinos ihre Energie an die Materie abgeben. Da menschliches oder tierisches Gewebe vornehmlich aus Molekülen besteht, die aus Kohlenstoff, Wasserstoff, Sauerstoff und Stickstoff aufgebaut sind, macht man keinen großen Fehler, wenn man $C_4H_{40}O_{17}N_1$-Moleküle als repräsentativ für menschliches Gewebe ansieht. Damit ergibt sich rein rechnerisch, dass von den 160 Billiarden ankommenden Neutrinos der Eta-Carinae-SN nur ein Fünftausendstel der Energie eines einzigen Neutrinos an die betroffene Person übertragen wird! Im Mittel deponieren die 160 Billiarden Neutrinos also nur 0,2 Billiardstel Joule im menschlichen Körper. Von den tödlichen 800 Joule ist das himmelweit entfernt! Wenn Eta Carinae als SN explodieren wird, dürfte uns der gewaltige Neutrinoschauer wohl kaum etwas anhaben. Damit der Neutrinostrom einer SN unmittelbar tödlich wirkt, darf der explodierende Stern höchstens 20 Prozent weiter entfernt sein als unsere Sonne.

Diese Ergebnisse sagen etwas darüber aus, wie viel Energie SN-Neutrinos im Körper eines Menschen abgeben. Sie lassen jedoch nicht erkennen, welche zerstörerische Auswirkung diese Energie auf die Zellen des Gewebes hat. Zellschäden in begrenztem Umfang machen sich nicht unmittelbar bemerkbar. Längerfristig können sie jedoch zu Krebs oder zu Veränderungen im Erbgut führen. Ansatzweise hat das Juan I. Collar in »Biological Effects of Stellar Collapse Neutrinos« untersucht. Folgt man seinen Ausführungen, so zeigt sich, dass sich die Bedrohung durch eine SN in Grenzen hält. Entscheidend ist wieder, in welcher Entfernung der Stern explodiert. Beispielsweise hätte man bei einer SN in rund 900 pc, das heißt knapp 3000 Lichtjahren Entfernung, im Gewebe einer 80 Kilogramm schweren Person lediglich bei einer einzigen Zelle mit Zerstörungen im Zellkern zu rechnen. Da Eta Carinae circa 2,5-mal so weit entfernt ist, und da überdies die Menge der Neutrinos pro Flächeneinheit mit dem Quadrat der Entfernung abnimmt, dürfte dem Leben auf der Erde auch von dieser Seite keine Gefahr drohen.

Nächster Punkt ist die von einer SN ausgehende Röntgen- und Gammastrahlung. Deren Energie geben die Physiker in Elektronenvolt (eV) an. Umgerechnet in die mittlerweile vertraute Energieeinheit Joule entspricht 1 eV lediglich $1{,}6 \times 10^{-19}$ Joule. Beschleunigt man ein Elektron zwischen zwei Platten, die eine Spannungsdifferenz von einem Volt aufweisen, so gewinnt es die Energie von 1 eV. Ein Kilo-eV (keV) entspricht 1000 eV, und ein Mega-eV (MeV) sind eine Million eV. Man kann Röntgen- und Gammastrahlung aber auch durch ihre Wellenlänge klassifizieren. Dabei gilt: Je kürzer die Wellenlänge, desto »härter«, das heißt durchdringungsfähiger, ist die Strahlung. Beispielsweise hat sichtbares Licht grüner Farbe eine Wellenlänge von rund 534 Nanometer (nm), wogegen harte Gammastrahlung nur eine Wellenlänge von etwa 1 Hunderttausendstel nm hat. Dabei ist 1 nm der millionste Teil eines Millimeters. Vergleicht man die Energien der jeweiligen Photonen, so besitzt Röntgenstrahlung mittlerer Härte rund 5000-mal mehr Energie als ein »grünes« Photon, harte Gammastrahlung 50 Millionen Mal mehr.

Röntgen- und Gammastrahlung sind nicht klar voneinander abgegrenzt, ihre Bereiche überlappen sich. So findet man beispielsweise die Angabe: Röntgenstrahlung umfasst den Wellenlängenbereich von 10 bis 0,001 nm (124 eV bis 1,24 MeV), Gammastrahlung den Bereich von 0,1 bis 1 Hunderttausendstel nm (12,4 keV bis 124 MeV). Andere Tabellen zeigen größere oder auch kleinere Überschneidungen. Für die Abschätzung hinsichtlich der von einer SN ausgehenden Strahlengefahr ist das jedoch ohne Bedeutung.

Ein als SN kollabierender Stern setzt im Energieintervall von 1 bis 10 keV pro Sekunde im Mittel 10^{32} bis 10^{33} Joule an Röntgenstrahlung frei. Sollten diese Werte auch für Eta Carinae gelten, dann würde unser Planet pro Quadratzentimeter und Sekunde rund 150 Billiardstel ($1{,}5 \times 10^{-13}$) Joule an Röntgenenergie abbekommen. Ob damit die Schwelle dessen, was biologische Strukturen »verkraften« können, überschritten wird, soll ein Vergleich mit der Röntgendosis zeigen, die uns während eines »solaren Flares« erreicht.

Solare Flares sind durch Magnetfelder in der Sonnenatmosphäre verursachte Eruptionen, die mit einem enormen Materieauswurf und einer intensiven elektromagnetischen Strahlung vornehmlich im Röntgenbereich einhergehen. Während eines Ausbruchs kann eine Energie von bis zu 6×10^{25} Joule freigesetzt werden. Das ist etwa 10 Millionen Mal mehr als bei einem Vulkanausbruch. Die dabei von der Sonne ausgehende elektromagnetische Strahlung sowie ein Strom geladener Teilchen können auf der Erde die Kommunikation und die Stromversorgung ganzer Landstriche lahmlegen. Starke Flares, sogenannte X-Flares, überschütten die Erde im oben angegebenen Energiebereich mit einer »Röntgenenergie« von 1×10^{-8} Joule pro Quadratzentimeter und Sekunde (Abb. 33). Man hat aber auch schon Flares beobachtet, beispielsweise am 16. August 1989, am 2. April 2001 und am 4. November 2003, bei denen

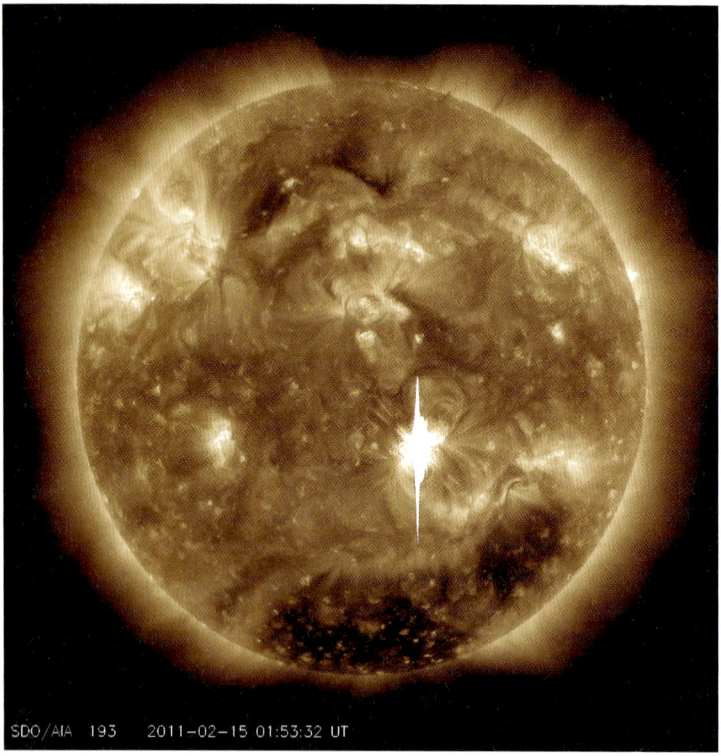

Abb. 33: Bei der gewaltigen Eruption auf der Südhalbkugel der Sonne am 15. Februar 2011 schoss ein Flare der X-Klasse (grellweißer Fleck rechts unterhalb der Sonnenmitte) in Richtung Erde. Das Bild zeigt die Sonne im fernen UV-Licht, aufgenommen um 01:53 Uhr Greenwich-Zeit vom die Erde umkreisenden SDO-Satelliten (Solar Dynamics Observatory).

von geostationären Satelliten Röntgenintensitäten von 2×10^{-7} bis $4{,}5 \times 10^{-7}$ Joule pro Quadratzentimeter und Sekunde gemessen wurden. Das waren Flares der Größenklasse X20 beziehungsweise X45. Vergleicht man das mit den $1{,}5 \times 10^{-13}$ Joule pro Quadratzentimeter und Sekunde, mit denen Eta Carinae die Erde bestrahlen würde, so zeigt sich, dass die Strahlenbelastung eines Sonnenflares die einer Eta-Carinae-SN um einen Faktor 50 000 bis 3 Millionen übertrifft. Umgerechnet in Entfernungen heißt das: Eta Carinae dürfte nicht weiter als 9 pc von der Erde entfernt explodieren, damit es zu einer ähnlich hohen Röntgenstrahlenbelastung wie bei einem X-Flare kommt. Für die deutlich stärkeren, aber sehr selten auftretenden X20- beziehungsweise X45-Flares ergeben sich noch kleinere Entfernungen von 2 pc beziehungsweise 1,3 pc.

Mit der von einer SN ausgehenden Gammastrahlung verhält es sich ähnlich. Doch zunächst: Woher stammt sie? Von der unmittelbar beim Sternkollaps entstehenden hochenergetischen Strahlung bekommt die Umwelt nicht viel mit. Die Sternmaterie ist im Augenblick der Explosion noch so dicht, dass die Gammaquanten sie größtenteils nicht ungehindert durchdringen können. Vielmehr geben sie in einer Reihe aufeinanderfolgender Absorptions- und Reemissionsprozesse einen Großteil ihrer Energie an die auseinanderfliegende Sternmaterie ab und werden zu niederenergetischer Röntgenstrahlung transformiert. Das, was uns erreicht, stammt vornehmlich aus dem Zerfall radioaktiver Atomkerne, die beim Sternkollaps entstehen und in den Raum hinausgeschleudert werden. Hauptlieferant der Gammastrahlung ist eine Zerfallskette, bei der innerhalb von sechs Tagen zunächst die Hälfte der beim Kollaps entstandenen Nickelkerne zu Kobalt und anschließend mit einer Halbwertszeit von 77 Tagen die Kobaltkerne weiter zu Eisen zerfallen. Beim ersten Zerfallsschritt werden Gammaquanten einer Energie von 0,81 MeV, beim zweiten Photonen einer Energie von 0,85 und 1,24 MeV emittiert. Der dabei entstehende Strahlungsfluss von rund 10^{33} Joule pro Sekunde ist ähnlich hoch wie im Röntgenbereich. Die Explosion einer SN in einer mit Eta Carinae vergleichbaren Entfernung würde also die Erde im Energiebereich um 1 MeV einem Strahlungsfluss von $1{,}5 \times 10^{-12}$ Joule pro Quadratzentimeter und Sekunde aussetzen.

Mit diesen Daten lässt sich das gleiche Szenario aufstellen wie mit der Röntgenstrahlung. Kommt da mehr auf die Erde zu als bei einem starken solaren Flare? Das von der NASA betriebene Compton-Gammastrahlen-Observatorium (CGRO), das die Erde von 1991 bis 2000 umkreiste, hat während starker solarer Flares im Energiebereich von 1 bis 10 MeV Strahlungsflüsse von 10^{-12} Joule pro Quadratzentimeter und Sekunde gemessen. Demnach wäre eine SN in 7500 Lichtjahren Entfernung für die Erde genauso »gammastrahlungswirksam« wie eine starke Sonneneruption. Man hätte mit Problemen zu rechnen, wie sie als Folge starker solarer Flares auftreten: teilweiser Ausfall der elektrischen Netze und der Stromversorgung sowie Störungen im Funkverkehr und der Kommunikation mit erdnahen Satelliten. Natürlich würde dies das öffentliche Leben in einigen Landstrichen für kurze Zeit beeinträchtigen, aber ausgesprochen gefährlich wäre es vermutlich nicht. Bis heute hat die Menschheit jede noch so starke Sonneneruption ohne Schäden für Leib und Leben überstanden.

Doch es könnte schlimmer kommen. Da Eta Carinae eine so große Masse besitzt, ist nicht auszuschließen, dass der Stern einen deutlich spektakuläreren »Abgang« inszeniert als eine »normale« Supernova. Als Steigerung käme eine Hypernova (HN) in Frage mit einem Energieausstoß, der bis zu 1000-mal größer ist als bei den SNe, von denen bisher die Rede war. Was eine Hypernova auszeichnet, ist ein sogenannter Gamma-Ray Burst, ein enormer Gammastrahlenausbruch, der mit dem Sternkollaps einhergeht. Dabei setzt der Stern im Zeitraum von wenigen Sekunden mehr Strahlungsenergie frei als unsere Sonne während ihrer gesamten Lebenszeit von circa 10 Milliarden Jahren. Mittlerweile glaubt man zu wissen, wie diese »Energieschleudern« funktionieren. Bei einem sehr massereichen Stern kommt der Kollaps nicht zum Stehen, wenn die Materie eine gewisse Dichte erreicht hat. Anstelle eines Neutronensterns im Sterninneren entsteht ein stellares Schwarzes Loch. Und weil sich der Stern um seine Achse gedreht hat, rotiert auch das Schwarze Loch, jedoch um ein Vielfaches schneller als ursprünglich der Stern. Das funktioniert genauso wie bei einem Pirouetten drehenden Eiskunstläufer, der schneller wird, wenn er die Arme anlegt. Von dem rotierenden Schwarzen Loch im Zentrum bekommen die äußeren Bereiche des Sterns zunächst nichts mit. Dort wird weiterhin Kernfusion betrieben. Doch die enorme Gravitationskraft des Schwarzen Lochs zeigt Wirkung. Sie versammelt die umgebende Materie in eine um das Loch rotierende Scheibe, von wo aus sie auf spiralförmigen Bahnen in das Loch hineinfällt. Mit der rotierenden Materie werden auch die allgegenwärtigen Magnetfelder regelrecht aufgewickelt und zunehmend komprimiert. Ist schließlich eine kritische Magnetfelddichte erreicht, entspannen sich die Magnetfelder explosionsartig und setzen die gespeicherte Energie frei. Zwei entgegengesetzt gerichtete enge Materiebündel, sogenannte Jets, durchbrechen mit nahezu Lichtgeschwindigkeit die Sternhülle parallel zur Rotationsachse des Schwarzen Lochs. Der Aufprall der Jets auf die umgebende Sternhülle und das spätere Auftreffen auf das dünne Gas in der Umgebung des Sterns, das sogenannte interstellare Medium, verursacht Schockwellen, in denen die Materie so stark aufgeheizt wird, dass es zur Emission hochenergetischer Gammastrahlung kommt.

Vorausgesetzt, die Gammaquanten einer gegenüber einer SN 1000-mal »stärkeren« Hypernova verteilen sich gleichmäßig in alle Richtungen im Raum, dann wäre die Bestrahlung der Erdatmosphäre aus einer Entfernung von 7500 Lichtjahren kurzfristig so intensiv wie durch etwa 1000 solare Flares. Obwohl das vermutlich nicht mehr zu vernachlässigende Auswirkungen auf die irdische Lufthülle und auf empfindliche belebte Strukturen hätte, soll das nicht näher untersucht werden, denn nach allem, was die Astronomie bisher über Gamma-Ray Bursts in Erfahrung gebracht hat, dürfte sich die Strahlung nicht so ausbreiten wie soeben beschrieben. Entsprechend den gängigen Modellen ist auch die Strahlung eines Gamma-

Ray Burst wie die ausgeworfene Materie in zwei engen, in entgegengesetzte Richtungen weisenden Strahlenkeulen konzentriert. Weist eines dieser Strahlenbündel in Richtung Erde, so kann das, je nach Entfernung der Quelle, zu erheblichen Gammabelastungen von einigen Joule pro Quadratzentimeter führen. Im Jahr 2005 haben amerikanische Wissenschaftler untersucht, was das für die Erdatmosphäre und insbesondere für die Ozonschicht bedeutet. Für ihre Berechnungen gehen sie von einem »typischen« Gamma-Ray Burst in einer Entfernung von 2 kpc aus – was übrigens gut mit der Entfernung von Eta Carinae übereinstimmt – und einer zehn Sekunden andauernden Strahlenbelastung der Erdatmosphäre von einem Watt pro Quadratzentimeter. Am Ende der Bestrahlung hat sich das auf einen Energieeintrag von 10 Joule pro Quadratzentimeter summiert. Rechnet man diese Daten in einen sich von der Quelle kugelförmig ausbreitenden Strahlungsfluss um, so hätte die Quelle eine Gammastrahlungsleistung von rund 5×10^{44} Joule pro Sekunde.

Bei einer Erde ohne Atmosphäre wären die Folgen katastrophal. Ein der Strahlung ausgesetzter Mensch, so er denn ohne Luft leben könnte, wäre sehr wahrscheinlich augenblicklich tot! Ein frontal zur Quelle stehender Mensch mit einer Körperoberfläche von rund einem Quadratmeter erhielte eine Ganzkörperdosis von etwa 100 000 Joule. Für eine 80 Kilogramm schwere Person ist das über 100-mal mehr als die letale Dosis. Glücklicherweise hat die Erde eine schützende Lufthülle, die Gammastrahlung, allerdings um den Preis einer mehr oder weniger tiefgreifenden Zerstörung der Ozonschicht, sehr effektiv absorbiert. Das beginnt damit, dass in der Stratosphäre die starke Dreifachbindung der Stickstoffmoleküle (N_2) durch die hochenergetischen Photonen aufgebrochen wird, wobei je zwei freie Stickstoffatome entstehen. Die Stickstoffatome verbinden sich dann sehr schnell mit dem Sauerstoff der Atmosphäre zu Stickoxiden, vornehmlich NO. Trifft sodann ein NO-Molekül auf ein Ozonmolekül (O_3), so entreißt es dem Ozon ein Sauerstoffatom, und es bildet sich ein NO_2- und ein Sauerstoffmolekül (O_2). Schließlich reagiert noch das NO_2-Molekül mit einem weiteren Sauerstoffatom zu NO und O_2. Als Quintessenz dieser Reaktionskette sind aus einem Ozonmolekül und einem Sauerstoffatom zwei Sauerstoffmoleküle entstanden. Das Ozon existiert nicht mehr.

Fragt sich: Wie hoch ist der Grad der Ozonzerstörung bei dem von Brian C. Thomas und Kollegen angenommenen »typischen« Gamma-Ray Burst? Wie die Simulationen zeigen, trifft, unmittelbar nachdem die Gammastrahlung die oberen Schichten der Atmosphäre erreicht, ein kurzer UVB-Strahlungsblitz (290 bis 315 nm) mit einer Leistung von rund 2×10^{-3} Joule pro Quadratzentimeter und Sekunde die Erdoberfläche. Das entspricht ungefähr der siebenfachen UVB-Strahlungsintensität an einem sonnigen Sommertag. Da dieser Blitz jedoch nur kurze Zeit währt, ist er für das irdische Leben nicht besonders gefährlich. Allerdings: Für einen »Sonnenbrand« bei Personen mit empfindlicher Haut würde es reichen. Die Auswirkungen auf die Ozonkonzentration sind jedoch tiefgreifend. Sie erniedrigt sich am Äquator um 55 Prozent, an bestimmten Orten sogar um 74 Prozent. Langfristig stellt sich weltweit eine mittlere um 35 Prozent reduzierte Ozonkonzentration ein. Da sich die Verringerung der Ozonkonzentration um mindestens 10 Prozent rund fünf bis sieben Jahre erhält, bleibt diese Situation über mehrere Jahre stabil. Vermutlich müssten mindestens zehn Jahre vergehen, bis die anfängliche Ozonkonzentration wiederhergestellt wäre. Nebenbei sei angemerkt, dass die Menschheit durch die in den vergangenen Jahren freigesetzten Fluorchlorkohlenstoffe eine Abnahme der globalen Ozonkonzentration um 3 Prozent zu verantworten hat.

Etwa 90 Prozent der von der Sonne kommenden UVB-Strahlung werden von den Ozonmolekülen absorbiert. Verringert sich die Ozonkonzentration, so nimmt die UVB-Intensität auf der Erdoberfläche zu. Folglich hat die teilweise Zerstörung der Ozonschicht einschneidende Konsequenzen für das Leben auf der Erde. Beispielsweise führt eine Reduzierung um 50 Prozent zu einer dreifach höheren UVB-Strahlenbelastung. Da UVB-Strahlung von biologischem Material stark absorbiert wird, sind insbesondere Proteine, DNA-Moleküle und einfache Organismen wie beispielsweise das Phytoplankton der Meere, die Grundlage der maritimen Ernährungskette, stark gefährdet. Chemische Bindungen werden aufgebrochen, Zellstrukturen verändert und Mutationen im Erbgut ausgelöst. Obwohl die Funktionsfähigkeit der Zellen auch bei hohen Strahlendosen zunächst meist erhalten bleibt, können die Strahlenschäden nach einiger Zeit zum Zelltod führen. Schon eine Erhöhung der UVB-Belastung um 10 bis 30 Prozent – andere Quellen sprechen von einer Verdoppelung – reicht aus, um besonders empfindliche Organismen abzutöten. So könnte ein Gamma-Ray Burst dafür verantwortlich gewesen sein, dass vor rund 460 Millionen Jahren in der erdgeschichtlichen Periode des Ordoviziums die meeresbewohnende Klasse der Gliederfüßler, die Trilobiten, ausstarb, weil das für ihre Ernährung wichtige Plankton zugrunde ging. Alternativ können gering geschädigte Zellen sich unkontrolliert teilen und zu bösartigen Tumoren wachsen. Mit anderen Worten: Eine HN in der Entfernung von Eta Carinae hätte allein schon aufgrund ihres Einflusses auf die Ozonkonzentration dramatische Auswirkungen auf das Leben auf der Erde.

Doch das ist noch nicht alles! Das bei der Reaktion der Gammaquanten mit dem Stickstoff der Atmosphäre anfallende Stickoxid (NO_2) ist ein braunes Gas. Es reduziert die Durchlässigkeit der Atmosphäre und blockiert vor allem das Licht der Sonne im sichtbaren und nahen UV-Bereich des elektromagnetischen Spektrums. Das hat zur Folge, dass sich die Erdoberfläche weniger erwärmt und die Temperatur der Atmosphäre sinkt. Eine durch einen Gamma-Ray Burst ausgelöste erhöhte Konzentration könnte sogar zu einer kompletten Vereisung des Planeten führen.

Mittlerweile weiß man, dass die von der Sonne abgestrahlte Energie variiert. Eine »aktive« Sonne, erkennbar an einer großen Anzahl von Sonnenflecken, emittiert etwa 0,1 Prozent mehr Energie als eine »ruhige« Sonne, auf der sich nur wenige Flecken zeigen. Wie in den Jahren zwischen 1645 und 1715 zu beobachten war, kann das Auswirkungen auf das Klima der Erde haben. In dieser Zeit zeigte die Sonne nahezu keine

Sonnenflecken. Das ging einher mit einer Schwächung des auf die Erde fallenden Sonnenlichts um etwa 0,36 Prozent. In dieser fast sonnenfleckenfreien Zeit, dem sogenannten Maunder Minimum, war es so kalt, dass in London die Themse über einen Zeitraum von mehreren Monaten immer wieder zufror. Man sprach damals von einer kleinen Eiszeit, die Europa erfasst hatte. Heute glaubt man, dass dies kein globales, sondern ein lokales Ereignis war. Auswertungen des Wettergeschehens über viele Jahre haben gezeigt, dass insbesondere für Zentralengland ein Zusammenhang zwischen einer fleckenarmen Sonne und Zeiten kälteren Klimas besteht. Man vermutet, dass eine reduzierte Sonneneinstrahlung, vornehmlich im Bereich des ultravioletten Lichts, die Luftmassen in der Stratosphäre stark beeinflusst. Dadurch kommt es zum »Abknicken« des hoch über Europa wehenden »Jetstreams« (starker Höhenwind), wodurch der Weg für kalte Luftmassen aus dem Osten frei wird. Doch vermutlich ist die langjährige Abwesenheit von Sonnenflecken nicht allein für die reduzierte Sonnenstrahlung verantwortlich zu machen. Zeitgleich mit der »ruhigen« Sonne ereigneten sich mehrere Vulkanausbrüche. Sehr wahrscheinlich haben auch in die Atmosphäre geschleuderte Aschepartikel einen Teil des Sonnenlichts blockiert und so die Situation noch verschärft.

Doch zurück zu Eta Carinae. Sollte dieser Stern tatsächlich dereinst in einer Hypernova vergehen, dann könnte die Menschheit – falls es dann noch Menschen im herkömmlichen Sinne gibt – ganz schön in die Bredouille geraten. Doch Entwarnung ist angesagt: Sehr wahrscheinlich wird das geschilderte Albtraumszenario nicht wahr werden. Damit eine HN ihre volle Wirkung entfalten kann, muss eine der Strahlenkeulen die Erde treffen. So wie sich uns Eta Carinae derzeit darstellt, wird dieser Fall nicht eintreten. Die beiden pilzförmigen Auswürfe des Homunkulus-Nebels zeigen die Richtung der Rotationsachse von Eta Carinae an – und die weist nicht in Richtung Erde. Aller Voraussicht nach werden auch die beiden Strahlenkeulen parallel zu Rotationsachse emittiert werden und deshalb die Erde nicht treffen.

Als Fazit aller Überlegungen bleibt festzustellen: Wenn Eta Carinae dereinst sein Dasein mit einem gewaltigen Feuerwerk beschließt, wird dies das Leben auf der Erde nicht ernsthaft gefährden. Allein die Röntgen- und Gammastrahlung könnte für eine vorübergehende Beeinträchtigung sorgen. Auf die eingangs gestellte Frage – muss man Angst haben, wenn Eta Carinae explodiert? – darf man daher mit einem vorsichtigen »Nein« antworten.

Abschließend noch eine Anmerkung. Man kann bemängeln, dass in diesem Kapitel zwar die Auswirkungen einer eventuellen Eta-Carinae-Hypernova und die einer Supernova des Typs II, nicht aber die des Typs Ia in Betracht gezogen wurden. Das liegt daran, dass Eta Carinae – und nur von diesem Stern ist ja die Rede – sicher nicht als Supernova vom Typ Ia explodieren wird.

Von einer Supernova des Typs II sprechen die Astronomen, wenn ein massereicher Stern am Ende seiner Entwicklung allen »Brennstoff« verheizt hat und unter seiner eigenen Schwerkraft kollabiert. Eine Supernova des Typs Ia »funktioniert« anders, sie hat ihren Ursprung in einem Doppelsternsystem aus einem Weißen Zwerg und einem Roten Riesen. Rote Riesen sind massearme Sterne, die in ihrem Zentrum bereits allen Wasserstoff zu Helium fusioniert haben. Lediglich in einer schmalen Schale um den Sternkern findet noch eine Verschmelzung von Wasserstoff zu Helium statt, die Energie liefert. In dieser Phase bläht sich der Stern gewaltig auf (warum, ist im Kapitel 7 »Kohlenstoff – to be or not to be« erklärt), wobei seine Oberfläche auf eine Temperatur von etwa 3500 Grad abkühlt und daher – nomen est omen – rot leuchtet. Haben diese Sterne schließlich auch noch das Helium im Zentrum zu Kohlenstoff und Sauerstoff »verbrannt«, so wirft der Stern seine äußere Gashülle ab, wobei der Kern aus Kohlenstoff und Sauerstoff freigelegt wird. Diesen etwa erdballgroßen Rest des ausgebrannten Sterns bezeichnet man als »Weißen Zwerg«. In einem Doppelsternsystem aus einem Weißen Zwerg und einem Roten Riesen kann nun der Weiße Zwerg dank seiner Schwerkraft Gas von der aufgeblähten Hülle des nahen Roten Riesen an sich ziehen. Über-

Abb. 34: Entwicklung einer Supernova des Typs Ia. Der Weiße Zwerg, links im Bild, zieht Materie von einem Roten Riesen auf sich ab. Ist die kritische Masse von rund 1,44 Sonnenmassen erreicht, so zünden schlagartige Kernfusionsprozesse, und der Weiße Zwerg explodiert in einer SN-Ia.

steigt schließlich die Masse des Weißen Zwergs eine bestimmte Grenze, so wird der Weiße Zwerg instabil und explodiert als Supernova des Typs Ia. Die dabei frei werdende Energiemenge kann bis zu 100-mal größer sein als bei einer SN des Typs II (Abb. 34).

Handelt es sich bei Eta Carinae um einen Einzelstern, ist die Sache klar: Es kann nur zu einer SN des Typs II kommen. Anders in dem vermuteten Doppelsternsystem mit zwei gleich alten Sternen. Damit sich dort einer der beiden Partner zu einem Weißen Zwerg entwickeln kann, dürfte dessen Masse nicht mehr als circa acht Sonnenmassen betragen. Da massereiche Sterne jedoch viel schneller »heranreifen« als massearme, explodiert der um ein Mehrfaches »gewichtigere« Partner, noch bevor der andere zum Weißen Zwerg geworden ist. Die Voraussetzungen für eine SN des Typs Ia sind daher nicht erfüllt.

Kapitel 9

Extrablatt – Breaking News

Kaum etwas beflügelt unsere Fantasie mehr als die Vorstellung eines erdähnlichen Planeten in einem fernen Sonnensystem. Captain W. S. Jacob vom Observatorium in Madras (heute: Chennai) in Indien war einer der Ersten, der glaubte, einem Exoplaneten auf die Spur gekommen zu sein. 1855 beobachtete er bei dem etwa 17 Lichtjahre entfernten Doppelstern 70 Ophiuchi deutliche Bahnanomalien. Als Ursache vermutete er einen unsichtbaren Planeten, der aufgrund seiner Schwerkraft die Bahnen der beiden Sterne stört. 44 Jahre später konnte jedoch der amerikanische Astronom Forest Ray Moulton zeigen, dass ein System, bestehend aus dem Doppelstern und einem Planeten mit den angegebenen Daten, nicht stabil sein kann. Damit war der Fall erledigt.

Bis zur nächsten »Entdeckung« nach Moultons Einspruch vergingen 89 Jahre. Die kanadischen Astronomen Bruce Campbell, Gordon Walker und Stevenson Yang hatten bei dem 45 Lichtjahre entfernten Doppelsternsystem Gamma Cephei Anzeichen für einen Planeten gefunden. Aufgrund des geringen Auflösungsvermögens der damaligen Messinstrumente war dessen Existenz jedoch nicht zweifelsfrei zu belegen. Die Entdeckung wurde daher nur »unter Vorbehalt« veröffentlicht und später – voreilig – ganz zurückgezogen. Voreilig insofern, als im Oktober 2002 Artie P. Hatzes von der Friedrich-Schiller-Universität in Jena mit seinem Team Gamma Cephei nochmals unter die Lupe nahm. Mit den zwischenzeitlich gewonnenen sehr präzisen Messwerten konnte er zweifelsfrei zeigen, dass der massereichere Stern des Gamma-Cephei-Systems von einem Planeten umkreist wird. Damit ist Gamma Cephei b, so sein Name, der erste in der langen Liste der bislang entdeckten Exoplaneten.

In den Jahren nach 1988 stieg die Rate der Entdeckungen steil an. 1989 ging den Planetenjägern ein Trabant bei dem rund 130 Lichtjahre entfernten Stern HD 114762 »ins Netz«; 1992 konnten Aleksander Wolszczan und Dale Frail zeigen, dass der Pulsar PSR B1257+12 von zwei Planeten mit mindestens 3,4 beziehungsweise 2,8 Erdmassen umkreist wird. 1995 fanden dann Michel Mayor und Didier Queloz den ersten Planeten bei einem sonnenähnlichen Stern (51 Pegasi) und ein Jahr später Geoff Marcy und Paul Butler je einen Planeten bei den sonnenähnlichen Sternen 70 Virginis und 47 Ursae Majoris.

Bis Ende September 2010 hatte man rund 500 Exoplaneten entdeckt. Sie einzeln aufzuzählen würde zu weit führen. Viel interessanter sind ein paar charakteristische Daten, die helfen, die »Funde« einzuordnen. Was also hat man entdeckt? Vornehmlich Planeten, die allesamt mehr Masse besitzen als unsere Erde (der mit knapp zwei Erdmassen »leichteste« ist der 2009 entdeckte Planet Gliese 581e), die mehrheitlich ihren Stern in geringerem Abstand umlaufen als unsere Erde die Sonne und die für einen Umlauf oftmals nur wenige Tage benötigen. Mehr als die Hälfte der Planeten hat mehr Masse als der größte Planet in unserem Sonnensystem, der Jupiter. Knapp 20 Exoplaneten haben die Planetenforscher den hochtrabenden Titel »Supererde« verliehen. Das klingt verheißungsvoll, hat jedoch wenig zu bedeuten. Per Definition ist das ein Planet, der im Aufbau unserer Erde gleicht und der mindestens eine Erdmasse besitzt, aber weniger als unser Planet Uranus. Über die sonstige Beschaffenheit des Planeten sagt der Begriff nichts aus, insbesondere nichts darüber, ob der Planet eine Atmosphäre hat, ob es dort Wasser gibt oder, noch spezifischer, ob dort dem Leben zuträgliche Verhältnisse herrschen. Als Quintessenz bleibt die Erkenntnis: Nach allem, was man weiß, taugt keiner der Planeten als Wiege für eine Form von Leben, wie es auf der Erde entstanden ist. Der erhoffte erdähnliche Planet findet sich nicht unter den 500 Exoplaneten.

Dann, am 30. September 2010, die Topnachricht des Tages: »NASA-Astronomen entdecken zweite Erde.« Dazu die Schlagzeilen »NASA findet bewohnbaren Planeten« und »Auf Gliese 581g ist Leben möglich«.

Was war da los? Am 29. September 2010 gaben Steven Vogt und Paul Butler, Astronomen an der University of California beziehungsweise an der Carnegie Institution of Washington, die Entdeckung von zwei Planeten bei dem 20 Lichtjahre entfernten Stern Gliese 581 bekannt. Nach den von den Astronomen veröffentlichten Daten ist einer der Kandidaten, Gliese 581g, ein erdähnlicher Planet, auf dem sogar Leben möglich sein sollte. Eine Sensation! In seiner Begeisterung über diesen »Fund« ließ sich Steven Vogt auf einer Pressekonferenz zu der Aussage hinreißen: »Die Chance für Leben auf diesem Planeten beträgt 100 Prozent.« (»Personally, given the ubiquity and propensity of life to flourish wherever it can, I would say, my own personal feeling is that the chances of life on this planet are 100 percent, I have almost no doubt about it.«) In der Tat, eine gewagte Aussage! Da interessiert schon, welche speziellen Eigenschaften Gliese 581g aufzuweisen hat beziehungsweise was ihn von den bis dahin entdeckten Exoplaneten unterscheidet, dass er das Attribut »Zweite Erde« verdient.

Dazu ein Blick auf den Stern, um den sich alles »dreht«. Erstmals in die Schlagzeilen geriet Gliese 581 im August 2005. Damals konnte eine Gruppe französischer und Schweizer Astronomen zeigen, dass der Stern einen Planeten besitzt. Wie in der Astronomie üblich, erhielt er die Bezeichnung Gliese 581b. Bis Ende April 2009 fand man drei weitere Trabanten: Gliese 581c, -d und -e. Die Planeten Gliese 581f und Gliese 581g, so die Namen der beiden Neuentdeckungen, machten dann das halbe Dutzend komplett. Ansonsten hat der Stern nichts Besonderes zu bieten, eher ist das Gegenteil der Fall. Mit einer Masse von lediglich 0,3 Sonnenmassen und einem Radius von 0,38 Sonnenradien ist Gliese 581 ein unscheinbarer Zwerg. Lebensdauer, Leuchtkraft und Spektrum des Sterns werden von dessen Masse bestimmt. Je kleiner die Sternmasse, desto niedriger sind Druck und Temperatur im Zentrum und desto kleiner ist die Fusionsrate, mit der Wasserstoff zu Helium umgewandelt wird. Massearme Sterne leben daher deutlich länger als »schwere« Sterne. Obwohl Gliese 581 heute bereits 8 Milliarden Jahre alt ist – unsere Sonne ist 4,5 Milliarden Jahre alt und hat noch mal so viele Jahre vor sich –, steht er erst am Anfang seines Sternenlebens und könnte 30 bis 40 Milliarden Jahre alt werden. Mit der Fusionsrate geht auch die Leuchtkraft des Sterns in die Knie. Über alle Wellenlängen integriert, ist Glieses Leuchtkraft rund 80-mal, im sichtbaren Bereich sogar 500-mal geringer als die unserer Sonne. Und da die Temperatur an seiner Oberfläche (Effektivtemperatur) nur etwa 3200 Grad Celsius beträgt, liegt sein Emissionsmaximum im infraroten Bereich des elektromagnetischen Spektrums, oder anders ausgedrückt: Am größten ist die Strahlungsleistung des Sterns im Bereich der Infrarotstrahlung. Mit diesen »Daten« ist Gliese in guter Gesellschaft: Mehr als die Hälfte aller Sterne haben eine vergleichbar geringe Masse, man bezeichnet sie auch als »Rote Zwerge«.

Nun vom Stern zu dessen Planeten. Wie entdeckt man Planeten bei einem fernen Stern? Eine direkte Beobachtung, ein »Foto« des Planeten, gelingt in den seltensten Fällen. Das Pariser Observatorium listet in seiner *Enzyklopädie der extrasolaren Planeten* nur 14 Entdeckungen auf, die mithilfe bildgebender Verfahren gelungen sind. Fast immer sind die Planeten zu leuchtschwach, als dass man sie neben ihren gleißend hellen Sternen erkennen könnte. Eine brennende Kerze neben einem Stadionscheinwerfer ist ein guter Vergleich für diese Situation.

Die bislang erfolgreichste Methode, Planeten zu entdecken, beruht auf der Bestimmung der Radialgeschwindigkeit eines Sterns. Bis heute (1. Januar 2011) hat man allein mit diesem Verfahren 481 Planeten gefunden. Im System Stern – Planet bewegt sich nicht nur der Planet, vielmehr rotieren Stern *und* Planet um ihren gemeinsamen Schwerpunkt. Dabei bewegt sich der Stern abwechselnd – je nach Orientierung der Bahnebene mehr oder weniger ausgeprägt – auf den Beobachter zu und wieder von ihm weg. Die Komponente der Sterngeschwindigkeit entlang der Sichtlinie Stern – Planet bezeichnet man als Radialgeschwindigkeit des Sterns. Bei nur einem Planeten auf einer kreisförmigen Bahn hat sie einen sinusförmigen Verlauf.

Kommt der Stern auf den Beobachter zu, so wird dessen Licht durch den Dopplereffekt zu kürzeren Wellenlängen oder – wie man sagt – ins Blaue verschoben. Entfernt er sich, so verschiebt sich das Licht ins Rote, das heißt zu längeren Wellenlängen (Abb. 35). Mit einem empfindlichen Spektrometer kann man die Wellenlängenänderung messen und daraus die Radialgeschwindigkeit bestimmen. Ist die Masse des Sterns bekannt, so kann aus diesen »Daten« mithilfe des Dritten Keplerschen Gesetzes die Masse des Planeten und dessen Entfernung vom Stern berechnet werden. Berechnete und tatsächliche Pla-

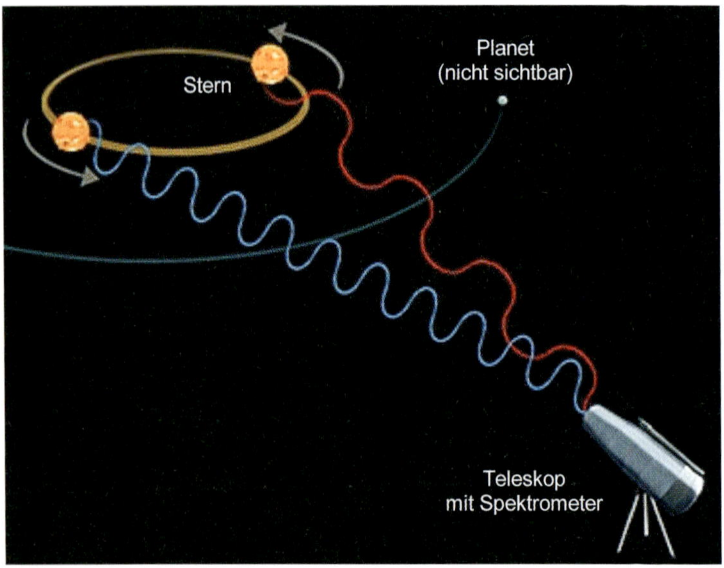

Abb. 35: Prinzip der sogenannten Dopplermethode, mit der bisher die meisten Exoplaneten entdeckt wurden. Kommt der Stern bei seiner Rotation um den gemeinsamen Schwerpunkt auf den Beobachter zu, so wird sein Licht zu kürzeren Wellenlängen verschoben. Entfernt er sich, erfährt das Licht eine Verschiebung zu längeren Wellenlängen.

netenmasse stimmen jedoch nur überein, wenn der Beobachter genau auf die Kante der Bahnebene des Systems blickt oder – präziser – wenn der Sehstrahl mit einer Senkrechten zur Bahnebene, der Normalen, einen Winkel von 90 Grad bildet. In allen anderen Fällen liefert die Rechnung immerhin einen unteren Grenzwert für die Planetenmasse.

Hat der Stern nur einen Planeten, so bestimmt allein dessen Gravitationskraft die Bewegung des Sterns um den gemeinsamen Schwerpunkt und damit die Größe der Radialgeschwindigkeit. Bei mehreren Planeten ist es die aus den Gravitationskräften der einzelnen Planeten resultierende Kraft. Diese ist jedoch nicht konstant, sondern ändert sich in Größe und Richtung, während die Planeten ihre Bahnen entlanglaufen. Im Ergebnis kann das zu einem sehr komplexen Verlauf der Radialgeschwindigkeit führen. Umgekehrt: Aus einem derart verwirrenden »Muster« auf die Anzahl der beteiligten Planeten, auf deren Massen und Bahnparameter zu schließen, ist schwierig.

Für ihre Suche nach Planeten bei Gliese 581 verwendeten Vogt und Butler 241 Radialgeschwindigkeitsdaten von zwei Messkampagnen. 122 Werte hatte man mit dem am Keck-Teleskop auf Hawaii montierten HIRES-Spektrometer (High Resolution Echelle Spectrometer) gewonnen, 119 mit dem HARPS-Instrument (High Accuracy Radial Velocity Planet Searcher) des 3,6-Meter-Teleskops der Europäischen Südsternwarte (ESO) auf dem Berg La Silla in Chile. Die HIRES-Daten decken einen Beobachtungszeitraum von elf, die HARPS-Daten einen von vier Jahren ab (Abb. 36).

Neben Signalen, die von den vier bereits bekannten Planeten Gliese 581b, -c, -d und -e stammten, lieferte die Datenanalyse auch schwache Signale, die nach Ansicht der Forscher auf zwei bisher noch nicht entdeckte Planeten zurückgehen müssten. Die Wahrscheinlichkeit, dass es sich um »künstliche«, von Datenfehlern erzeugte Signale handelt beziehungsweise dass die Beobachtungsdaten die Planeten nur vorspiegeln oder dass man einem Störsignal vertraut hat, bezifferten die Astronomen mit 0,002 Promille. Letztlich waren sich Vogt und Butler sicher,

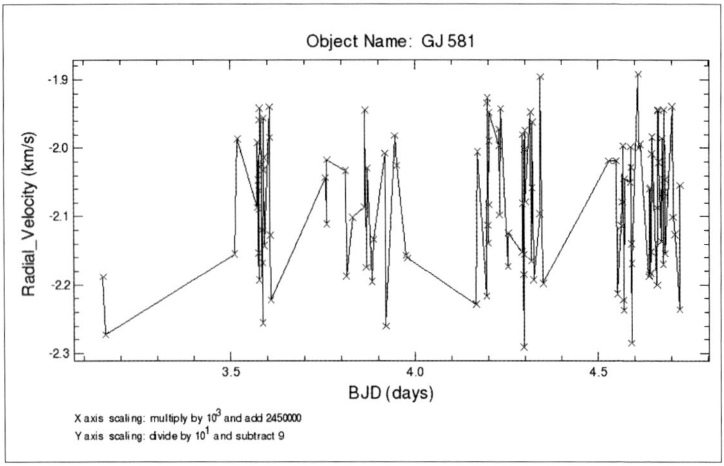

Abb. 36: Datenblatt mit 119 Messwerten der Radialgeschwindigkeit des Sterns Gliese 581. Die Daten wurden mit dem am 3,6-Meter-Teleskop der ESO montierten HARPS-Instrument gewonnen.

zwei weitere Planeten des Sterns Gliese 581, Gliese 581f und Gliese 581g, gefunden zu haben.

Als Vogt und Butler ihre Entdeckung bekannt gaben, geriet der Planet Gliese 581g sofort in den Fokus des öffentlichen Interesses. Die von den Astronomen errechneten Daten weisen Gliese 581g als terrestrischen Planeten mit einer vermutlich festen Oberfläche aus, der auch eine Atmosphäre halten könnte:

Masse	3 bis 4 Erdmassen
Radius	1,3 bis 1,5 Erdradien
Umlaufperiode	37 Tage (Erde: 365,26 Tage)
Große Bahnhalbachse	0,14601 AE (= 21 843 096 km)
Exzentrizität der Umlaufbahn	0 (Erde: 0,0167)
Gravitationsbeschleunigung	1,1 bis 1,7 g (Erde: 1 g)

Aufgrund der im Vergleich zur Erde größeren Gravitationsbeschleunigung wäre seine Atmosphäre wohl etwas dichter als die irdische.

Auf einen Nenner gebracht: Hinsichtlich Masse, Größe und Beschaffenheit besteht Gliese 581g den Vergleich mit unserer Erde. Das Prädikat »Supererde«, um nochmals diesen Begriff zu strapazieren, steht diesem Planeten daher »gut zu Gesicht«. Doch das reicht nicht, um als bewohnbarer, lebensfreundlicher Planet, als »Zweite Erde« gelten zu können. Da müssen noch andere Bedingungen erfüllt sein (Abb. 37).

Für das Leben, zumindest was die uns bekannten Formen betrifft, ist die Existenz von Wasser eine Grundvoraussetzung. Bei der Entwicklung von Leben im Wasser dient es als Schutzschild gegen die zerstörende UV-Strahlung des Sterns, dann als Lösungs- und Transportmedium für die Bausteine des Lebens, und nicht zuletzt ist Wasser ein unverzichtbarer Bestandteil der Photosynthese. Da nur Wasser in flüssigem Aggregatzustand diese Aufgaben erfüllen kann, ist die auf einem Planeten herrschende Temperatur ein entscheidender Parameter. Je leucht-

Abb. 37: Illustration des – bislang unbestätigten – Planten Gliese 581g, der den Roten Zwergstern Gliese 581 in einer Entfernung von etwas mehr als einem Zehntel der Entfernung Erde – Sonne in 37 Tagen umkreist.

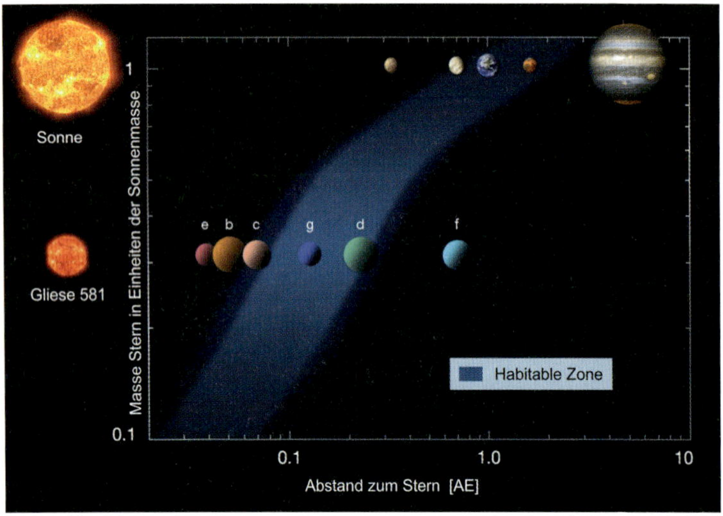

Abb. 38: Vergleich des Planetensystems um den Zwergstern Gliese 581 mit dem Sonnensystem. Mit wachsender Sternmasse vergrößert sich der Abstand der habitablen Zone zum Stern. Damit die Temperatur auf einem Planeten für Leben, wie wir es kennen, erträglich ist, muss der Planet seinen Mutterstern in dessen habitabler Zone umlaufen.

kräftiger der Stern und je geringer die Entfernung Stern – Planet, desto größer ist die lokale Bestrahlungsstärke. Innerhalb eines ringförmigen Bereichs um den Stern, der sogenannten habitablen Zone, ist die Bestrahlungsstärke gerade so groß, dass sich auf dem Planeten eine mittlere Temperatur einstellen kann, bei der eventuell vorhandenes Wasser weder gefriert noch verdampft. Der innere Radius der habitablen Zone des Sterns Gliese 581 beträgt 0,111 AE, der äußere 0,216 AE. Da Gliese 581g den Stern auf einer Kreisbahn im Abstand von 0,14601 AE umrundet, befindet er sich immer in dem für Leben »vorteilhaften« Bereich (Abb. 38). Das allein garantiert jedoch nicht, dass sich überall auf dem Planeten eine Temperatur einstellt, bei der Wasser flüssig ist. Auch die Rotation des Planeten um seine Achse spielt eine große Rolle.

Zwei Körper, die sich in geringem Abstand umkreisen, haben immer eine Tendenz zur gebundenen Rotation. Körper in gebundener Rotation drehen sich während eines Umlaufs genau einmal um ihre Achse. Rotationsperiode und Umlaufperiode sind also identisch. Das hat zur Folge, dass sie ihrem »Partner« stets dieselbe Hemisphäre zuwenden. Am Beispiel unseres Mondes, der gebunden um die Erde rotiert, ist das gut zu erkennen.

Wie kommt es zu einer gebundenen Rotation? Bezeichnen wir die beiden um den gemeinsamen Schwerpunkt rotierenden Körper mit A und B. Entsprechend dem Gravitationsgesetz ziehen sich A und B gegenseitig mit gleicher Kraft an. Da die Gravitationskraft jedoch mit dem Quadrat der Entfernung abfällt, erfährt das dem Körper A zugewandte Ende eines kugelförmigen, homogenen Körpers B eine größere Anziehungskraft als das Zentrum von B, wogegen auf das dem Körper A abgewandte Ende von B eine geringere Kraft wirkt als im Zentrum von B. Bezogen auf den Mittelpunkt von B erfährt das dem Körper A zugewandte Ende von B eine Kraft in Richtung auf A und das dem Körper A abgewandte Ende von B eine gleich große Kraft in die entgegengesetzte Richtung, das heißt von A weg. Durch diese sogenannten Gezeitenkräfte wird B entlang der Verbindungslinie A – B gedehnt beziehungsweise zu einem Ellipsoid deformiert. Man bezeichnet diese Verzerrungen als Gezeitenberge (Abb. 39). Stimmen Rotationsperiode und Umlaufperiode von B nicht überein, »wandern« die Gezeitenberge über dessen Oberfläche, so dass der Körper kontinuierlich umgeformt wird. Die dafür aufzuwendende Energie entstammt der Rotationsenergie des Körpers. Hinzu kommt, dass die Gezeitenberge vom rotierenden Körper B etwas »mitgeschleppt« werden und daher nicht mehr exakt auf der Verbindungslinie der beiden Körper liegen. Da die Gravitation des Partners A die ungleich weit entfernten Gezeitenberge des Körpers B mit unterschiedlicher Kraft anzieht, entsteht ein Drehmoment, das die Rotation von B zusätzlich bremst. Reibungskräfte und Drehmoment verschwinden erst, wenn Rotations- und Umlaufperiode »synchronisiert« sind beziehungsweise der Körper eine gebundene Rotation ausführt.

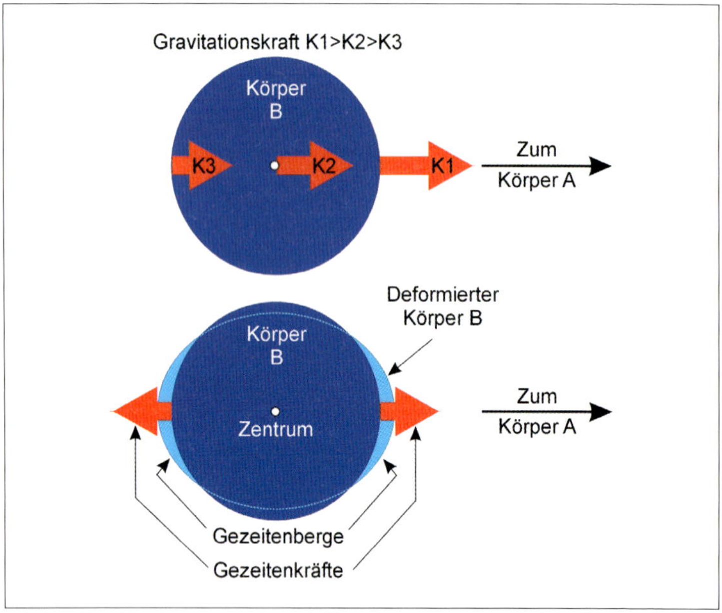

Abb. 39: Zwei um den gemeinsamen Schwerpunkt rotierende Massen rufen gegenseitig Gravitationskräfte hervor. Da die Gravitation mit dem Quadrat der Entfernung abnimmt, wirkt auf die dem Partner zugewandte Seite eine größere Kraft als auf die von ihm abgewandte Seite. Bei einem kugelförmigen Körper führt das zu Gezeitenkräften, die den Körper zu einem Ellipsoid verformen.

Gezeitenkräfte sind umgekehrt proportional zur dritten Potenz des Abstandes der beiden Körper. Eine Halbierung des Abstandes hat achtmal größere Gezeitenkräfte zur Folge. Der geringe Abstand des Planeten Gliese 581g zu seinem Stern lässt daher auf starke Gezeitenkräfte schließen. Eine Rechnung zeigt: Auf Gliese 581g sind die Gezeitenkräfte rund 60-mal größer als auf der Erde und dreimal größer als auf dem Erdmond. Dass Gliese 581g schon vor langer Zeit in eine gebundene Rotation gezwungen wurde, ist also sehr wahrscheinlich.

Wie sich die gebundene Rotation auf die Temperatur des Planeten auswirkt, hat man untersucht. Besitzt der Planet keine Atmosphäre, so sind die Temperaturunterschiede groß. Die dem Stern zugewandte Seite, die sogenannte Tagseite des Planeten, heizt sich stark auf, während die abgewandte Seite, die Nachtseite, auf wenige Grad über dem absoluten Nullpunkt auskühlt. Mit Atmosphäre ergibt sich ein anderes Bild. Während sich die Atmosphäre auf der Tagseite erwärmt, bleibt sie auf der Nachtseite kalt. Aufgrund der daraus resultierenden Druckunterschiede in der Atmosphäre entstehen starke Winde, die die Wärme der Tagseite über den Planeten verteilen. Simulationen haben gezeigt, dass bei einer Atmosphäre von erdähnlicher Zusammensetzung ein Druck von nur einem Zehntel des irdischen Drucks genügen würde, um Wärme wirksam auf die Nachtseite des Planeten zu transportieren. Gesteht man der Atmosphäre einen gewissen Anteil an Treibhausgasen zu, vor allem Kohlendioxid und Wasserdampf, dann liefert die Simulation eine globale Gleichgewichtstemperatur im Bereich von minus 12 bis minus 31 Grad Celsius. Mit einer dichteren Atmosphäre, wie sie aufgrund der im Vergleich zur Erde größeren Oberflächenbeschleunigung zu erwarten ist, würde sich die Situation noch verbessern, das heißt, die Gleichgewichtstemperatur läge höher.

Dennoch, Wasser ist in diesem Temperaturintervall nicht flüssig. Man muss jedoch berücksichtigen, dass die errechneten Werte die globale Gleichgewichtstemperatur angeben. Lokal können deutlich höhere, aber auch tiefere Temperaturen auftreten. Steven Vogt schätzt, dass auf der Tagseite das »Quecksilber« an manchen Orten bis auf 70 Grad klettert. Eine »gemäßigte«, dem Leben zuträgliche Temperatur könnte sich in einem Übergangsbereich zwischen der warmen und der kalten Hemisphäre einstellen. Doch wo Licht ist, ist auch Schatten. Eine große Temperaturdifferenz zwischen den beiden Hemisphären, aber auch zwischen dem Äquator und den Polen des Planeten würde vermutlich zu starken Turbulenzen in der Atmosphäre führen. Eventuelles Leben müsste mit orkanartigen Winden zurechtkommen, die mit Geschwindigkeiten von mehreren hundert Kilometern pro Stunde über den Planeten fegen. Modellrechnungen, die von mäßigen Temperaturunterschieden und erdähnlichen atmosphärischen Verhältnissen ausgehen, liefern eine günstigere Prognose. Demnach würde ein konstanter, leichter Wind, ähnlich einem langsamen Strahlstrom (Jetstream), die Wärme über den gesamten Planeten transportieren.

Damit stellt sich die Frage: Rechtfertigen diese Daten den Titel »Zweite Erde«? Ist Gliese 581g ein »bewohnbarer« Planet? Auf den ersten Blick lassen sich keine prohibitiven Argumente finden. Wasser und eine ausreichend dichte Atmosphäre vorausgesetzt, hätte auf Gliese 581g Leben eine Chance. Auf der Erde tauchten die ersten Formen von Leben rund 700 Millionen Jahre nach ihrer Entstehung auf. 3,8 Milliarden Jahre Selektion und Evolution haben schließlich zu der Artenvielfalt geführt, die wir heute bewundern. Das Alter des Sterns Gliese 581 schätzen die Astronomen auf sieben bis elf Milliarden Jahre. Da Planeten in etwa zeitgleich mit »ihrem« Stern aus der ursprünglichen Gas- und Staubwolke »kondensieren«, dürfte auch Gliese 581g so alt sein. Eigentlich Zeit genug für die Entwicklung von Leben.

Lassen wir kurz der Fantasie freien Lauf. Nehmen wir an, das Leben hat seine Chance auf Gliese 581g genutzt. Wie könnte es aussehen? Dass es dem irdischen gleicht, darf man nicht erwarten. Einige der Parameter, welche die Entwicklung von Leben beeinflussen, haben dort vermutlich andere Werte als auf der Erde. Insbesondere der Stern, den Gliese 581g umkreist, der Rote Zwerg, unterscheidet sich stark von unserer Sonne. Aufgrund seiner niedrigen Oberflächentemperatur von rund 3200 Grad Celsius strahlt Gliese 581 vornehmlich infrarotes Licht ab und nur relativ wenig sichtbares Licht. Um Photosynthese betreiben zu können, sind irdische Pflanzen auf die Photonen des sichtbaren Lichts angewiesen. Photonen des infraroten Lichts transportieren zu wenig Energie, um Wasser und Kohlendioxid effektiv in Kohlenhydrate und Sauerstoff »umwandeln« zu können. Um mit vergleichbar viel Energie wie auf der Erde versorgt zu werden, müssten eventuelle Pflanzen auf Gliese 581g ein breiteres Frequenzspektrum nutzen. Auf unsere Erde gebrachte Blätter solcher »Gliese-Pflanzen« wären daher vermutlich schwarz und nicht grün. Allein dieser »spektrale Unterschied« zu unserer Sonne würde wohl ausreichen, um die Entwicklung eventuellen Lebens auf Gliese 581g in andere Bahnen zu lenken.

Im Großen und Ganzen sind die Nachrichten zu Gliese 581g nicht schlecht. Doch Vorsicht! Wenn Sie Ihren Nachkommen für deren Flucht von einer dereinst unbewohnbaren Erde einen Platz auf Gliese 581g reservieren wollen, so sollten Sie noch etwas warten. Bisher ist alles pure Spekulation! Ob Gliese 581g überhaupt existiert, ist völlig ungewiss.

Kurz nachdem Vogt und Butler ihre Entdeckung publik gemacht hatten, begann eine Gruppe um den italienischen Astronomen Francesco Pepe am Genfer Observatorium mit einem erweiterten HARPS-Datensatz nach Planeten bei Gliese 581 zu suchen. Dieser Datensatz, der einen Beobachtungszeitraum von sechseinhalb Jahren abdeckt, setzt sich aus den 119 von Vogt und Butler verwendeten und 60 zwischenzeitlich neu gewonnenen Messwerten zusammen. Am 11. Oktober 2010 referierte Pepe das Ergebnis der Datenanalyse auf einer Konferenz der Internationalen Astronomischen Vereinigung in Turin. Während die bereits bekannten b-, c-, d- und e-Planeten eindeutig zu erkennen waren, lieferte die Analyse keinen klaren Hinweis auf den g-Planeten. Zwar fand sich ein Signal, das von einem Planeten mit den für Gliese 581g angegebenen Daten hätte stammen können, es war jedoch sehr schwach und von anderen Störsignalen nicht zu unterscheiden. Zu dem von Vogt und Butler angekündigten f-Planeten bemerkte Pepe, man habe zwar noch keine detaillierte Analyse durchgeführt, doch auf den ersten Blick lieferten die Daten auch kein Signal, das eindeutig auf die Existenz dieses Planeten hinweist.

Steven Vogt zeigte sich von diesem Ergebnis nicht sonderlich beeindruckt. In einem Interview in der englischen Zeitschrift *New Scientist* gab er zu bedenken, dass man es bei der Analyse mit außerordentlich schwachen Signalen zu tun habe, die nicht notwendigerweise stärker ausfallen, wenn man zu den ursprünglichen HARPS-Daten weitere 60 Messwerte hinzufügt. Außerdem warnte er davor, das Ergebnis der Genfer Gruppe zu überschätzen, da die mit dem Teleskop auf Hawaii gewonnenen

HIRES-Daten nicht berücksichtigt wurden. Vermutlich, so Vogt, liefert nur die Kombination beider Datensätze einen deutlichen Hinweis auf die Planeten. Die Astronomen Sara Seager vom Massachusetts Institute of Technology in Cambridge und Alan Boss von der Carnegie Institution for Science in Washington halten es für möglich, dass die in die Berechnung der Genfer Gruppe eingehende Exzentrizität der Planetenbahn für die Ergebnisdiskrepanz verantwortlich ist. Während das Team um Steven Vogt von kreisförmigen Bahnen ausging, setzte die Genfer Gruppe auf leicht elliptische Bahnen. Laut Boss könnten kreisförmige Bahnen zu künstlichen Signalen führen, welche die Existenz kleiner Planeten vortäuschen.

Das ist – beziehungsweise war – der Stand der Dinge im Januar 2011. Da man nicht entscheiden konnte, welche Gruppe das richtige Ergebnis vorgelegt hatte, wurden die Planeten Gliese 581f und -g in der *Enzyklopädie der extrasolaren Planeten* der Rubrik »Unüberprüfte, kontroverse oder widerrufene Planeten« zugeordnet. Paul Butler war zu diesem Zeitpunkt jedoch überzeugt, dass die weitere Beobachtung des Sterns Gliese 581 in ein oder zwei Jahren genug Daten für ein endgültiges Urteil liefern wird. Wir überlassen es dem interessierten Leser, sich zu informieren, ob sich Butlers Vorhersage bewahrheitet hat beziehungsweise wie sich die Dinge weiterentwickelt haben.

Sollte sich die Existenz des Planeten Gliese 581g bestätigen, welche Konsequenzen hätte das? Zunächst wäre zu prüfen, ob der Planet auch hält, was man sich von einer »Zweiten Erde«, von einem habitablen Planeten verspricht. Dazu gehören eine erdähnliche Struktur aus Gesteinen und Metallen, eine feste Oberfläche, eine Atmosphäre und flüssiges Wasser in ausreichender Menge. Die Frage nach eventuellem Leben auf Gliese 581g könnte eine Analyse der Atmosphäre beantworten. Größere Mengen an Sauerstoff (O_2), Ozon (O_3), Kohlendioxid (CO_2), Stickstoffdioxid (N_2O) oder Methan (CH_4) im atmosphärischen Gasgemisch wären ein erster Hinweis, dass sich dort etwas »regen« könnte. Da diese Substanzen bei biologischen Prozessen entstehen – O_2 bei der Photosynthese der

Pflanzen, CH_4 beim Metabolismus von Mensch und Tier –, bezeichnet man sie auch als »Bioindikatoren«. Doch Vorsicht! Diese Substanzen können auch durch abiotische Prozesse entstehen.

Für die Planetologie, die Wissenschaft, die sich mit der Entstehung und Entwicklung von Planeten und Planetensystemen befasst, hätte die Entdeckung eines habitablen Planeten bei Gliese 581 weitreichende Konsequenzen. Mit einer Entfernung von rund 20 Lichtjahren zählt Gliese 581 zu den 100 unserer Sonne nächstgelegenen Sternen. Keiner ist weiter als 25 Lichtjahre entfernt. Wenn sich bei 100 so nahen Sternen bereits einer mit einem erdähnlichen Planeten findet, können – so der naheliegende Schluss – erdähnliche Planeten nicht so selten sein wie bisher angenommen. Für Philip Paris vom Institut für Planetenforschung am Deutschen Zentrum für Luft- und Raumfahrt (DLR) sind erdähnliche Planeten demnach nichts Außergewöhnliches, und Steven Vogt vermutet sogar bei 10 Prozent aller Planetensysteme einen Planeten, auf dem Leben möglich ist.

Mit der Anzahl der bewohnbaren Planeten – allein in unserer Galaxis könnte es bis zu einer Milliarde geben – wächst auch die Wahrscheinlichkeit für Formen außerirdischen Lebens. Man darf jedoch nicht erwarten, dass die bisher vergebliche Suche nach extraterrestrischer Intelligenz demnächst einen ersten »Treffer« verbucht. Die vermuteten habitablen Planeten sind ja nicht erst zum Zeitpunkt der vermeintlichen Entdeckung des Planeten Gliese 581g entstanden. Wenn es sie denn gibt, dann existiert die Mehrzahl von ihnen sicher schon mehrere Milliarden Jahre. Eigentlich Zeit genug für die Entwicklung von Leben! Warum die 1960 von einer Gruppe um den Astronomen Frank Drake mit dem Projekt OZMA begonnene Suche nach ETI (Extraterrestial Intelligence) noch nicht erfolgreich war, kann viele Ursachen haben. Vielleicht auch die, dass entgegen aller Vermutungen bewohnbare Planeten doch seltene Exemplare sind.

Bis zum Beweis des Gegenteils sollten wir uns an unserem eigenen lebensfreundlichen Planeten erfreuen.

Kapitel 10

Heller – größer – schwerer

Es ist wie im richtigen Leben: Einer ist größer, ein anderer dicker, und ein Dritter läuft schneller. Und einer unter den Großen ist der Größte, unter den Dicken der Dickste und unter den Schnellen der Schnellste. Das sind dann die »Rekordhalter«. Sollte das in der großen Familie der Sterne anders sein? Nein, es ist genauso! Nur sind Größe, Dicke und Schnelligkeit von anderen Dimensionen als im täglichen Leben, sie sind schlichtweg gigantisch. Ein Beispiel mag das verdeutlichen: Die Sonnenscheibe nimmt am Himmel einen Winkel von rund einem halben Grad ein, genauso viel wie der Vollmond. Wäre die Sonne 100-mal größer, dann würde sie am Himmel einen Winkel von rund 50 Grad beanspruchen, beziehungsweise fast ein Drittel des gesamten Firmaments würde von der Sonnenscheibe eingenommen! Ein Stern 100-mal größer als unsere Sonne hätte einen Durchmesser von unvorstellbaren 140 Millionen Kilometern. Wie sich noch zeigen wird, ist das jedoch nur ein Bruchteil dessen, was ein »Rekordhalter« zu bieten hat.

Jede Galaxie des Universums beherbergt ein paar besonders große, helle und massereiche Sterne. Die meisten sind jedoch so weit entfernt, dass auch mit den besten Teleskopen eine genaue Klassifizierung sehr schwierig ist. In diesem Kapitel bleibt daher die Suche nach Rekordhaltern auf unsere Galaxis, also auf die Milchstraße, und auf die uns nächsten Nachbarn, beispielsweise die Große und die Kleine Magellansche Wolke, beschränkt. Da man nicht ausschließen kann, dass in einer weiter entfernten Galaxie ein noch hellerer oder größerer Stern leuchtet, sind die hier aufgeführten Rekorde auch nicht absolut, sondern nur relativ.

Und überhaupt: Wie lange hat ein Sternrekord Bestand? Täglich liefern die vielen Teleskope den Astronomen Unmengen an Daten. Schon morgen kann eine Neuentdeckung den alten Rekordhalter vom Sockel stürzen. Wer weiß, vielleicht ist die folgende Liste der Superlative schon in Kürze überholt!

Los geht's mit dem Superlativ Nummer 1, dem hellsten Stern: LBV 1806-20. Wie Eta Carinae, dem in diesem Buch ein ganzes Kapitel gewidmet ist, gehört auch er zur Klasse der »Leuchtkräftigen Blauen Veränderlichen« (LBV). Seit 2004 gilt er als hellster Stern der Milchstraße. Seine Leuchtkraft schwankt zwischen fünf Millionen und rund 40 Millionen Sonnenleuchtkräften! Mit bloßem Auge ist er dennoch nicht zu sehen. Das liegt daran, dass der Überriese etwa 49 000 Lichtjahre entfernt am anderen Ende der Milchstraße funkelt und Gas- und Staubwolken zwischen uns und dem Stern circa 90 Prozent seines sichtbaren und infraroten Lichts absorbieren. Sein Alter schätzen Astronomen auf rund eine Million Jahre, seine Oberflächentemperatur auf 18 000 bis 32 000 Grad. Mit Vorsicht zu genießen sind die Angaben zur Masse des Sterns, sie könnte 200-mal größer sein als die unserer Sonne (Abb. 40).

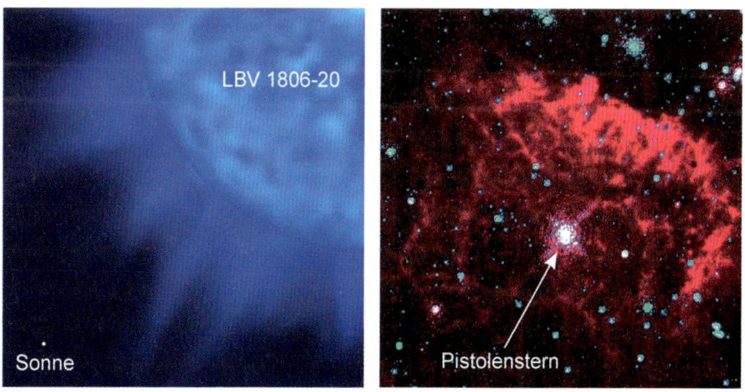

Abb. 40: Im Größenvergleich mit dem hellsten Stern der Milchstraße, LBV 1806-20, wirkt unsere Sonne ausgesprochen winzig (linkes Bild). Der Stern strahlt mit einer Leuchtkraft von rund 40 Millionen Sonnen. Rechts der bisherige Rekordhalter, der Pistolenstern, aufgenommen vom Hubble-Weltraumteleskop.

Insbesondere diese enorme Masse gibt Anlass zu Spekulationen. Könnte es sich bei LBV 1806-20 vielleicht um ein Doppelsternsystem handeln? Mit einem speziellen Beobachtungsverfahren gewonnene Daten stützen die Annahme, dass zwei Sterne im Abstand von 400 Astronomischen Einheiten einander umkreisen. Das ist nur 400-mal die Entfernung Erde – Sonne. Allerdings bringt diese Version die Astronomen in arge Verlegenheit. Man kann nicht erklären, wie zwei derart massereiche Sterne voneinander unabhängig in einem so geringen Abstand zueinander entstanden sein sollen. Andererseits, wenn es sich um einen Einzelstern handelt, wie hat er es geschafft, so viel Masse auf sich zu vereinigen? So »schwere« Sterne sollten sich nur in der Frühzeit des Universums gebildet haben, etwa 200 Millionen Jahre nach dem Urknall. Doch heute ist die Komposition des interstellaren Mediums, der Gas- und Staubwolken in den Galaxien, aus denen die Sterne entstehen, eine ganz andere als damals. Entsprechend den gängigen Theorien entwickelt ein sogenannter Protostern, ein kugelförmiger Gasball, der aufgrund seiner Schwerkraft immer mehr Gas aus seiner Umgebung auf sich zieht, ab einer Masse von etwa 100 bis 120 Sonnenmassen einen starken Sternwind, der zusätzliches Gas wegbläst. Demnach sollte die theoretische Obergrenze massereicher Sterne bei circa 120 Sonnenmassen liegen.

Warum LBV 1806-20 dennoch so »gewichtig« ausgefallen ist, lässt sich vielleicht verstehen, wenn man einen Blick auf die nähere Umgebung des Sterns wirft. Vor etwa 1 bis 2 Millionen Jahren ist dort eine Supernova explodiert. Zeugnis davon gibt der verbliebene Neutronenstern SGR 1806-20, der aufgrund seines extrem starken Magnetfeldes in regelmäßigen Abständen Blitze niederenergetischer Gammastrahlung aussendet. Die Buchstabenkombination SGR steht übrigens für »Soft Gamma Repeater«. Entscheidend ist jedoch die vorausgegangene Supernova. Sie könnte die Entstehung von LBV 1806-20 verursacht haben. Man vermutet, dass durch die Wucht der Explosion benachbarte Gas- und Staubwolken derart komprimiert wurden, dass LBV 1806-20 über das »erlaubte« Maß von rund 120 Sonnenmassen anwachsen konnte. Eine endgültige Bestätigung dieser Hypothese steht noch aus.

Noch ein kurzer Blick auf den bisherigen Inhaber des Helligkeitsrekords, den 25 000 Lichtjahre entfernten Pistolenstern. Mit einer Leuchtkraft im Bereich von zwei bis zehn Millionen Sonnen – die Angaben in der Literatur sind da sehr schwankend – ist er LBV 1806-20 deutlich unterlegen. Man vermutet, dass der Stern mit einer Masse von etwa 200 Sonnenmassen ins Leben gestartet ist. Mittlerweile hat er circa die Hälfte davon verloren. Dieser Anteil ist jedoch nicht spurlos verschwunden. Heute umgibt er den Stern als leuchtender Nebel. Wegen seiner Form, die mit etwas Fantasie einer Pistole gleicht, bezeichnet man ihn auch als »Pistolennebel«.

Blickwechsel auf den Stern HDE 269810: Mit einer Masse von rund 190 Sonnenmassen ist er der momentane Rekordhalter unter den »gewichtigen« Sternen. Beheimatet ist er in der rund 170 000 Lichtjahre entfernten Großen Magellanschen Wolke, einer Satellitengalaxie unserer Milchstraße. Um seine »Personalien« aufzunehmen, benutzten Astronomen das Hubble-Weltraumteleskop und Beobachtungsdaten der Europäischen Südsternwarte in Chile. 1995 wurde HDE 269810 mit dem Hopkins-Ultraviolettteleskop, das den Stern aus der Ladebucht des Space Shuttle »Endeavour« ins Visier nahm, nochmals genauer untersucht. Unter anderem zeigte sich, dass von seiner etwa 52 000 Grad heißen Oberfläche Materie mit einer Geschwindigkeit von rund 3700 Kilometern pro Sekunde in den Raum hinausströmt. Auch die Leuchtkraft des Sterns ist beachtlich. Mit 2,1 Millionen Sonnenleuchtkräften erhellt er seine Umgebung. Über sein Alter weiß man bisher noch nichts.

Wie alle Sterne mit mehr als acht Sonnenmassen wird auch HDE 269810 sein Leben als Supernova beschließen. Aber Supernova ist nicht gleich Supernova. Generell unterscheidet man zwei Typen: Supernovae vom Typ II (SN II) und solche vom Typ Ia (SN Ia). Der letztgenannte Typ kann nur in einem Doppelsternsystem auftreten, in dem entweder ein sogenannter Weißer Zwerg und ein Stern, der die längste Zeit seines Lebens schon hinter sich hat und dessen Gashülle gewaltig aufgebläht ist, einander umkreisen oder in dem sich zwei Weiße Zwerge umrunden. Weiße Zwerge sind die extrem dichten, erdballgroßen Kerne ausgebrannter, massearmer Sterne. Sie bestehen im Wesentlichen aus Kohlenstoff und Sauerstoff, der jedoch nicht gasförmig, sondern fest ist. Zu einer SN Ia kommt es, wenn einer der Weißen Zwerge durch Zugewinn von Materie eine gewisse Grenzmasse überschreitet. Dazu zieht der Weiße Zwerg entweder Gas von dem aufgeblähten Stern auf sich, oder, wie Forscher am Max-Planck-Institut für Astrophysik erst kürzlich anhand neuer Daten des Röntgen-Weltraumteleskops Chandra zeigen konnten, die beiden Weißen Zwerge kommen einander immer näher und vereinigen sich schließlich. Das Ergebnis ist in beiden Fällen gleich: Die Weißen Zwerge werden instabil und explodieren in einem gigantischen, thermonuklearen Feuerball.

Eine SN des Typs II markiert das Ende eines massereichen Sterns. Nachdem der Stern in einer Reihe von Kernfusionsprozessen seinen »Brennstoff« aufgebraucht hat, erlischt der nukleare »Ofen« im Zentrum des Sterns endgültig. Damit verschwindet auch der nach außen gerichtete Strahlungsdruck, der den zu diesem Zeitpunkt vornehmlich aus Atomkernen des Elements Eisen und freien Elektronen bestehenden Sternkern gegen die Gravitation stabilisiert hat. Folglich beginnt der Kern unter seiner eigenen Schwerkraft zu schrumpfen und wird dichter und heißer. In diesem Umfeld gewinnen die Elektronen so viel Energie, dass sie mit den Protonen des Kerns zu Neutronen verschmelzen, wobei jeweils ein Neutrino frei wird.

Da durch die Verschmelzung mit den Protonen die Elektronen verschwinden, entfällt auch der von den Elektronen ausgeübte, nach außen gerichtete Druck, der bislang den weiteren Kollaps des Sternkerns verhindert hat. Der Druck entsteht, weil Elektronen dem sogenannten Pauli-Prinzip unterliegen. Das Volumen, das den Elektronen zur Verfügung steht, ist in Quantenzellen unterschiedlicher Energie aufgeteilt. Entsprechend dem Pauli-Prinzip kann eine Quantenzelle höchstens von zwei Elektronen mit entgegengesetztem Spin besetzt werden, das heißt mit zwei Elektronen, die sich in der Richtung ihrer Eigendrehung unterscheiden. Wird der Sternkern unter dem Einfluss der Gravitation etwas komprimiert, so wird auch das den Elektronen zur Verfügung stehende Volumen kleiner, und die Elektronendichte steigt an. Das heißt, die Elektronen müssen enger zusammenrücken. Da jedoch die Quantenzellen niedriger Energie bereits besetzt sind, müssten die Elektronen auf noch unbesetzte Quantenzellen höherer Energie ausweichen. Aufgrund dessen entsteht ein hoher innerer Druck, der sogenannte Fermi-Druck, der sich gegen die Gravitationskraft stemmt und den Kollaps des Kerns verhindert.

Sind jedoch die Elektronen durch die Verschmelzung mit den Protonen verschwunden, so verschwindet auch der Fermi-Druck, und die Gravitation gewinnt die Oberhand. Jetzt kollabiert der Sternkern im Bruchteil einer Sekunde unter seiner eigenen Schwerkraft zu einem kompakten Neutronenkern. Die nachstürzenden äußeren Sternschalen prallen auf den harten Kern, lösen dort Schockwellen aus, die nun gemeinsam mit den bei der Verschmelzung der Elektronen mit den Protonen freigesetzten Neutrinos nach außen rasen. Die Sternhülle wird dadurch so stark aufgeheizt, dass der gesamte Stern in einer gewaltigen Explosion zerrissen wird und seine Hüllen weit in den Raum hinausgeschleudert werden. Zurück bleibt lediglich ein etwa 20 Kilometer großer Neutronenstern, der ehemalige, extrem dichte Neutronenkern des explodierten Sterns.

Auch ein Neutronenstern wird durch den Fermi-Druck vor dem weiteren Kollaps bewahrt. Allerdings sind es dort nicht Elektronen, die für den Druck verantwortlich sind, sondern die Neutronen. Wie Elektronen unterliegen auch sie dem Pauli-Prinzip und können nicht beliebig eng zusammenrücken. Aufgrund ihrer gegenüber den Elektronen wesentlich größeren Masse ist der Fermi-Druck der Neutronen viel höher als der von Elektronen. In einem 20 Kilometer großen Neutronenstern können daher bis zu circa 2,5 Sonnenmassen zusammengepresst sein, ohne dass der Stern unter seiner Eigengravitation zusammenbricht. Ist die Masse jedoch größer, so kollabiert der Neutronenstern augenblicklich zu einem Schwarzen Loch, einem Objekt, in dem die Materie extrem dicht gepackt ist und dessen Schwerkraft so groß ist, dass selbst Licht nicht entkommen kann.

Modellrechnungen haben gezeigt, dass sich Sterne bis zu etwa 140 Sonnenmassen gemäß diesem Szenario verabschieden. Auch Sterne oberhalb von etwa 260 Sonnenmassen, wie es sie vermutlich nur in der Frühphase des Universums, etwa 200 Millionen Jahre nach dem Urknall, gegeben hat, folgen diesem Weg in den Tod. Übrig bleibt jeweils ein mehr oder weniger massereiches Schwarzes Loch. Doch für den Massenbereich zwischen 140 und 260 Sonnenmassen, in dem auch der Stern HDE 269810 liegt, haben Theoretiker einen anderen Typ von Supernova vorhergesagt, eine sogenannte Paar-Instabilitäts-Supernova.

Bis gegen Ende des Heliumbrennens, der Brennstufe, bei der Helium zu Kohlenstoff und Sauerstoff fusioniert, verläuft die Entwicklung einer Paar-Instabilitäts-Supernova analog zur Entstehungsgeschichte einer Supernova vom Typ II. Doch gegen Ende dieser Brennstufe ist bei den Sternen im besagten Massenbereich die Temperatur im Zentrum so hoch, dass sich die bei den Fusionsprozessen entstandenen Gammaquanten in Materie verwandeln können. Dabei entsteht aus je zwei Gammaquanten ein Elektron-Positron-Paar, und ein Teil des Strahlungsdrucks, der bislang zur Stabilität des Sterns beigetragen hat, geht verloren. Folglich kollabiert der Stern, und sein Kern wird rasch noch dichter und noch heißer. Schließlich setzt schlagartig das Sauerstoff- und Siliziumbrennen ein, und der dabei entstehende, nach außen gerichtete Explosionsdruck zerreißt den Stern. Eine Paar-Instabilitäts-Supernova lässt vom ursprünglichen Stern nichts übrig. Die gesamte Sternmasse in Form von Gas und schweren Elementen, insbesondere Silizium und radioaktivem Nickel, wird über 100 Lichtjahre weit hinaus ins All geschleudert.

Mittlerweile hat sich dieses theoretische Modell einer Paar-

Instabilitäts-Supernova auch in der »Praxis« bestätigt. Am 6. April 2007 wurde am Lawrence Berkeley National Laboratory in einer 1,7 Milliarden Lichtjahre entfernten Zwerggalaxie im Sternbild Jungfrau das Aufleuchten einer Supernova registriert und in den folgenden Monaten mithilfe des Keck-Teleskops auf Hawaii und des Very Large Telescope der Europäischen Südsternwarte ESO in Chile verfolgt. Es zeigte sich, dass der Vorläuferstern der mit SN 2007bi bezeichneten Supernova mindestens 200 Sonnenmassen gehabt haben muss. Da sowohl der Helligkeitsverlauf der SN wie auch die Zusammensetzung der in den Raum hinausgeschleuderten Materie mit den in den Simulationen ermittelten Werten übereinstimmten, ist man ziemlich sicher, dass es sich bei SN 2007bi um eine Paar-Instabilitäts-Supernova gehandelt hat.

Wie bereits erwähnt: Aufgrund seiner Masse von 190 Sonnenmassen könnte der Stern HDE 269810 demnächst in einer Paar-Instabilitäts-Supernova zerrissen werden. Sollte HDE 269810 genau jetzt, in diesem Moment, explodieren, so würden wir das jedoch erst in 170 000 Jahren mitbekommen, denn so lange benötigt das Licht, um von der Großen Magellanschen Wolke bis zu uns zu kommen. Doch wer weiß, vielleicht ist der Stern ja schon vor langer Zeit explodiert, und wir müssen gar nicht mehr lange warten?

Nächster Kandidat auf der Liste der Sternrekorde ist der größte Stern, oder genauer: der Stern mit dem größten Durchmesser. VY Canis Majoris, ein pulsierender Roter Überriese, leuchtet 430 000-mal so hell wie die Sonne, 5000 Lichtjahre entfernt im Sternbild Großer Hund. Eingehüllt ist der Stern in eine riesige, asymmetrische Staubwolke, die er in den vergangenen rund 1000 Jahren bei mehreren Ausbrüchen in den Raum hinausgeblasen hat und die den größten Teil des vom Stern abgestrahlten sichtbaren Lichts verschluckt (Abb. 41).

Im Jahr 2004 hat man für diesen Stern einen 3000-mal größeren Durchmesser als den unserer Sonne ermittelt. Aufgrund neuer Erkenntnisse wurde dieser Wert 2006 auf immer noch gigantische 1800 bis 2100 Sonnendurchmesser korrigiert. Der-

Abb. 41: Mit einem Radius von rund 2000 Sonnenradien hält VY Canis Majoris die »Pole Position« im Wettbewerb um den größten Stern der Milchstraße. Die vier Bildstreifen verdeutlichen den Größenunterschied bekannter Sterne zu VY Canis Majoris.

artige Diskrepanzen in der Radiusbestimmung werden verständlich, wenn man berücksichtigt, dass es bei weit entfernten Sternen außerordentlich schwierig ist, die Trennlinie zwischen dem Sternrand und der den Stern umgebenden Staubhülle zu bestimmen. Lässt man die obere Grenze von 2100 Sonnenradien gelten, so ist VY Canis Majoris 230 000-mal größer als die Erde. Das ungeheure Ausmaß des Sterns wird jedoch erst deutlich, wenn man ihn in Gedanken an die Stelle unserer Sonne setzt. Dann würde er bis knapp über die Umlaufbahn des Saturn hinausreichen, des zweitgrößten Gasriesen in unserem Sonnensystem. Nur Uranus, Neptun und der Zwergplanet Pluto wären vom Stern nicht verschluckt.

Noch ein Wort zum Wesen dieses Sterns. Wie schon erwähnt, handelt es sich bei VY Canis Majoris um einen Roten Überriesen. Bis vor Kurzem waren sich die Fachleute da nicht ganz einig. Auch die etwas kleinere Ausgabe eines Roten Riesen stand zur Diskussion. Im Unterschied zu einem Roten Überriesen ist ein Roter Riese etwas ärmer an Masse und von etwas geringerer Leuchtkraft. Beiden gemeinsam ist, dass es sich jeweils um einen Stern handelt, der das Wasserstoffbrennen im Kern, das heißt die Fusion von Wasserstoff zu Helium, bereits beendet hat und der kurz davor steht, mit dem Heliumbrennen zu beginnen, also Helium zu Kohlen- und Sauerstoff zu verschmelzen. Lediglich in einer dünnen Schale um den Kern findet noch Wasserstoffbrennen statt. Da im Kern keine Fusionsenergie mehr freigesetzt wird, schrumpft er unter seiner eigenen Schwerkraft, wobei die äußeren Sternschichten nachfallen und den Druck auf die Wasserstoff brennende Schale erhöhen. Mit wachsendem Druck steigt die Temperatur und kurbelt das Schalenbrennen gewaltig an. Die dabei frei werdende Energie bläht den Stern auf ein Vielfaches seiner ursprünglichen Größe auf, wobei seine Oberflächentemperatur auf circa 3500 Grad sinkt. Da der Stern aufgrund der relativ niedrigen Temperatur nun rot leuchtet, bezeichnet man ihn als »Roten Riesen« beziehungsweise »Roten Überriesen«.

Nicht nur der Stern, auch die Staubwolke, die ihn umgibt,

hat einiges zu bieten. Sie gleicht einer Fabrik, in der fortwährend komplexe Moleküle zusammengebaut werden. Unter anderem konnten die Forscher Cyanwasserstoff (HCN), Siliziummonoxid (SiO), Kochsalz (NaCl) und Phosphornitrid (PN) nachweisen. Für Astrobiologen ist vor allem Phosphornitrid von großem Interesse. Einerseits ist Phosphor im Universum relativ selten, andererseits unverzichtbar zum Aufbau der für das uns bekannte Leben charakteristischen Moleküle. Dazu gehören insbesondere die Desoxyribonukleinsäure (DNA), die Blaupause des Lebens, die Ribonukleinsäure (RNA) und das Adenosintriphosphat (ATP), ein Molekül, das in den Mitochondrien der Zellen synthetisiert wird und als universeller Energiespeicher und -spender für alle physiologischen Vorgänge dient.

Vor der Entdeckung von VY Canis Majoris hatte der Stern VV Cephei A den Größenrekord inne. Zusammen mit VV Cephei B bildet er ein Doppelsternsystem im Sternbild Kepheus. Auch er ist ein Roter Überriese, 1600- bis 1900-mal größer als die Sonne. Im Wettbewerb um die Auszeichnung »Größter Stern« ist er jedoch nur die Nummer zwei.

Die Nummer eins im Alters-Ranking der Menschheit ist Methusalem. Nimmt man die Angaben im Alten Testament wörtlich, so hat er 969 Jahre gelebt. Das ist nicht schlecht! Im Vergleich zu den Jahren, die der älteste uns bekannte Stern auf dem Buckel hat, ist das jedoch gar nichts. Der Stern, um den es geht, trägt den Namen HE1327-2326, ist etwa 4000 Lichtjahre entfernt im Sternbild Wasserschlange zu finden und hat eine Masse, die etwas kleiner ist als die der Sonne. Und sein Alter? Rund 13 Milliarden Jahre ist er alt, fast so alt wie das Universum, das seit rund 13,7 Milliarden Jahren existiert. Damit hält HE1327-2326 den Altersrekord unter den Sternen.

Anfang 2005 untersuchte ein internationales Astronomenteam mit Wissenschaftlern aus Japan, Australien, Deutschland, Schweden, den USA und England mit Ultraviolett-Spektrometern am Very Large Telescope (VLT) in Chile und am Subaru Telescope in Japan das Spektrum von HE1327-2326. Es zeigte sich, dass der Stern die geringste Metallizität aufweist, die je gemessen wurde. Da in der Astronomie alle Elemente schwerer als Helium als Metalle bezeichnet werden, versteht man unter »Metallizität« den Gehalt eines Sterns an schweren Elementen. Generell gilt: Je älter ein Stern, umso geringer ist seine Metallizität. In sehr alten Sternen findet man daher nur einen verschwindend kleinen Anteil an Metallen, insbesondere Eisen. Um die Sterne einordnen zu können, vergleicht man ihre Metallizität mit der unserer Sonne. In HE1327-2326 ist der Eisenanteil rund 250 000-mal geringer als der in der Sonne (Abb. 42).

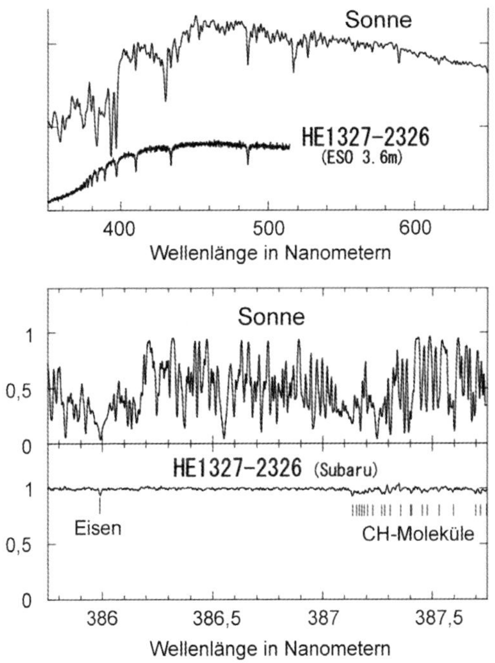

Abb. 42: Vergleich der Metallizität unserer Sonne mit der des vermutlich ältesten Sterns HE1327-2326. Mit dem Gehalt an Atomen unterschiedlicher Elemente in der Atmosphäre eines Sterns wachsen auch Anzahl und Intensität der Absorptionslinien im Sternspektrum. So zeigt das Spektrum der Sonne im Bereich des sichtbaren Lichts eine Vielzahl intensiver Absorptionslinien unterschiedlicher Elemente. Im Spektrum von HE1327-2326 ist bis auf die äußerst schwach ausgebildete Eisenlinie nichts davon zu sehen.

Um zu verstehen, wieso die Metallizität eines Sterns Auskunft geben kann über sein Alter, müssen wir zurückblicken in die Frühzeit des Universums. Eine Millionstelsekunde nach dem Urknall war die Temperatur im Kosmos aufgrund seiner stetigen Ausdehnung so weit gesunken, dass die zuvor freien Quarks nicht mehr unabhängig voneinander existieren konnten. Folglich fanden sich je drei dieser Teilchen zu einem Neutron oder einem Proton zusammen, die sich zunächst fortwährend ineinander umwandelten. Mit abnehmender Temperatur im Kosmos verschob sich jedoch das Reaktionsgleichgewicht zugunsten der etwas leichteren Protonen, so dass rund eine Sekunde nach dem Urknall bei einer Temperatur von 10 Milliarden Grad das Zahlenverhältnis Neutronen zu Protonen auf circa 1 zu 6 gesunken war.

Der nächste Schritt in Richtung Elementbildung vollzog sich im Kosmos etwa drei Minuten nach dem Urknall, bei einer Temperatur von rund einer Milliarde Grad. Da freie Neutronen mit einer Halbwertszeit von 885,7 Sekunden in Protonen, Elektronen und Antineutrinos zerfallen, war zu diesem Zeitpunkt das Verhältnis von Neutronen zu Protonen bereits auf etwa 1 zu 7 gesunken. Zunächst entstand aus einem Neutron und einem Proton ein Deuteriumkern, dann fusionierten zwei Deuteriumkerne entweder zu Helium 3 oder zu Tritium, und schließlich verschmolz das Helium 3 beziehungsweise das Tritium mit einem weiteren Deuteriumkern zum Element Helium. In der Summe entstand also aus zwei Protonen und zwei Neutronen jeweils ein Heliumkern. In Folgereaktionen bildete sich dann noch etwas Lithium und noch weniger Beryllium. Zusammengefasst war der Materiemix im Universum einige Minuten nach dem Urknall ziemlich eintönig: Bezogen auf die Masse bestand es aus 75 Prozent Wasserstoff und 25 Prozent Helium.

Lange Zeit änderte sich nichts an diesem Verhältnis. Erst rund 200 Millionen Jahre später wandelte sich das Bild. Im Universum war die Temperatur so weit abgesunken, dass die Schwerkraft Wolken aus Wasserstoff und Helium zusammenziehen konnte. Die Gravitation komprimierte die Gasmassen immer weiter, bis es in deren Innerem so heiß wurde, dass dort schließlich Kernfusionsreaktionen zünden konnten. Die ersten Sterne im Universum waren geboren! Simulationen haben gezeigt, dass sie riesig waren: mehrere hundert, vielleicht sogar tausend Sonnenmassen. Doch der eigentliche Wandel vollzog sich in den Sternen. Zunächst verschmolz dort der Wasserstoff zu Helium, dann das Helium zu Kohlenstoff und Sauerstoff, aus diesen Elementen wurde Neon, Magnesium, Schwefel und Phosphor erbrütet, bis die Kette schließlich bei Eisen abbrach. Schwerere Elemente als Eisen konnten die Sterne nicht fusionieren, denn deren Komposition erfordert Energie, wogegen alle vorausgegangenen Verschmelzungsreaktionen Energie liefern. Kurzum: Am Ende dieser Fusionskette besaßen die Sterne keine Energiequellen mehr. Der Strahlungsdruck, der bislang den Stern gegen die auf seinem Kern lastenden äußeren Gasmassen stabilisiert hatte, brach zusammen, und der Stern kollabierte in einer gigantischen Supernova. Der Sternkern verdichtete sich aufgrund der ursprünglich riesigen Sternmasse zu einem stellaren Schwarzen Loch, wogegen die umhüllenden Gasmassen, wie schon weiter oben anhand einer SN des Typs II beschrieben, weit in den Raum hinausgeschleudert wurden.

Mit der davonfliegenden Materie wurden auch die im Stern erbrüteten Elemente weiträumig verbreitet. Bestanden bis dahin die Wolken zwischen den Sternen noch ausschließlich aus Wasserstoff und Helium, so wurden sie jetzt erstmals mit schweren Elementen »verunreinigt«. Und als die nächste Sterngeneration aus dem Material dieser Wolken hervorging, waren das keine reinen Wasserstoff-Helium-Sterne mehr, sondern sie hatten bereits einen, wenn auch geringen Anteil an schweren Elementen eingebaut. Als sich auch diese Sterne, die natürlich wiederum schwere Elemente erbrüteten, in einer Supernova verabschiedeten, wurde das interstellare Medium, das Gas zwischen den Sternen, noch mehr mit sogenannten Metallen angereichert. Auf diese Weise wuchs die Metallizität der Sterne von Generation zu Generation. Je später sich eine Wolke zu einem Stern verdichtete, umso höher war dessen Metallizität. Damit wird deutlich, warum Sterne mit sehr geringer Metallizität sehr alt sein müssen.

Man kann dieser Logik entgegenhalten, dass es viele Milliarden Jahre gedauert haben könnte, bis die ersten Sterne explodiert sind und das interstellare Medium mit schweren Elementen angereichert wurde. Dann wären die metallarmen Sterne gar nicht so alt. Doch weit gefehlt! Die ersten Sterne waren sehr massereich und deshalb auch sehr heiß. Die Verschmelzungsprozesse liefen somit auf Hochtouren, und die Fusionskette von Wasserstoff zu Eisen war schnell »abgespult«. Mit anderen Worten: Die ersten Sterne lebten höchstens einige Millionen Jahre, bis sie in einer finalen Supernova vergingen und den »metallhaltigen Nährboden« für die nächste Generation bereiteten.

So weit, so gut. Dennoch: Einiges ist irritierend an der ganzen Sache. Die Existenz von HE1327-2326 zeigt, dass im frühen Universum auch Sterne mit einer etwas geringeren Masse als derjenigen der Sonne aus sehr metallarmem Gas entstehen können. Doch selbstverständlich ist das nicht. Entsprechend den theoretischen Modellen zur Sternentstehung sollten sich so kurz nach dem Urknall keine Sterne mit derart geringer Masse gebildet haben. Das hängt damit zusammen, dass ein gewisser Anteil an Metallen in den Wolken unverzichtbar ist, damit diese die bei der zunehmenden Verdichtung entstehende Wärme wieder abstrahlen können. Denn nur bei hinreichend niedriger Gastemperatur kann die Schwerkraft auch kleine Wolkenmassen gegen den thermischen Druck zu einem Stern komprimieren.

Des Weiteren gibt die chemische Zusammensetzung von HE1327-2326 Rätsel auf. Zwar geht man davon aus, dass die schweren Elemente der Wolken, aus denen sich der Stern gebildet hat, von einer vorausgegangenen Supernovaexplosion stammen, aber die gängigen Supernovamodelle spiegeln die chemische Komposition von HE1327-2326 nur unzureichend wider. Demnach ist auch ein anderes Entstehungsszenario denkbar. So könnte sich aus dem Gas der ursprünglichen Wasserstoff-Helium-Wolken zunächst ein Doppelstern gebildet haben. Danach wären in dem massereicheren der beiden Partner nur relativ »leichte« Metalle wie Kohlenstoff erbrütet worden. Einen Teil davon könnten dann Sternwinde auf HE1327-2326 übertragen haben. In der Folgezeit hätte sich dann der massereichere Stern zu einem Weißen Zwerg entwickelt, der noch heute zu finden sein müsste. Den geringen Anteil an schweren Elementen wie Eisen in HE1327-2326 hätte der Stern erst viel später aus den umgebenden interstellaren Wolken aufgesammelt (Abb. 43). Astronomen halten diese »Entstehungsgeschichte« für die wahrscheinlichere.

Als Beweis für dieses Szenario sucht man gegenwärtig angestrengt nach dem vermuteten Weißen Zwerg. Würde man fündig, könnte man auf weitere spektakuläre Entdeckungen hoffen. Denn dann sollten unter den ersten Sternen auch »Sternsingles« mit geringerer Masse als derjenigen der Sonne entstanden sein, die nur aus Wasserstoff und Helium bestehen. Aufgrund ihrer geringen Masse müssten diese Sterne noch heute existieren. Bis dato ist es jedoch nicht gelungen, einen dieser allerersten Sterne aufzuspüren.

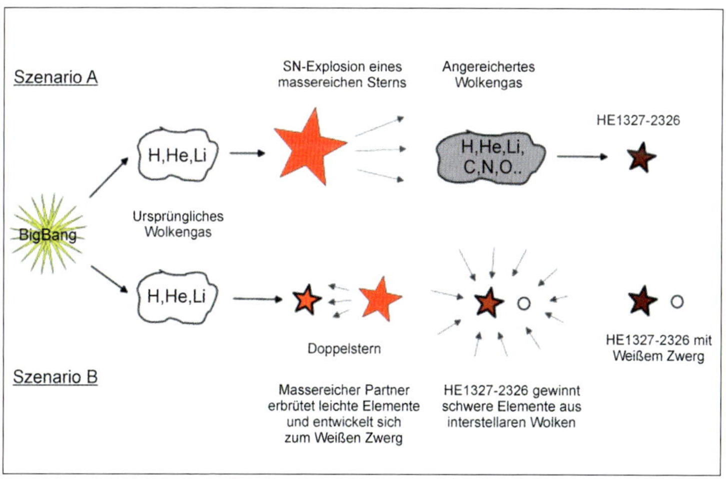

Abb. 43: Für die Entstehung des Sterns HE1327-2326 haben die Astronomen zwei Szenarien parat. Eine Entwicklung gemäß Szenario B gilt als wahrscheinlich.

Stichwort »Weißer Zwerg«: Bei der Vorstellung des Rekordhalters unter den Sternen großer Masse war zu lesen: »Weiße Zwerge sind die extrem dichten, erdballgroßen Kerne ausgebrannter, massearmer Sterne.« Damit wird der »Charakter« dieser Objekte jedoch nur unvollständig wiedergegeben. Das mit einem Weißen Zwerg eng verknüpfte, wörtlich gemeinte »Drumherum« darf man nicht vergessen. Denn zunächst ist das, was man später als Weißen Zwerg bezeichnet, der von der stellaren Gashülle umgebene Kern des kurz vor seinem Tod stehenden Sterns. Kernreaktionen laufen dort nicht mehr ab. Lediglich in zwei konzentrischen, schmalen Schalen um den Kern fusioniert der Stern noch Wasserstoff zu Helium beziehungsweise Helium zu Kohlenstoff. Da sich die beiden Schalen auf komplexe Weise gegenseitig beeinflussen, »brennen« sie nicht gleichzeitig, sondern alternierend. Dieses Wechselspiel wiederum führt zu kleinen Instabilitäten, sogenannten thermischen Pulsen, die zusammen mit dem schon seit längerer Zeit wirksamen Sternwind fast die gesamte Gashülle des Sterns mit Geschwindigkeiten bis zu 30 Kilometern pro Sekunde in den Raum hinausschießen lassen und den Sternkern, den Weißen Zwerg, freilegen.

Anfänglich formt die abgestoßene Gashülle einen unsichtbaren Kokon um den Weißen Zwerg. Aber in dessen Umgebung ist noch nicht alles tot. Fusionsprozesse in der noch verbliebenen Heliumschale liefern Kohlenstoff, der auf den Kern »herabrieselt«. Der Massenzuwachs bewirkt, dass der Kern schrumpft – dass er schrumpft, anstatt zu wachsen, beruht auf quantenmechanischen Prozessen, auf die hier aber nicht eingegangen werden soll – und seine Temperatur im Zentrum auf etwa 10 bis 100 Millionen Grad ansteigt. Aufgrund der hohen Wärmeleitfähigkeit des Weißen Zwergs steigt damit auch seine Oberflächentemperatur stark an. Hat die einen Wert von etwa 100 000 Grad erreicht, emittiert der Sternrest energiereiches ultraviolettes Licht, das die abgestoßene Gashülle zum Leuchten anregt. Ab da schmückt sich der Sternrest mit einem sogenannten Planetarischen Nebel. Durch ein Teleskop betrachtet, zeigen sich die Nebelschwaden in abgestuften Grautönen. Die meisten Bilder zeigen sie jedoch in einer Fehlfarbendarstellung, also prächtig gefärbt. Übrigens: Mit Planeten haben diese Nebel nichts zu tun. Der Begriff geht auf den aus Hannover stammenden Amateurastronomen Friedrich Wilhelm Herschel (1738–1822) zurück, dem damals diese leuchtenden Gaswolken wie die diffusen Scheiben von Gasplaneten erschienen. Planetarische Nebel haben nur eine relativ kurze Lebenserwartung. Nach etwa 50 000 Jahren hat sich das Gas weit in den Raum ausgebreitet und so sehr verdünnt, dass die Planetarischen Nebel nicht mehr zu erkennen sind.

Ein besonders schöner Planetarischer Nebel ist NGC 2440. Seiner Form verdankt er auch den Namen »Insektennebel«. Inmitten des prachtvollen Gebildes kann man den Weißen Zwerg erkennen, den ausgebrannten Kern des ehemaligen Sterns, von dem ein Teelöffel voll rund eine Tonne wiegt (Abb. 44). Damit sind wir wieder zurück bei der Liste der Rekordsterne. Denn dieser Weiße Zwerg ist der gegenwärtig heißeste »Stern«. Für seine Oberfläche wurde eine Temperatur von rund 200 000 Grad ermittelt. So wie es aussieht, steht er damit jedoch nicht

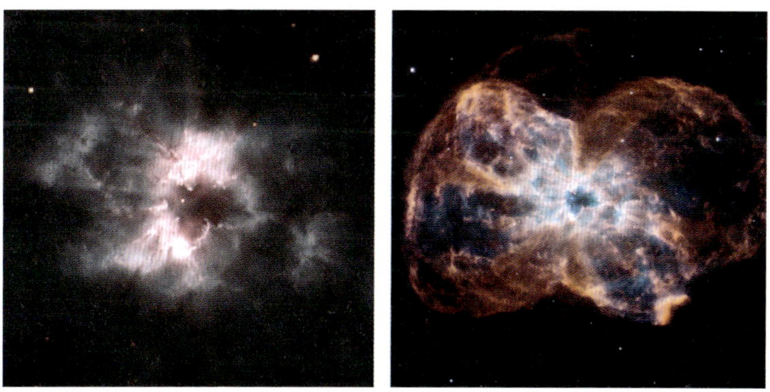

Abb. 44: Zwei Falschfarbenbilder des Planetarischen Nebels NGC 2440 im Sternbild Achterschiff. Am linken Rand der zentralen Höhlung erkennt man den Weißen Zwerg, der mit seiner Strahlung die ihn umgebenden Gaswolken zum Leuchten anregt. Mit einer Oberflächentemperatur von rund 200 000 Grad zählt der Weiße Zwerg zu den heißesten Sternen der Milchstraße.

allein auf dem Siegertreppchen. Denn Astronomen von der Universität Tübingen und der amerikanischen Johns Hopkins University berichteten im November 2008 von einem lichtschwachen, blauen Stern, der ebenfalls 200000 Grad heiß sein soll und der sich bei genauerer Untersuchung als Weißer Zwerg entpuppte. Heute trägt dieser Konkurrent um den Titel »Heißester Stern« den Namen KPD0005+5106. Man findet ihn im 7200 Lichtjahre entfernten Kugelsternhaufen M4, im Sternbild Kassiopeia.

Welcher von beiden bezüglich seiner Temperatur die Nase vorn hat, ist gegenwärtig nicht zu entscheiden. Sicher ist jedoch, dass beide irgendwann ihren Spitzenplatz werden räumen müssen. Da Weiße Zwerge über keine Energiequellen mehr verfügen, kühlen sie im Lauf der Zeit mehr und mehr aus und verblassen schließlich ganz. Die kühlsten bekannten Weißen Zwerge haben nur noch eine Temperatur von knapp 4000 Grad.

Abschließend soll noch ein Stern vorgestellt werden, den manche für den Rekordhalter in der Rubrik »Merkwürdigster Stern« halten. V838 Monocerotis ist circa 20000 Lichtjahre von uns entfernt im Sternbild Einhorn zu finden. Spektralaufnahmen zeigen, dass der Stern einen massereichen jungen Begleiter hat, der ihm sehr ähnlich sein könnte. Am 6. Januar 2002 machte der bis dahin recht unscheinbare Stern durch einen gewaltigen Helligkeitsanstieg auf sich aufmerksam. In kurzer Zeit wuchs seine Leuchtkraft auf das 600000-Fache unserer Sonne an. Damit machte er sich für mehrere Stunden zum hellsten Stern der Milchstraße. Nachdem er wieder stark an Helligkeit eingebüßt hatte, folgten am 2. Februar und am 10. März zwei weitere, jedoch schwächere Ausbrüche. Obwohl V838 Monocerotis hinsichtlich seiner Leuchtkraft mittlerweile nicht mehr groß auffällt, begeistert er immer noch mit einer eindrucksvollen »Lightshow« (Abb. 45).

Was diesen Stern so interessant macht, bezeichnen Astronomen als »Lichtecho«. V838 Monocerotis ist schalenförmig von Gas- und Staubwolken umgeben, die sehr wahrscheinlich bei einem etwa 2500 Jahre zurückliegenden Ausbruch ausge-

Abb. 45: V838 Monocerotis im Sternbild Einhorn, aufgenommen vom Hubble-Weltraumteleskop am 8. Februar 2004.

stoßen wurden. Trifft das Licht des Sterns auf diese Materie, so wird es reflektiert und lässt die Wolken aufleuchten. Das Licht des Sterns gelangt auf kürzestem Wege zu uns. Damit die Staubwolken sichtbar werden, musste das Licht jedoch einen Umweg machen, vom Stern zunächst zu den Wolken, um dann von dort als reflektiertes Licht zu uns zu gelangen. Der Umweg wird umso länger, je weiter die Staubwolken vom Stern entfernt sind. Infolgedessen erreicht uns das »Staubwolkenlicht« später als das direkte Sternenlicht. Zunächst sind nur die Wolkenpartien erkennbar, die den Stern in relativ geringem Abstand umschließen. Einige Zeit danach erreicht uns auch das Licht aus Bereichen der Staubschale, die weiter vom Stern entfernt sind. Auf diese Weise wird schrittweise die gesamte Struktur der umgebenden Staubhülle erkennbar (Abb. 46). Man kann das vergleichen mit einer Schallwelle, die

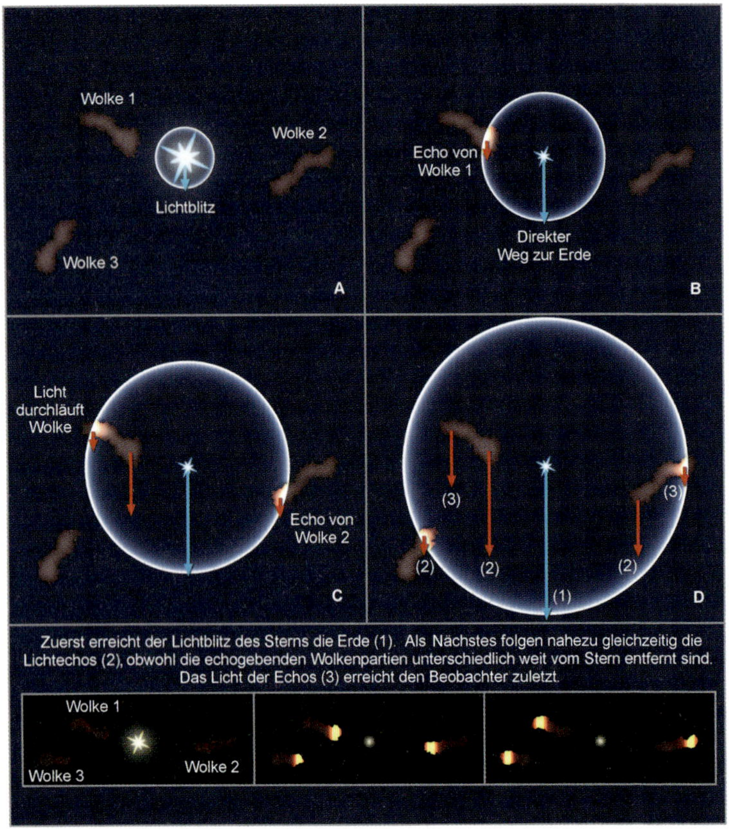

Abb. 46: Schematische Darstellung der Entstehung eines Lichtechos. Die Bildleiste unten veranschaulicht, wie ein Beobachter auf der Erde die Echos wahrnimmt. Zunächst sieht er nur den Lichtausbruch des Sterns (Bild links). Als Nächstes leuchten die dem Stern nahe gelegenen Bereiche der Wolken 1, 2 und 3 auf (Bild Mitte). Während das Licht des Sterns die Wolken durchläuft, werden immer weiter vom Stern entfernte Wolkenbereiche sichtbar. Dabei entsteht der Eindruck einer sich rasch ausdehnenden Gashülle (Bild rechts). In Wirklichkeit verändert sich die Position der Wolken nicht, lediglich die echogebenden Stellen wandern durch die Wolken.

von einer Felswand zurückgeworfen wird. Den Pfiff einer nahe stehenden Person hören wir praktisch sofort. Der Schall jedoch, der den Umweg über die Felswand und von da als Echo zurück zu uns macht, braucht deutlich länger, bis er zu vernehmen ist.

Die mit dem Hubble-Weltraumteleskop im Zeitraum vom 20. Mai bis 17. Dezember 2002 gemachten Aufnahmen von V838 Monocerotis zeigen eine Abfolge immer größer werdender Schnitte durch die Staubhülle. Der Eindruck, die Staubhülle würde sich von Bild zu Bild ausdehnen, ist jedoch falsch. Es ist nur die Front des vom Stern ausgehenden Lichts, die nach und nach immer weiter außen liegende Bereiche des bisher nicht sichtbaren Staubkokons erreicht und erhellt (Abb. 47).

Neben diesen einfach zu erklärenden Bildern liefert der Stern jedoch noch weitere Rätsel. Auf den ersten Blick schien der Helligkeitsausbruch von V838 Monocerotis starke Ähnlichkeit mit einer Nova zu haben. Eine Nova kann sich in einem Doppelsternsystem aus einem Weißen Zwerg und einem

Abb. 47: Zeitliche Entwicklung des Lichtechos von V838 Monocerotis.

stark aufgeblähten Partner entwickeln. Von seinem Begleiter zieht der Weiße Zwerg Wasserstoff zu sich herüber, der in spiraligen Bahnen auf die Oberfläche des Zwerges fällt, sich verdichtet und dabei gewaltig aufheizt. Bevor jedoch der Zwerg die Stabilitätsgrenze von 1,44 Sonnenmassen erreicht und in einer Supernova explodieren kann, zünden im heißen Gasmantel, ähnlich wie bei einer gigantischen Wasserstoffbombe, explosionsartig Kernfusionsreaktionen. Die Detonation katapultiert die oberflächennahen Schichten hinaus in den Raum, während der Weiße Zwerg relativ unbeschadet, doch mit rund 100 000 Grad Oberflächentemperatur um ein Vielfaches heißer als zuvor zurückbleibt.

Doch bei V838 Monocerotis konnte man keine Materie finden, die diesem Ausbruch zuzuordnen wäre. Demnach dürfte der Stern seine äußere Hülle nicht abgeworfen haben. Vielmehr hätte er sich zu einem enormen Durchmesser von etwa 1500 Sonnenradien aufgebläht, wobei seine Oberflächentemperatur auf rund 1800 Grad gesunken wäre, ein Wert, der nur geringfügig über der Temperatur der Wendel einer gewöhnlichen Glühlampe liegt. Für eine Nova wäre dieses Verhalten sehr ungewöhnlich, und es widerspräche den gängigen Theorien. Trotzdem wollte man zunächst nicht ausschließen, dass es sich doch um eine sehr seltene Art einer Nova gehandelt hat. Mittlerweile ist diese Ansicht aufgrund neuer Erkenntnisse jedoch vom Tisch.

Verbleiben noch zwei andere Theorien. Beispielsweise könnte der Ausbruch das Ergebnis einer Verschmelzung zweier Sterne gewesen sein. Man weiß, dass in Doppelsternsystemen im Lauf der Sternentwicklung die äußere Gashülle des einen Sterns auf den anderen »überschwappen« kann. Damit wäre der erste Helligkeitsausbruch zu erklären. Anschließend könnte das gesamte System instabil geworden sein, und die beiden Sternkerne wären miteinander verschmolzen – eine Erklärung für den zweiten Ausbruch. Den dritten Ausbruch hätte dann der Aufprall restlicher Gasmassen auf die vereinigten Sterne ausgelöst. Anhand von Computersimulationen konnte man zeigen, dass für dieses Szenario eine gewisse Wahrscheinlichkeit besteht.

Eine spektakulärere Theorie hat eine Astronomengruppe an der Universität von Sydney entwickelt. Alon Retter und Ariel Marom vermuten, dass die Helligkeitsausbrüche von V838 Monocerotis auf Kannibalismus zurückzuführen sind. Demnach hat der Stern nacheinander drei massereiche, dem Jupiter ähnliche Planeten verschluckt. Die dabei frei gewordene Gravitationsenergie könnte die Helligkeitsausbrüche verursacht haben. Da sich der Stern damit auch frisches Wasserstoffgas von den Planeten einverleibt hatte, konnten Kernverschmelzungsprozesse in der Sternhülle zünden, wodurch die Ausbrüche zusätzlich »befeuert« wurden.

Abwegig ist dieses Szenario keineswegs. Langjährige Untersuchungen haben ergeben, dass viele Sterne im Lauf ihrer Entwicklung zu einem Sternriesen sehr wahrscheinlich einen oder mehrere Planeten verschluckt haben. Auch einigen Planeten in unserem Sonnensystem prophezeien Astronomen ein derartiges Schicksal. Wenn sich die Sonne in einigen Milliarden Jahren zu einem Roten Riesen aufbläht, wird sie über die Umlaufbahnen der inneren Planeten hinauswachsen und den Merkur, die Venus und vielleicht auch die Erde verschlingen.

Am Anfang dieses Kapitels haben wir darauf hingewiesen, dass man auch mit den besten zurzeit verfügbaren Teleskopen Schwierigkeiten hat, einzelne Objekte in weit entfernten Galaxien genau zu untersuchen. Die Sterne sind schlicht zu leuchtschwach. Handelt es sich jedoch um eine ganze Galaxie mit einigen Milliarden Sternen, sieht die Sache anders aus. Galaxien sind so leuchtkräftig, dass sie auch aus enormer Entfernung noch auszumachen sind. Insofern brechen wir zum Schluss mit der bisherigen »Gewohnheit«, ausschließlich Sterne vorzustellen, und nehmen eine ganze Galaxie ins Visier.

Auch bei diesem Objekt handelt es sich um einen Rekordhalter. UDFy-38135539, so sein Name, ist die am weitesten entfernte Galaxie, die man bisher gefunden hat. Sie leuchtet im Sternbild Chemischer Ofen, das nur von der Südhalbkugel aus zu sehen ist. Entdeckt hat man die Galaxie 2009 in einer mit dem Hubble-Teleskop gemachten Aufnahme extrem ent-

Abb. 48: In der vom Hubble-Weltraumteleskop 2009 gemachten Infrarotaufnahme des fernen Himmels ist die bereits 600 Millionen Jahre nach dem Urknall entstandene Galaxie UDFy-38135539 gerade noch zu erkennen (Bildausschnitt links oben). Mittlerweile hat man jedoch eine Galaxie entdeckt (UDFj-39546284), die nochmals 150 Millionen Jahre älter ist.

fernter Galaxien, dem sogenannten Hubble Ultra Deep Field (HUDF). Um die aufgrund ihrer Entfernung sehr lichtschwachen Galaxien »ablichten« zu können, musste das HUDF-Bild ungewöhnlich lange belichtet werden. Insgesamt 11 Tage und 7 Stunden starrte Hubble auf denselben Himmelsbereich (Abb. 48).

Mit etwa einem Zehntel des Milchstraßendurchmessers ist UDFy-38135539 eine relativ kleine Galaxie. Rund eine Milliarde Sterne zählen zu diesem Sternverband. Ihre Gesamtmasse wird von den Astronomen auf höchstens 1 Prozent derjenigen unserer Galaxis, der Milchstraße, geschätzt. Die Sterne dieser Galaxie müssen also deutlich kleiner und masseärmer als »unsere« sein. Was die Galaxie UDFy-38135539 jedoch so interessant macht, ist ihre enorme Entfernung. Ihr Licht hat 13,1 Milliarden Jahre gebraucht, um zu uns zu kommen. Da das Universum 13,7 Milliarden Jahre alt ist, müssen die Sterne dieser Galaxie rund 600 Millionen Jahre nach dem Urknall schon geleuchtet haben. Aufgrund der fortwährenden Expansion des Universums ist UDFy-38135539 heute rund 30 Milliarden Lichtjahre von uns entfernt.

Interessanter noch als die Entfernung ist die Tatsache, dass UDFy-38135539 Auskunft geben kann über den Zustand des Kosmos 600 Millionen Jahre nach dem Urknall. Blenden wir kurz zurück in eine Zeit, als das Universum noch viel jünger war. Rund 400 000 Jahre nach dem Urknall war die Temperatur im Kosmos bereits auf circa 3000 Grad abgesunken, und die Photonen hatten nicht mehr ausreichend Energie, um eine Vereinigung der Atomkerne mit Elektronen zu ganzen Atomen zu verhindern. Ab da bestand die Materie fast ausschließlich aus atomarem Wasserstoff und Helium. Da das Universum jedoch immer weiter expandierte, wurde es im All immer kälter, und die Wellenlängen des Lichts wurden mehr und mehr gedehnt, will heißen, zu längeren Wellenlängen verschoben. Wenige Millionen Jahre nach dem Urknall waren die Wellenlängen schließlich völlig in den für das menschliche Auge unsichtbaren infraroten Bereich des elektromagnetischen Spektrums gerutscht, und das »Dunkle Zeitalter« des Universums begann. Erst als rund 200 Millionen Jahre später die ersten Sterne auftauchten und wieder sichtbares Licht in den Kosmos brachten, ging diese finstere Zeit zu Ende.

Da die ersten Sterne hohe Oberflächentemperaturen aufwiesen, strahlten sie nicht nur im Bereich des sichtbaren Spektrums, sondern sie emittierten insbesondere hochenergetisches ultraviolettes Licht, sogenannte UV-Strahlung. Diese Strahlung ist so energiereich, dass sie einem neutralen Wasserstoffatom das Elektron entreißen kann, ein Prozess, den man auch als »Ionisation« bezeichnet. Zunächst bildeten sich nur kleine Blasen ionisierten Wasserstoffs um die ersten Sterne. Als jedoch immer mehr Sterne aufflammten, wuchsen die Blasen zusammen, und es entstanden riesige Areale ionisierten Wasserstoffs. Die Astronomen bezeichnen diesen Vorgang als »Re-Ionisation« des Universums. Re-Ionisation deshalb, weil der Wasserstoff bis zu dem Zeitpunkt, als sich die Elektronen mit den Atomkernen zu neutralen Atomen vereinigten, schon mal ionisiert war. Berechnungen zufolge setzte die Re-Ionisation etwa 150 Millionen Jahre nach dem Urknall ein und ging rund 850 Millionen Jahre später zu Ende.

Durchläuft das Licht eines Sterns auf seinem Weg zu uns Wolken neutralen Wasserstoffs, so werden insbesondere die Photonen absorbiert, die ausreichend Energie besitzen, um die Wasserstoffatome zu ionisieren. Es werden aber auch Photonen mit exakt der Energie absorbiert, die nötig ist, um das Wasserstoffatom aus dem Grundzustand in einen angeregten Zustand zu versetzen, das heißt, das Elektron des Wasserstoffatoms auf eine höhere Schale zu heben. Beim Wasserstoff sind das insbesondere Photonen mit einer Wellenlänge von $121{,}6 \times 10^{-9}$ Metern, sogenannte Lyman-α-Photonen. Diese Photonen werden vollständig absorbiert, was zur Folge hat, dass kein Licht dieser Wellenlänge beim Beobachter ankommt. Das Spektrum des Sterns zeigt bei dieser Wellenlänge eine Lücke. Man bezeichnet das auch als »Gunn-Peterson-Effekt«. Ist jedoch der Wasserstoff zwischen Stern und Beobachter bereits ionisiert, zeigt sich die Lyman-α-Linie in voller Stärke.

Eine Gruppe von Astronomen um Matthew D. Lehnert am Observatorium der Universität von Paris hat im Spektrum der Galaxie UDFy-38135539 nach dieser Linie gesucht. Dabei galt es zu bedenken, dass die Linie bei ihrer ursprünglichen Wellenlänge nicht zu finden sein wird. Da sich das Universum seit dem Aufleuchten der Sterne in UDFy-38135539 ausgedehnt hat, hat sich auch die Wellenlänge der Lyman-α-Linie vom UV-Bereich des elektromagnetischen Spektrums stark in den IR-Bereich verschoben, und zwar von $121{,}6 \times 10^{-9}$ Metern zu $1161{,}6 \times 10^{-9}$ Metern. Dort hat man die Linie auch gefunden, allerdings nur schwach ausgeprägt. Das deutet darauf hin, dass die Galaxie UDFy-38135539 zeitlich inmitten der Re-Ionisationsepoche entstanden sein muss. Wäre sie später entstanden, wäre die Lyman-α-Linie voll ausgeprägt gewesen, da das Licht auf dem Weg zu uns keine Verluste durch Absorptionsprozesse erlitten hätte.

Damit gehört UDFy-38135539 zu den ersten Galaxien, die dazu beigetragen haben, den für UV-Licht undurchdringlichen »Nebel« im frühen Kosmos aufzulösen. Den Radius der Blase ionisierten Wasserstoffs um UDFy-38135539 schätzen die Astronomen auf 300 000 bis 1,5 Millionen Lichtjahre. Berechnungen zufolge ist die Blase jedoch zu klein gewesen, um den Lyman-α-Photonen freie Bahn zu verschaffen. Unter diesen Umständen hätte man die Lyman-α-Wellenlänge nicht beobachten können. Daraus schließen die Astronomen, dass UDFy-38135539 nicht die einzige Galaxie ist, die bereits so kurz nach dem Urknall existierte, sondern dass es noch andere Galaxien gibt, die geholfen haben, das Wasserstoffgas zu ionisieren. Vermutlich haben sie weniger Sterne und sind daher zu leuchtschwach, um mit den gegenwärtigen Teleskopen entdeckt zu werden. Vielleicht gelingt das mit dem James-Webb-Weltraumteleskop, das 2013 als Nachfolger des Hubble-Weltraumteleskops in eine Erdumlaufbahn gebracht werden soll. Angeblich wird es so lichtstark sein, dass damit sogar Galaxien »fotografiert« werden können, die vor 13,4 Milliarden Jahren zu leuchten begannen, also nur 300 Millionen Jahre nach dem Urknall.

Nachschlag:

Wie zu Beginn des Kapitels bereits beklagt: Nichts ist von Dauer. Und so informierte das ESO (European Southern Observatory) am 21. Juli 2010 über einen soeben entdeckten Stern, der gleich in mehrfacher Hinsicht alle bisherigen Rekorde bricht. Entdeckt wurde er mit mehreren Teleskopen des Very Large Telescope (VLT) der ESO in Chile. Der Stern, um den es geht, hat den schönen Namen R136a1 und befindet sich in 165 000 Lichtjahren Entfernung im Tarantel-Nebel in der Großen Magellanschen Wolke (Abb. 49). Beobachtungen haben ergeben, dass R136a1 rund eine Million Jahre alt ist und vermutlich mit einer Masse von rund 320 Sonnenmassen »geboren« wurde. Da derart massereiche Sterne gewaltige Sternwinde entwickeln, das heißt, Materie in Form von geladenen Teilchen von ihrer Oberfläche abblasen, hat R136a1 mittler-

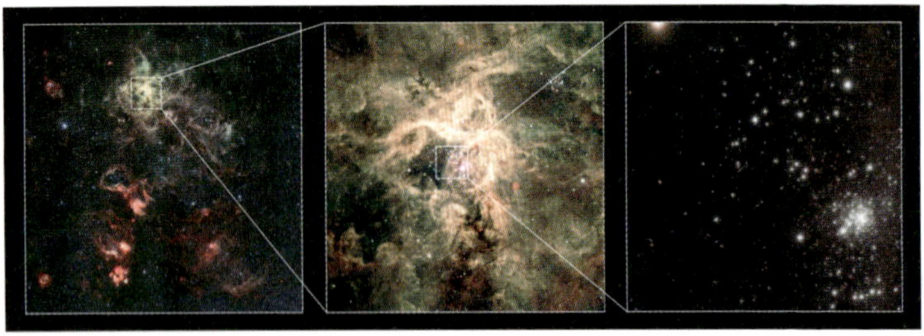

Abb. 49: Der Tarantel-Nebel in der Großen Magellanschen Wolke, einer 165 000 Lichtjahre entfernten Nachbargalaxie unserer Milchstraße. In dem zum Nebel gehörenden Sternhaufen R136 leuchtet der gegenwärtig massereichste Stern R136a1.

weile bereits etwa 55 Sonnenmassen an Substanz verloren, so dass er gegenwärtig »nur« noch die 265-fache Masse unserer Sonne besitzt. Könnte man R136a1 an die Stelle unserer Sonne setzen, so würde er die Erde so stark anziehen, dass sie für einen Umlauf nur rund drei Wochen benötigen würde. Natürlich dürfte der Stern nicht so groß sein, dass er über die Erdbahn hinausreicht. Aufgrund seiner Oberflächentemperatur von mehr als 40 000 Grad emittiert der Stern

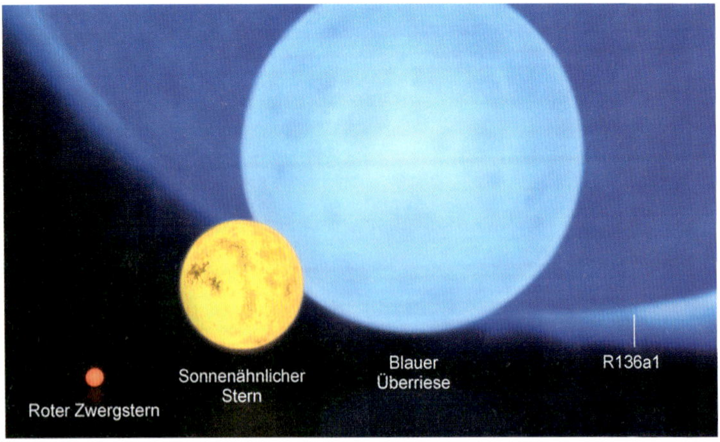

Abb. 50: Aufgrund seiner enormen Masse von rund 265 Sonnenmassen übertrifft der Stern R136a1 hinsichtlich Größe und Leuchtkraft die meisten bekannten Sterne.

auch enorme Mengen an UV-Strahlung, die alles Leben auf der Erde abtöten würde. Was die Leuchtkraft von R136a1 anbelangt, so glauben seine Entdecker, dass er mit seinen fast 10 Millionen Sonnenleuchtkräften nicht nur der massereichste, sondern auch der hellste bisher entdeckte Stern ist. Dem widersprechen – siehe oben – die Angaben zum Stern LBV 1806-20. Vielleicht haben die Astronomen ja auch R136a1 mit LBV 1806-20 verglichen, als sich dieser gerade in der Phase seines Helligkeitsminimums befand (Abb. 50).

Wie ein Stern solcher Größe entstehen konnte, darüber rätseln die Astronomen ebenfalls. Vielleicht wurde R136a1 ja auch gar nicht als Einzelstern geboren, sondern es haben sich mehrere kleinere Sterne zu diesem Riesen zusammengefunden. Wie auch immer diese Frage beantwortet werden wird: Die Geschichte der Sternentstehung ist damit noch lange nicht zu Ende geschrieben.

Kapitel 11

Quasi ein Stern

Ein Fremdwörterlexikon ist eine feine Sache. Man erfährt beispielsweise, dass das Wort »quasi« seinen Ursprung im Lateinischen hat und so viel bedeutet wie: sozusagen, gewissermaßen, gleichsam. Das »quasi« bringt zum Ausdruck, dass zwischen zwei Dingen eine scheinbare Ähnlichkeit besteht, obwohl sie in Wirklichkeit grundlegend verschieden sind. Auch in der Astronomie begegnet man diesem »quasi«. Es versteckt sich in dem Begriff »Quasar« (quasistellare Radioquelle) und im Kürzel »QSO« (quasistellares Objekt). Obwohl sich diese Strahlungsquellen in der Intensität ihrer Emission im Radiobereich deutlich unterscheiden, beiden aber der gleiche Mechanismus zugrunde liegt, hat es sich eingebürgert, auch die QSOs unter dem Überbegriff »Quasar« zu versammeln. Im Folgenden wird daher nur noch von Quasaren die Rede sein.

Was aber sind Quasare, und was ist das für ein Mechanismus, der sie befeuert? Aufgefallen sind diese Objekte in den 60er-Jahren des vergangenen Jahrhunderts aufgrund ihrer starken Emission von Radiostrahlung. Als man jedoch diese Radioquellen im Bereich des sichtbaren Lichts unter die Lupe nahm, sahen sie aus wie Sterne. Winzige Lichtpunkte, deren Struktur auch mit den besten Teleskopen nicht aufzulösen war. Der Quasar 3C-273 in der Konstellation Jungfrau war eines der ersten dieser mysteriösen Objekte, die man zunächst für einen Stern hielt (Abb. 51). 1963 haben die Astronomen Maarten Schmidt und Bev Oke mit dem berühmten Fünf-Meter-Spiegelteleskop am California Institute of Technology seine Entfernung auf 2,1 Milliarden Lichtjahre bestimmt. Das sind rund 20 000 Milliarden Milliarden Kilometer. Man sieht den Quasar also so, wie er vor 2,1 Milliarden Jahren war. Mit anderen Worten: Je weiter ein Objekt entfernt ist, umso weiter blickt man in der Zeit zurück, in eine Zeit, zu der das Universum noch jünger und kleiner war. Der aktuell am weitesten entfernte Quasar SDSS J1148+5251 stammt aus einer Zeit, als das Universum gerade mal rund 800 Millionen Jahre alt war und eine Größe von nur etwa 14 Prozent seiner heutigen Ausdehnung hatte. Quasare sind demnach sehr alte Objekte, die zum Teil schon im noch jungen Universum entstanden sind. Tausende hat man mittlerweile entdeckt.

Mit der für den Quasar 3C-273 ermittelten Entfernung konnte man auch seine Leuchtkraft im sichtbaren Bereich des elektromagnetischen Spektrums berechnen. Das Ergebnis: 3C-273 ist so hell wie 5000 Milliarden Sterne vom »Format« unserer Sonne! Oder anders ausgedrückt: Die Leuchtkraft des Quasars entspricht in etwa der vereinten Leuchtkraft von rund 100 Galaxien mit je 100 Milliarden Sternen. Die leuchtkräftigsten Quasare können sogar mit dem Licht von 100 000 Milchstraßen konkurrieren! Noch erstaunlicher ist die Größe dieser Objekte. Man bestimmt ihre Ausdehnung, indem man die Helligkeitsschwankungen der Quasare in Abhängigkeit von

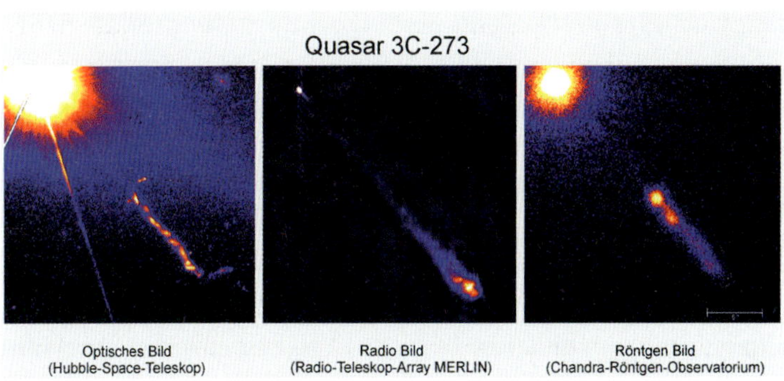

Abb. 51: Der Quasar 3C-273 und sein Materie-Jet. Die Bilder veranschaulichen die unterschiedliche Strahlungsintensität des Quasars im Optischen, im Radio- und im Röntgenbereich des elektromagnetischen Spektrums.

der Zeit registriert. Bis sich die Leuchtkraft des Objekts auf einen neuen niedrigeren oder auch höheren Wert einpendelt, vergehen manchmal nur Stunden. Man hat aber auch Perioden von mehreren Monaten beobachtet. Da man die Geschwindigkeit kennt, mit der sich das Licht ausbreitet, kann man daraus auf die Größe des Emissionsgebiets schließen. Folglich haben die kleinsten Areale, aus denen die ungeheure Strahlungsleistung entspringt, Abmessungen von nur einigen astronomischen Einheiten (1 AE = 150 Millionen Kilometer). Andere sind in etwa so groß wie unser Sonnensystem. Doch auch die Ausdehnungen, für die das Licht mehrere Monate braucht, um sie zu durchmessen, sind immer noch rund 100 000-mal kleiner als eine mittlere Galaxie.

Lange Zeit war nicht klar, wo diese Objekte beheimatet sind. Sind sie kosmische »Einzelgänger«, oder sind sie »Anhängsel« von Galaxien? Hier war insbesondere der Quasar 3C-48 hilfreich. Vier Milliarden Lichtjahre ist er von uns entfernt, und wie der Quasar 3C-273 gehört er zu den ersten, die sich durch ihre Radiostrahlung bemerkbar gemacht haben und die man später auch im sichtbaren Licht identifizieren konnte. 1982 gelang es Allan Sandage und Thomas Matthews, in der gleichen Entfernung ein schwach leuchtendes, nebelartiges Gebilde um 3C-48 auszumachen. Damit schien sich der schon lange gehegte Verdacht zu bestätigen, dass Quasare die hellen Kerne von Galaxien bilden. Schließlich lieferten Aufnahmen, die 1996 mit dem Hubble-Weltraumteleskop gemacht wurden, den letzten Beweis. Sie zeigen einige Quasare inmitten ihrer »Wirtsgalaxien«. Prinzipiell kommen alle Galaxientypen als Heimatgalaxie infrage. Die meisten Quasare hat man jedoch in alten, sogenannten elliptischen Galaxien entdeckt (Abb. 52).

Damit stellt sich die Frage: Woher kommen die ungeheuren Energiemengen, die diese Objekte freisetzen, die den Quasaren eine so unglaublich hohe Leuchtkraft verleihen? Sterne können dafür nicht verantwortlich gemacht werden. Man kann ausrechnen, dass man etwa eine Milliarde extrem leuchtkräftige Sterne in einen Würfel von etwa 10^{12} Kilometer Kantenlänge

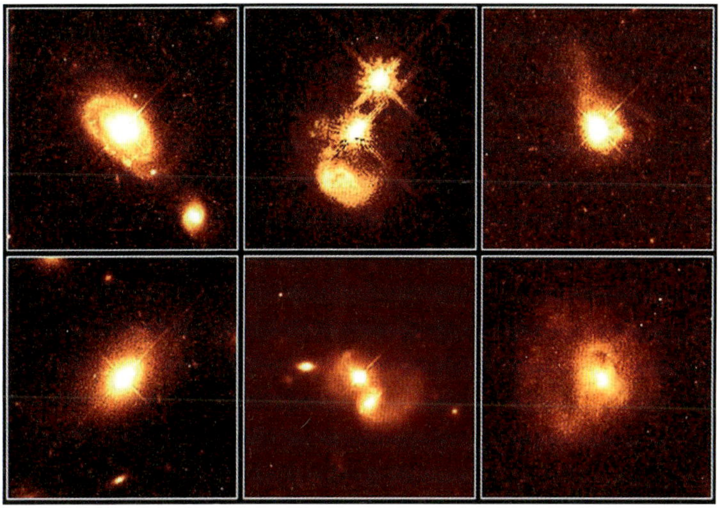

Abb. 52: Quasare kommen in nahezu allen Galaxientypen vor. Das Spektrum der Wirtsgalaxien reicht von normalen Spiralgalaxien bis hin zu irregulären oder gerade miteinander kollidierenden Galaxien. Beispielsweise zeigt der Ausschnitt links unten den Quasar PHL 909 in einer augenscheinlich normalen, elliptischen Galaxie. Der Quasar IRAS04505-2958 bezieht seine Materie vermutlich aus dem »Abfall« des Verschmelzungsprozesses zweier Galaxien, die mit einer Geschwindigkeit von 1,5 Millionen Kilometern pro Stunde aufeinander zulaufen (Bildausschnitt obere Reihe, Mitte).

zusammenpacken müsste, um beispielsweise die Leuchtkraft des Quasars 3C-273 zu erhalten. Da in dieser Konstellation der Abstand zwischen den Sternen nur rund drei Sonnenradien betrüge, würde ein derartiger »Sternhaufen« in wenigen Millionen Jahren zu einem Schwarzen Loch kollabieren.

Die Energiequelle eines Quasars muss sich daher prinzipiell von der eines Sterns unterscheiden. Die längste Zeit ihres Lebens gewinnen Sterne ihre Energie, indem sie Wasserstoff zu Helium verschmelzen. Entsprechend der bekannten Einsteinschen Gleichung $E = mc^2$ wird dabei nur der Bruchteil von 0,7 Prozent in Energie umgewandelt. Um die Leuchtkraft eines Quasars sicherzustellen, ist das jedoch viel zu wenig. Quasare »leben« von einem Mechanismus, den man als »Akkretion« bezeichnet, das heißt, ein Objekt zieht aufgrund seiner Gravitationskraft Materie aus der Umgebung in einer um das Objekt rotierenden Materiescheibe zusammen. Akkretion ist um ein Vielfaches effizienter als das thermonukleare »Verbrennen« von Wasserstoff. Je nach Art des »Akkretors« können dabei bis zu 40 Prozent der aufgesammelten Materie in Strahlungsenergie umgewandelt werden. Wie diese »Maschinen« funktionieren, weiß man erst seit den 70er-Jahren des vergangenen Jahrhunderts. Die Theorie dazu wurde in den Jahren 1964 bis 1969 von den sowjetischen Astrophysikern Yakov B. Zeldovich und Igor D. Novikov sowie dem österreichisch-australisch-amerikanischen Kernphysiker Edwin E. Salpeter und dem britischen Astrophysiker Donald Lynden-Bell entwickelt.

Der eigentliche »Motor« eines Quasars ist ein supermassives Schwarzes Loch von bis zu zehn Milliarden Sonnenmassen, das Materie aus seiner Umgebung akkretiert. Gefüttert wird das Schwarze Loch aus einem aus kaltem Staub bestehenden Gebilde, dem sogenannten Staubtorus, dessen Form dem Schlauch in einem Autoreifen ähnelt und der das Schwarze Loch in einer Entfernung von einigen Lichtjahren wie ein Rettungsring umgibt. Die in dem Torus versammelte Materie speist sich im Wesentlichen aus dem Gas der Galaxie, die den Quasar beheimatet, und aus dem Staub von Sternen, die gegen Ende ihres Lebens einen Großteil ihrer Masse durch Sternwinde in den Raum hinausblasen. Bis zu 100 Millionen Sonnenmassen kann ein Staubtorus enthalten. Vom Innenrand des Torus »fließt« Materie spiralförmig in Richtung des zentralen Schwarzen Lochs und bildet dort die eigentliche Akkretionsscheibe, die wiederum in Korona und Scheibe zerfällt. In der Korona, dem hantelförmigen Gebilde unmittelbar um das Schwarze Loch, ist das Gas relativ dünn und sehr heiß, in der Scheibe hingegen sehr dicht, hat dort aber eine etwas niedrigere Temperatur (Abb. 53).

Die Strahlung des Quasars entsteht vornehmlich in der Akkretionsscheibe, und zwar auf zweierlei Weise. Beim Transport der Materie von außen nach innen heizt sich das Gas durch Reibung auf Temperaturen von einigen zehn Millionen Grad

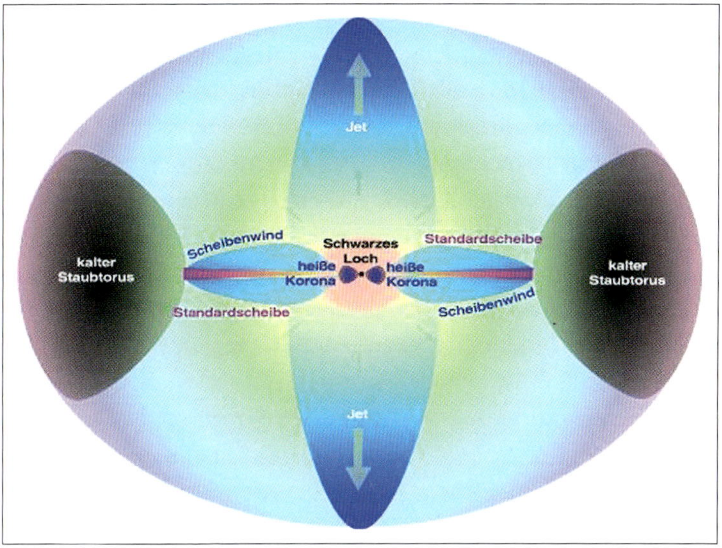

Abb. 53: Schematische Darstellung der »Elemente« eines Quasars.

auf. Da alle Körper, ob kalt, warm oder heiß, elektromagnetische Wellen abstrahlen, »leuchtet« auch dieses Gas. Dabei hängt die Energie der Strahlung von der Temperatur des Körpers ab: je höher die Temperatur, desto energiereicher die Strahlung. Im Jahr 1900 konnte der Physiker Max Planck diesen Zusammenhang erstmals in eine Formel fassen. Demnach emittiert jeder Körper nicht nur Licht einer bestimmten Wellenlänge beziehungsweise einer bestimmten Energie, sondern ein ganzes Wellenlängenspektrum. Die Summe aller Wellenlängen, also die gesamte von einem Körper emittierte Strahlung, bezeichnet man auch als »Schwarzkörperstrahlung«. In gleicher Weise ist auch das Gas der Akkretionsscheibe ein Schwarzer Körper und emittiert thermische Strahlung. Aufgrund der uneinheitlichen Temperatur in der Akkretionsscheibe überdeckt die Strahlung einen großen Wellenlängenbereich.

Die andere Art, wie in einem Quasar Strahlung erzeugt wird, ist nichtthermischer Natur. Hier fungiert kein heißes Plasma als Schwarzer Körper, vielmehr hat die Strahlung ihre Ursache in starken Magnetfeldern. Werden nämlich elektrisch geladene Teilchen durch Magnetfelder abgelenkt, emittieren sie sogenannte Synchrotronstrahlung. Der Name geht zurück auf einen in der Hochenergiephysik verwendeten speziellen Typ eines Teilchenbeschleunigers, das Synchrotron. Dort werden die Teilchen mithilfe starker Elektromagnete auf eine kreisförmige Bahn gelenkt, was einer Beschleunigung in Richtung Kreismittelpunkt entspricht. Die dabei entstehende Synchrotronstrahlung wird, je nach Teilchengeschwindigkeit, mehr oder weniger direkt in Flugrichtung emittiert. In einem Quasar sind es vornehmlich Elektronen, die durch starke Magnetfelder eine Beschleunigung erfahren. Auch laufen diese Teilchen nicht im Kreis, sondern sie bewegen sich auf spiralförmigen Bahnen um die Magnetfeldlinien fort. Der Effekt ist jedoch der gleiche. Die intensive, niederenergetische Radiostrahlung, welche die Quasare so auffällig macht, ist daher nichts anderes als Synchrotronstrahlung.

Auf Umwegen liefert diese »Radiosynchrotronstrahlung« auch einen Beitrag zu der von einem Quasar ausgehenden hochenergetischen Röntgen- und Gammastrahlung. Denn die Träger der elektromagnetischen Strahlung, die Photonen, können mit den Elektronen des Plasmas der Akkretionsscheibe in Wechselwirkung treten. Physiker sagen dazu: Die Photonen werden an den Elektronen gestreut. Bekannt ist dieser Vorgang unter dem Namen »Compton-Effekt« oder auch »Compton-Streuung«. Beim »normalen« Compton-Effekt wird ein Photon hoher Energie an einem Elektron gestreut, wobei ein Teil der Photonenenergie auf das Elektron übertragen wird. Beim umgekehrten Prozess, den man auch als »inverse Compton-Streuung« bezeichnet, erhöht sich die Energie eines niederenergetischen Photons auf Kosten der Energie eines Elektrons. Auf diese Weise werden niederenergetische Radiophotonen des Quasars zu hochenergetischer Röntgen- und sogar Gammastrahlung transformiert. Diese sogenannte Comptonisierung der Radiostrahlung macht sich im Spektrum eines Quasars deutlich bemerkbar.

Zusammengefasst überdeckt die von einem Quasar emittierte Strahlung einen Wellenlängenbereich, der von der Radiostrahlung über sichtbares und ultraviolettes Licht bis hin zu hochenergetischer Röntgen- und Gammastrahlung reicht. Die Quelle insbesondere der hochenergetischen, thermischen Strahlung ist die extrem heiße Korona. Dort wird aber auch Synchrotronstrahlung freigesetzt. Je weiter man sich vom Schwarzen Loch entfernt, desto kühler wird das Gas der Akkretionsscheibe, so dass in den äußeren Bereichen vermutlich die Erzeugung von Strahlung durch den Synchrotroneffekt überwiegt. Dass das Schwarze Loch im Zentrum des Quasars mit Materie gefüttert werden muss, um diese gigantische Strahlungsmenge hervorzubringen, wurde schon erwähnt. Auch, dass dazu das Materiereservoir des umgebenden Staubtorus angezapft wird. Kennt man die Leuchtkraft des Quasars, so kann man dessen Nahrungsbedarf berechnen. Beispielsweise benötigt der Quasar 3C-273 rund 20 Sonnenmassen pro Jahr, um seine Leuchtkraft aufrechtzuerhalten. Das geht so lange gut, bis der Materievorrat im Torus erschöpft ist. Doch wie lange ein Quasar wirklich aktiv ist, kann man derzeit nur schätzen. Eine Lebensdauer von rund zehn Millionen Jahren gilt als anerkannter Richtwert. Es ist jedoch nicht unwahrscheinlich, dass ein Quasar später erneut zündet. Beispielsweise könnte eine äußere Störung Umstrukturierungen in der Wirtsgalaxie verursachen und neues »Futter« heranführen. Sehr wahrscheinlich war auch das 3,6 Millionen Sonnenmassen schwere Schwarze Loch im Zentrum unserer Milchstraße einst aktiv. Für einen leuchtkräftigen Quasar ist dessen Masse allerdings zu klein.

Ein wesentliches Merkmal der Quasare blieb bisher noch unerwähnt. Gemeint sind die sogenannten Jets. Nicht alle Materie, die das Schwarze Loch akkretiert, wird verschluckt. Einem Teil gelingt es, der Anziehungskraft des Schwarzen Lochs zu entkommen. Jets sind gigantische Materieausflüsse, die beiderseits der Akkretionsscheibe in entgegengesetzte Richtungen Tausende, manchmal sogar Millionen Lichtjahre weit in den Raum hinausschießen (Abb. 54). Nicht immer sind beide Jets

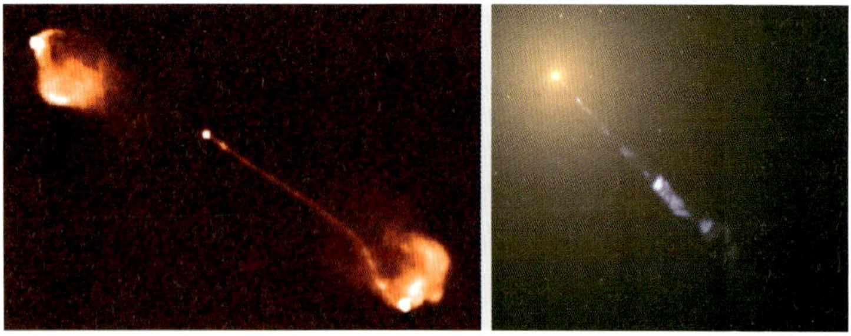

Abb. 54: Links: die von dem Quasar 3C-175 (weißer Punkt in der Bildmitte) in entgegengesetzte Richtungen in den Raum hinausschießenden Materie-Jets. Rechts: der von dem zentralen Schwarzen Loch im Zentrum der Galaxie M87 ausgehende Jet.

gleich stark. Häufig ist nur einer gut ausgebildet, manchmal fehlt der zweite ganz. Gefüttert werden die Jets von der Akkretionsscheibe des Quasars. Wie die Jets entstehen, glaubt man mittlerweile verstanden zu haben. Eine entscheidende Rolle spielen dabei wieder Magnetfelder, die mit dem Akkretionsfluss an das Schwarze Loch herantransportiert werden. Aufgrund der Rotation des Schwarzen Lochs werden die Magnetfelder wie Seile zu einem Zopf mehr und mehr verdrillt. Schließlich sind sie so dicht verschlungen, dass sich Felder entgegengesetzter Polarität berühren. In diesem Moment kommt es zu einem magnetischen Kurzschluss. Dabei wird die in den Feldern gespeicherte Energie schlagartig freigesetzt und in Form von Bewegungsenergie auf die elektrisch geladenen Teilchen der Akkretionsscheibe übertragen. Aufgrund ihrer so gewonnenen hohen kinetischen Energie gelingt es den Teilchen, der Anziehung des Schwarzen Lochs zu entkommen. Zusammengeschnürt von Magnetfeldern, strömt der »Ausfluss« mit annähernd Lichtgeschwindigkeit als eng gebündelter Materiestrahl hinaus in den Raum.

Auch die Jets geben Strahlung ab, die von den Radiowellen über das sichtbare und UV-Licht bis hin zur Röntgenstrahlung reicht. Wie diese Strahlung entsteht, ist noch nicht vollständig geklärt. Momentan werden zwei Theorien gehandelt.

Zum einen setzt man wieder auf die schon besprochene Synchrotronstrahlung, die ihren Ursprung in der Beschleunigung hochenergetischer Jetteilchen in Magnetfeldern hat. Die andere Theorie führt die Strahlung auf die ebenfalls schon bekannte Comptonisierung niederenergetischer Photonen zurück. Die Photonen, die für diesen Effekt gebraucht werden, stammen jedoch nicht aus dem Jet, sondern werden von außerhalb »zugeführt«. Infrage kommen insbesondere die Photonen der allgegenwärtigen sogenannten kosmischen Hintergrundstrahlung. Das muss kurz erklärt werden. Manche sagen: Die kosmische Hintergrundstrahlung ist das Echo des Urknalls. Schön formuliert, aber wenig Information. Eigentlich stammt diese Strahlung aus der Zeit 380 000 Jahre nach dem Urknall. Bis dahin waren die Photonen im Kosmos in einem steten Wechselspiel von Absorption und Emission eng an die Materie gekoppelt. Das heißt, sie wurden von den Atomen absorbiert, wobei Elektronen freigesetzt wurden. Im Gegenzug fingen sich die Atomkerne wieder Elektronen ein, wobei Photonen emittiert wurden. Dieses Spiel ging so lange gut, bis die Temperatur durch die fortwährende Ausdehnung des Universums so weit gesunken war, dass die Photonen nicht mehr genug Energie hatten, um die Atome zu ionisieren, das heißt, ihnen Elektronen zu entreißen. Die Strahlung hatte sich von der Materie abgekoppelt, und die Photonen konnten sich ungehindert ausbreiten. Da dieser Prozess simultan überall im Universum ablief, entstand ein in alle Richtungen bis auf winzige Schwankungen gleichmäßiger Strahlungshintergrund. Aufgrund der unaufhaltsamen Expansion des Universums hat sich die Strahlung mittlerweile in den Bereich der Mikrowellen verschoben. Den Kosmologen dient sie heute als Beweis für die Theorie eines heißen Urknalls, und sie gibt Auskunft über die Materieverteilung im frühen Universum sowie über grundlegende Parameter unseres Universums.

Vermutlich sind es also diese niederenergetischen Photonen der Hintergrundstrahlung, welche im Jet durch den inversen Compton-Effekt in den hochenergetischen Bereich der Röntgenstrahlung gestreut werden. Neue Beobachtungen am Jet des Quasars 3C-273 geben jedoch weitere Rätsel auf (Abb. 55). So glauben Forscher festgestellt zu haben, dass die hochenergetischen Elektronen, die im Jet für die Entstehung der Röntgenstrahlung verantwortlich sind, eine Lebensdauer von nur etwa 100 Jahren haben. Ab da besitzen sie nicht mehr ausreichend Bewegungsenergie, um Synchrotronstrahlung zu erzeugen. Das würde bedeuten, dass die Elektronen, auch wenn sie mit Lichtgeschwindigkeit von der Akkretionsscheibe loslaufen, nur 100 Lichtjahre weit vorankämen. Der Jet von 3C-273 erstreckt sich jedoch über rund 100 000 Lichtjahre! Entlang des gesamten Strahls müsste es folglich weitere Quellen für hochenergetische Teilchen geben. Das könnten Schockfronten sein, wo ultraschnelles Jetgas auf langsamere Jetmaterie trifft und sie aufheizt. Vielleicht sorgen aber auch elektrische Felder für eine mehrmalige Nachbeschleunigung der von der Akkretionsscheibe kommenden Teilchen. Bis Klarheit herrscht, welche Prozesse wirklich ablaufen, wird es wohl noch eine Weile dauern.

Abschließend noch ein kurzer Blick über den Tellerrand. Streng genommen sind Quasare nur die extremen Vertreter einer großen Klasse von Objekten, die man als »aktive galaktische Kerne« bezeichnet oder kurz als »AGN« (englisch: »ac-

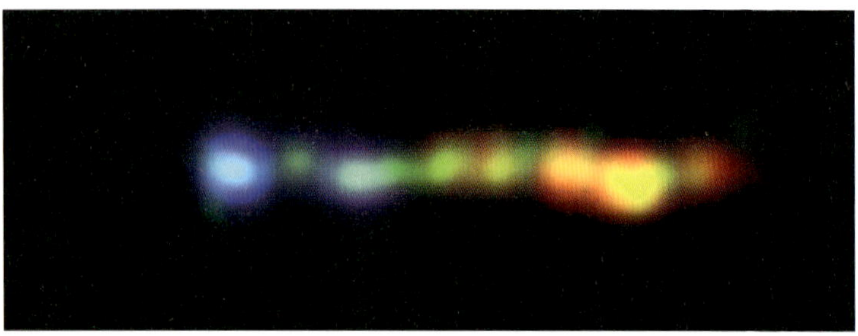

Abb. 55: Der Jet des Quasars 3C-273 erstreckt sich über mehr als 100 000 Lichtjahre. Die von den einzelnen Abschnitten des Jets emittierte Strahlung ist farblich kodiert (blau: Röntgenstrahlung, grün: sichtbares Licht, rot: Infrarotstrahlung). In den gelben Bereichen überlappen sichtbare und IR-Strahlung.

tive galactic nuclei«). Das Wort »aktiv« besagt, dass man es mit einer Quelle starker elektromagnetischer Strahlung zu tun hat, und das »G« in AGN deutet darauf hin, dass diese Objekte in den Zentren von Galaxien zu finden sind. Neben den Quasaren umfasst die Gruppe der AGNs noch Radiogalaxien, Seyfert-Galaxien und Blazare. Allen ist gemeinsam, dass sie Energie aus der Akkretion von Materie auf ein Schwarzes Loch gewinnen. Letztlich bestimmen die Masse des Schwarzen Lochs und die Akkretionsrate, wie hoch die Strahlungsleistung eines AGN in den unterschiedlichen Wellenlängenbereichen ausfällt.

Radiogalaxien zeigen im Radiobereich eine enorme Leuchtkraft, weshalb man sie, wie übrigens auch die Quasare, als »radiolaut« bezeichnet. Ihre Leuchtkraft im sichtbaren Bereich des elektromagnetischen Spektrums ist dagegen eher bescheiden. Die Radiostrahlung dieser Typen entsteht als Synchrotronstrahlung in sogenannten Radiokeulen, den nahezu kugelförmigen Emissionsgebieten, die an den Enden extrem langer, oft weit über die Galaxie hinausreichender Jets sitzen. Noch ist rätselhaft, wie die für die Synchrotronstrahlung nötigen ultraschnellen Elektronen über die lange Jetbrücke von der Akkretionsscheibe bis zu den Strahlungskeulen transportiert werden.

Im Gegensatz zu Radiogalaxien sind Seyfert-Galaxien von geringer Radioleuchtkraft, weshalb sie auch das Attribut »radioleise« verdienen. Ihren Namen haben sie von dem Astronomen Carl Seyfert, der sie Anfang der 40er-Jahre des vergangenen Jahrhunderts eingehend untersuchte. Verglichen mit den Quasaren ist ihre Gesamtleuchtkraft um Größenordnungen kleiner. Je nach dem Blickwinkel auf die Akkretionsscheibe unterteilt man Seyfert-Galaxien in zwei Typen: den Typ 1 und den Typ 2. Der Typ 1 ist so zum Beobachter ausgerichtet, dass man nahezu senkrecht zur Ebene der Akkretionsscheibe in das Zentrum des AGNs blicken kann. Der Typ 2 zeigt sich dem Beobachter von der Kante der Scheibe, so dass der Staubtorus den Blick auf das Zentrum verwehrt (Abb. 56).

Blazare gehören, wie die Quasare, zu den leuchtkräftigsten Objekten im Kosmos. Im Bereich der Gammastrahlung über-

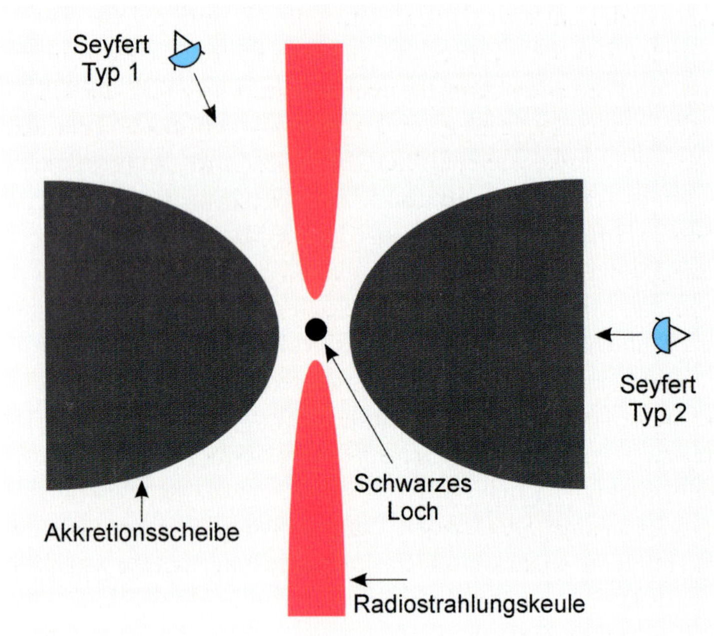

Abb. 56: Ob eine Seyfert-Galaxie vom Beobachter als Typ 1 oder Typ 2 wahrgenommen wird, hängt von der Orientierung der Galaxie relativ zum Beobachter ab.

trifft ihre Leuchtkraft sogar noch die der Quasare. Der wesentliche Unterschied zwischen einem Blazar und einem Quasar besteht in der Ausrichtung des Objekts zum Beobachter. Während man die Jets der Quasare mehr oder weniger von der Seite sieht, ist ein Blazar-Jet direkt auf den Beobachter gerichtet. Man blickt also geradewegs in den Jetstrahl. Aufgrund dessen bewegt sich die Jetmaterie mit nahezu Lichtgeschwindigkeit auf den Beobachter zu, was zu einem als »beaming« bezeichneten Effekt führt. Das bedeutet, die Strahlung wird in Bewegungsrichtung des Jets sehr eng gebündelt oder, wie man auch sagt, kollimiert. Ferner macht sich ein ausgeprägter Dopplereffekt bemerkbar. Dopplerverschiebungen sind ja nichts Außergewöhnliches. Man denke an einen Feuerwehr- oder einen Streifenwagen, der auf uns zukommt, vorbeifährt und sich wieder entfernt. Ist das Auto mit uns auf gleicher Höhe, fällt der Ton des Martinshorns abrupt in eine tiefere Tonlage. Der Grund: Bei der Annäherung des Wagens werden die Schallwellen gestaucht und beim Entfernen gedehnt, die Frequenz des Tons ist also zuerst höher, dann aber niedriger als bei einer in Ruhe befindlichen Schallquelle. Ähnlich verhält es sich mit dem Jet eines Blazars, nur dass es sich hier um elektromagnetische Wellen handelt, also um Licht, das eine Dopplerverschiebung erfährt. Bei dem auf uns zukommenden Strahl werden die Wellen »gestaucht«, das heißt in den kurzwelligen Bereich des elektromagnetischen Spektrums verschoben. Aufgrund dieser beiden Effekte erscheint die Strahlung einem irdischen Beobachter noch intensiver und hochenergetischer, als sie ohnehin schon ist.

Zum Schluss des Kapitels noch eine Anmerkung: Der Schein trügt! Denn wem die AGNs umfassend beschrieben zu sein scheinen, dem sei gesagt: Das ist nur ein Bruchteil dessen, was in der Fachliteratur über diese spektakulären Objekte zusammengetragen ist. Insbesondere die Prozesse, die zur Emission von Strahlung bei den unterschiedlichen Wellenlängen führen, sind deutlich komplexer und zum Teil auch noch gar nicht verstanden. Man kann sich also mit der Lektüre dieses Kapitels einen Überblick verschaffen, recht viel mehr aber nicht.

Kapitel 12

Urknall ade?

Müssen wir jetzt umdenken? Muss sich die Kosmologie verabschieden vom allseits akzeptierten Urknallmodell? Gab es entgegen dem derzeitigen kosmologischen Verständnis gar keinen »Big Bang«? – Das sind harte Fragen, die da auf uns zukommen und uns an der gegenwärtigen Vorstellung vom Ursprung unseres Universums zweifeln lassen. Entsprechend der aktuellen Lehrmeinung ging das Universum aus einer sogenannten Singularität hervor, aus einem Punkt, in dem die Materie unendlich dicht gepackt und unendlich heiß war. Aus diesem Anfangszustand begann sich das Universum vor 13,7 Milliarden Jahren auszudehnen, wobei der Raum entstand und die Zeit zu laufen begann. Kosmologen bezeichnen das als den »Urknall des Kosmos«.

Leider ist unser Wissen über die Entwicklung des Universums unvollständig. Was ab einem Zeitpunkt von 10^{-44} bis etwa 10^{-33} Sekunden nach dem Big Bang geschah, ist größtenteils nur wohlbegründete Spekulation. Dann, von 10^{-33} Sekunden bis etwa 1 Millionstelsekunde nach dem Urknall, glauben die Kosmologen, die Entwicklung des Kosmos im Allgemeinen verstanden zu haben. Doch erst ab einer Sekunde bis heute ist unser Wissen über den weiteren Fortgang sowohl mathematisch als auch experimentell abgesichert. Welche Zustände jedoch im Urknall und in der kurzen Zeit bis 10^{-44} Sekunden danach herrschten, davon haben wir keine Vorstellung.

Woran liegt das? Nun, »Schuld« daran hat Einsteins Allgemeine Relativitätstheorie (ART), eine Theorie der Gravitation, welche Newtons Theorie als Spezialfall mit einschließt. Sie beschreibt zum einen, wie die im Universum enthaltene Materie den Raum, besser die Raumzeit, lokal krümmt, zum anderen, wie sich die Materie in Abhängigkeit von der von ihr verursachten Raumkrümmung bewegt. Die Lösungen der Gleichungen zur ART sind äußerst komplex und größtenteils noch gar nicht vollständig verstanden. Glücklicherweise sind darunter aber auch relativ einfache Lösungen. Sie ergeben sich unter der Voraussetzung, dass der Kosmos als Ganzes isotrop (in jede Richtung gleich aussehend) und homogen (Materie in jede Richtung gleich verteilt) ist, und sie erlauben weitreichende Aussagen über die Entwicklung des Universums. Bereits Einstein hat eine spezielle Lösung seiner ART gefunden. Demnach sollte das Universum ewig und statisch sein. 1929 konnte jedoch Edwin Hubble zeigen, dass sich das Universum ausdehnt. Folglich hatte man einen ursprünglich von Einstein eingeführten Parameter, die sogenannte kosmologische Konstante λ, die die angenommene Statik des Kosmos garantieren sollte, zunächst wieder verworfen. Neue Beobachtungsergebnisse, die darauf hindeuten, dass das Universum nicht nur expandiert, sondern dass es das auch noch beschleunigt tut, haben jedoch später die erneute Einführung dieser Konstanten nötig gemacht. Damit beschreiben die Einsteinschen Gleichungen heute recht genau, wie der Kosmos im Lauf der Zeit Gestalt gewonnen hat.

So harmonisch im mathematischen Sinn diese Lösungen der Einsteinschen Gleichungen auch sind, so haben sie doch einen gravierenden »Schönheitsfehler«. Der zeigt sich, wenn man versucht, die Entwicklung des Universums zu seinem Anfang zurückzuverfolgen. Nähert man sich dem Urknall, so gelangt man allmählich zu einer immer kleineren Ausdehnung des Raums. Denn wenn sich das Universum ausdehnt, dann muss es gestern kleiner gewesen sein als heute und vorgestern noch kleiner. Schließlich gelangt man an eine ultimative Ausdehnung von 10^{-33} Zentimetern, der sogenannten Plancklänge. Spätestens ab da brechen die Gleichungen der ART zusammen und liefern physikalisch unsinnige Ergebnisse. Zum

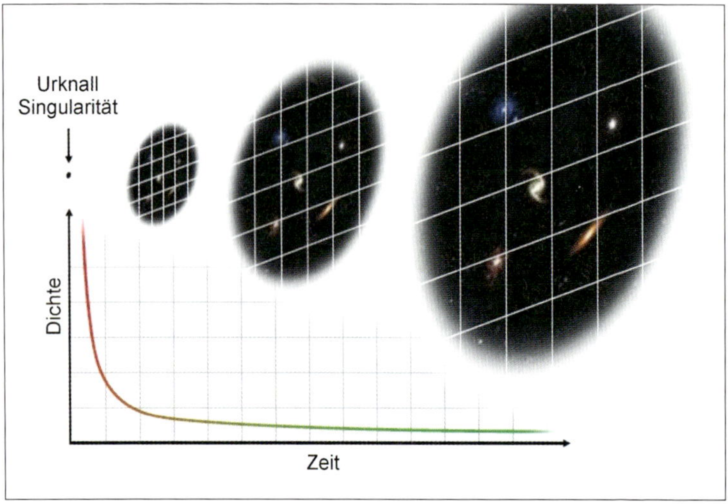

Abb. 57: Nach der klassischen Urknalltheorie geht das Universum aus einer sogenannten Singularität hervor, aus einem punktförmigen Bereich, in dem die Materie unendlich dicht gepackt und unendlich heiß ist.

Zeitpunkt null, also am Urknall, soll entsprechend den Gleichungen die gesamte Materie des Universums in einem unendlich kleinen Punkt unendlich dicht und bei unendlich hoher Temperatur vereinigt gewesen sein (Abb. 57). Für die Kosmologen ist diese sogenannte Anfangssingularität ein bohrender Stachel im Fleisch ihrer kosmologischen Modelle. Denn Unendlichkeiten kommen in der Natur nicht vor. Liefert eine Gleichung als Ergebnis einen Wert unendlicher Größe, so kann man darauf wetten, dass das Gleichungssystem nicht vollständig ist, sondern einer Ergänzung bedarf. Doch wie könnte diese Ergänzung aussehen?

Zur Beschreibung der Vorgänge und Prozesse in der Welt des Mikrokosmos, jenseits atomarer Größenordnungen, eignet sich insbesondere die 1900 von dem deutschen Physiker Max Planck begründete Quantentheorie. Obwohl diese von den Physikern Heisenberg, Schrödinger, Born, Pauli und Dirac, um nur einige zu nennen, weiterentwickelte Theorie auf den ersten Blick wenig anschaulich ist, hat sie doch außerordentlich zum Verständnis der atomaren Welt beigetragen und sich im Gebäude der theoretischen Physik bestens bewährt. Im Unterschied zur klassischen Physik postuliert die Quantentheorie, dass die Materie nicht in jedem beliebigen Energiezustand verharren, sondern lediglich diskrete Werte der Energie einnehmen kann. Die Energie, beispielsweise eines Atoms, kann folglich nur in genau festgelegten Schritten zu- beziehungsweise abnehmen. Die Physiker sprechen von einer gequantelten Änderung der Energie. Zwischenschritte kommen nicht vor. Ferner beschreibt die Quantentheorie den Aufenthaltsort von Teilchen entgegen der klassischen Auffassung nicht durch eine exakte Angabe von Ortskoordinaten, sondern mithilfe von sogenannten Wellenfunktionen. Im Geltungsbereich der Wellenfunktion, der theoretisch unendlich ausgedehnt sein kann, ist das Teilchen prinzipiell überall zu finden. Allerdings ist die Wahrscheinlichkeit, es an einem bestimmten Ort anzutreffen, abhängig von der dortigen »Stärke«, physikalisch: von der Amplitude der Wellenfunktion, und somit von Ort zu Ort unterschiedlich groß. Erst der Messvorgang zur Lokalisierung des Teilchens lässt die Wellenfunktion »zusammenbrechen«, und das Teilchen »erscheint« am Ort der größten Aufenthaltswahrscheinlichkeit.

Für die naheliegende Idee, die Zustände im und unmittelbar nach dem Urknall mithilfe der Quantentheorie zu beschreiben und die anschließende Entwicklung des expandierenden Kosmos anhand der Allgemeinen Relativitätstheorie zu erklären, müsste man die Quantentheorie mit der Allgemeinen Relativitätstheorie zu einer Theorie der Quantengravitation vereinigen. Leider ist das trotz enormer Anstrengungen herausragender Physiker und Mathematiker bis jetzt noch nicht gelungen. Unglücklicherweise sind nämlich die mathematischen Algorithmen der beiden Theorien total verschieden, so dass eine Versöhnung der Theorien zu einer Theorie der Quantengravitation noch auf unüberwindliche mathematische Schwierigkeiten stößt.

Dennoch gibt es einige Ansätze zur Lösung des kosmologischen Singularitätsproblems. Einer davon ist die »Stringtheorie«. Im Vergleich zur Quantentheorie ist sie noch um einiges komplexer. Die mathematische Durchdringung stößt auf so große Schwierigkeiten, dass ihre Ergebnisse in vieler Hinsicht noch unverstanden sind. So kennt die Stringtheorie keine Elementarteilchen im herkömmlichen Sinn. Vielmehr übernehmen sogenannte Strings – daher der Name – deren Rolle. Strings sind eindimensionale Fäden, entweder offen oder an den Enden zusammenhängend, die zu Schwingungen in der Lage sind. Diese Strings haben eine Länge von etwa der Plancklänge, also von rund 10^{-33} Zentimetern. Und je nachdem, in welchem Schwingungszustand – Grundschwingung oder eine mögliche Oberschwingung, auch »Moden« genannt – sich

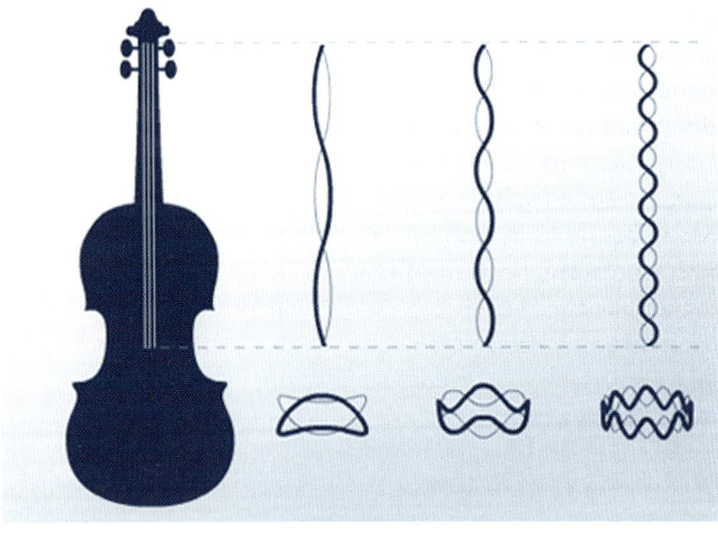

Abb. 58: Die Stringtheorie kennt keine Elementarteilchen. Dort übernehmen eindimensionale, wie Saiten schwingende »Strings« deren Rolle. Unterschiedliche Schwingungszustände führen zur Entstehung unterschiedlicher Teilchen und Ladungen. Man kann das mit den Saiten einer Geige vergleichen. Je nachdem, ob die Saite im Grund- oder einem Oberton schwingt, ist deren Schwingungsenergie unterschiedlich hoch. Demnach repräsentieren Strings im Schwingungsgrundzustand massearme Teilchen, hochfrequent schwingende Strings hoher Schwingungsenergie massereiche Teilchen.

ein einzelner String befindet, repräsentiert er ein uns bekanntes Elementarteilchen: ein Quark, ein Photon, ein Elektron oder auch ein Neutrino (Abb. 58).

Was die Stringtheorie so problembehaftet macht, ist die Tatsache, dass sie neben der Zeitdimension einen höherdimensionalen Raum von insgesamt neun Raumdimensionen verlangt. Zu den uns vertrauten drei Raumdimensionen – Länge, Breite und Höhe – müssen demnach noch sechs weitere hinzukommen, damit die Stringtheorie funktioniert. Doch die machen sich in unserer Alltagswelt nicht bemerkbar! Die Stringtheoretiker postulieren daher, dass diese zusätzlichen Dimensionen auf experimentell nicht mehr zugängliche Größen eingerollt oder, wie man sagt, kompaktiviziert sind. Man kann das am Beispiel eines Strohhalms plausibel machen: Betrachtet man ihn aus geringer Entfernung, so erkennt man, dass er sowohl eine Länge hat als auch röhrenförmig ist, also eine Ausdehnung in Höhe und Tiefe. Aus größerer Entfernung erscheint der Strohhalm jedoch nur noch lang, die röhrenförmige Struktur ist nicht mehr zu erkennen.

Bisherige Resultate lassen allerdings vermuten, dass die Stringtheorie nicht eindeutig ist. Wie es scheint, liefert sie eine noch nicht absehbare, vielleicht sogar eine unendliche Mannigfaltigkeit an Lösungen. Das würde bedeuten, dass es eine Vielzahl von Lösungen gibt, von denen jede für sich mehr oder weniger in der Lage ist, unseren Kosmos zu beschreiben. Doch welche Lösung trifft exakt alle Details der kosmologischen Historie und kann darüber hinaus Aussagen zur Zukunft des Universums machen? Eine Theorie, in der aufgrund ihrer Lösungsmannigfaltigkeit alles möglich wird, ist wertlos. Ferner ist noch umstritten, ob die Stringtheorie jemals falsifizierbar sein wird, das heißt, dass ihre Vorhersagen auch experimentell überprüfbar sind. Ist das nicht der Fall, so steht die Theorie auf tönernen Füßen. Man hofft jedoch, dass die Kollisionsexperimente am Large Hadron Collider (LHC) in Genf, diesem gigantischen Protonenbeschleuniger, einen deutlichen Hinweis auf die Existenz von Strings liefern. Zudem ist nicht ausgeschlossen, dass die am 14. Mai 2009 zur detaillierten Untersuchung der kosmischen Hintergrundstrahlung gestartete Sonde »Planck« neue Ergebnisse liefert, die die Stringtheorie stützen.

Wie auch immer: Die Stringtheorie vermeidet eine Singularität als Startpunkt unseres Universums und könnte uns daher einen »Einblick« in die Struktur des Urknalls gewähren. Doch bis wir darüber Gewissheit erhalten, werden sich vermutlich noch viele theoretische Physiker und Mathematiker die Köpfe heiß rechnen.

Seit Kurzem gibt es noch einen anderen Ansatz, das Singularitätsproblem loszuwerden. Die Idee zu einer quantentheoretischen Beschreibung der Allgemeinen Relativitätstheorie geht zurück auf Abhay Ashtekar, der bereits 1986 erste Vorarbeiten dazu leistete. Im Lauf der folgenden Jahre wurden dann die theoretischen Grundlagen von einer Reihe Mathematiker und Physiker erarbeitet und schließlich zur Theorie der sogenannten Schleifen-Quantengravitation erweitert. Ausgangspunkt dieser Theorie ist eine ziemlich hypothetische Annahme. Bislang war es allgemeiner Konsens, dass zwar die Materie diskret ist, soll heißen, sie besteht aus individuellen Teilchen, die Raumzeit aber eine kontinuierliche »Struktur« aufweist. Die Vertreter der Schleifen-Quantengravitation brechen nun radikal mit dieser Vorstellung. Sie postulieren: Auch die Raumzeit ist diskret, also gequantelt. Das heißt, sie besitzt eine körnige Struktur und besteht wie ein Mosaik aus einzelnen »Raumzeitatomen«. Demnach müssen sich auch der Raum und die Zeit in kleinsten Schritten oder Portionen ändern. Diese »Elementarteilchen des Raums« sollen ein schleifenförmiges Aussehen haben und miteinander ein enges Geflecht bilden. Fügt man diesem Geflecht eine weitere Schleife hinzu, so vergrößert sich der Raum, werden Schleifen entfernt, so schwindet der Raum. Theoretisch kann man aus dem Raum alle Schleifen entfernen, womit auch der Raum verschwindet.

Mit diesem Ansatz scheint ein wesentlicher Schritt zur Vereinigung von Quantentheorie und Allgemeiner Relativitätstheorie zu einer Theorie der Quantengravitation gelungen zu sein.

Obwohl auch diese Theorie noch enorme mathematische Probleme aufwirft und noch weit davon entfernt ist, in allen Details verstanden zu sein, liefert sie bereits erstaunliche Ergebnisse. Rechnet man in der Zeit immer weiter zurück bis kurz vor den Anfang des Kosmos, so schrumpft auch bei der Schleifen-Quantengravitation der Raum auf ein sehr kleines Volumen, aber er zieht sich nicht auf einen unendlich kleinen Punkt zusammen. Eine Singularität wie in der Allgemeinen Relativitätstheorie wird vermieden. Vielmehr beginnt der Raum sich wieder auszudehnen, wenn man noch weiter in der Zeit zurückrechnet. Denn wenn der Raum eine Größe erreicht hat, bei der Quanteneffekte zu dominieren beginnen, ändert, so die Theorie, die Gravitation plötzlich ihren Charakter. Aus der bislang anziehenden Kraft wird eine alles auseinandertreibende, eine repulsive Kraft, die ein weiteres Schrumpfen des Raums verhindert und stattdessen in eine Expansion mündet!

Folgt man den Ergebnissen der Schleifen-Quantengravitation, so steht am Beginn unseres Universums nicht länger ein verschwindender Punkt unendlicher Dichte und Temperatur, ein Urknall, sondern ein endliches Raumzeitvolumen. Und da in diesem winzigen Raumzeitvolumen nach wie vor Quantenprozesse ablaufen, ist auch die Zeit nicht an einem absoluten Anfang angelangt. Denn wo sich etwas tut, kann die Zeit nicht stillstehen, sie misst sich ja gerade an der Abfolge von Veränderungen. Folglich gestattet die Schleifen-Quantengravitation nicht nur eine mathematische Annäherung unmittelbar an den Beginn unseres Universums, sondern zeitlich sogar einen Blick weiter zurück in die Vergangenheit, über den Anfang hinaus. Dabei zeigt sich, dass das Universum sich wieder zu einem Universum vor unserem Universum aufzublähen beginnt. Das heißt aber nichts anderes, als dass unser Universum ein Vorgängeruniversum gehabt haben müsste, das gegen Ende seiner Existenz auf ein minimales Raumzeitvolumen kollabiert, das seinerseits den Anfang unseres Universums markiert. Die Theorie der Schleifen-Quantengravitation zeichnet somit ein Bild, in dem sich in einer periodischen Abfolge von Expansion und

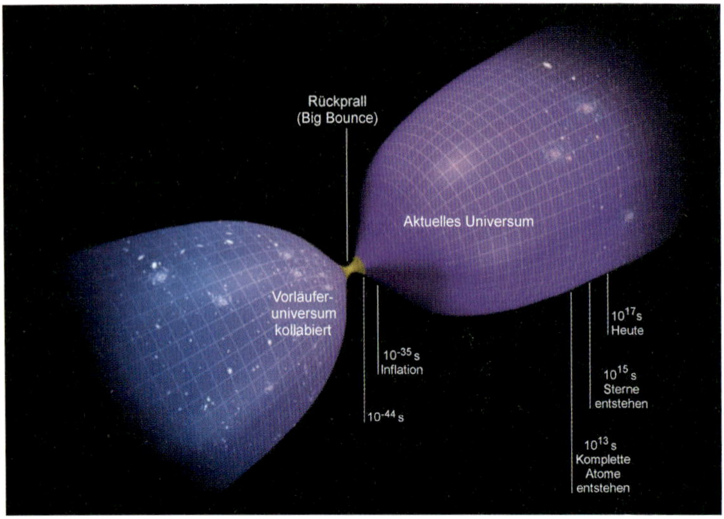

Abb. 59: Die Theorie der Schleifen-Quantengravitation vermeidet die Entstehung einer Urknallsingularität. Geht man in der Zeit immer weiter zurück, so zieht sich das Universum auf ein minimales Raumzeitvolumen zusammen, in dem aufgrund der hohen Materiedichte die Gravitation plötzlich abstoßend wirkt und das Universum in einem »Big Bounce« wieder auseinandertreibt.

Kollaps ein Universum an das nächste reiht. Damit, so scheint es, hatte unser Universum keinen absoluten Anfang. Der »Urknall« ist praktisch nur ein Übergangszustand von einem Vorgängeruniversum zu unserem (Abb. 59).

Inwieweit diese Aussage der periodischen Wiederkehr Bestand hat, muss sich noch erweisen, steht sie doch gegenwärtig im Widerspruch zu den neuesten Erkenntnissen der Kosmologie. Bis vor etwa sechs Milliarden Jahren hat sich das Universum gebremst ausgedehnt, und man konnte vermuten, dass die Expansion einmal ganz zum Stillstand kommt und sich der Kosmos wieder zusammenzieht. Wie Untersuchungen an weit entfernten Supernovaexplosionen gezeigt haben, expandiert das Universum heute jedoch beschleunigt. Treibende Kraft ist die sogenannte Dunkle Energie. Um was es sich bei dieser Energieform handelt, weiß bisher noch niemand. Kosmologen vermuten, dass die Wurzeln der Dunklen Energie in der Energie des Vakuums zu suchen sind. Das klingt zunächst paradox, ist doch das Vakuum nach allgemeinem Verständnis das absolute Nichts. Doch dem ist nicht so. Das Vakuum strotzt nur so von Energie. Fortwährend entstehen dort Teilchen, die sich die für ihre Entstehung nötige Energie kurzfristig aus der Vakuumenergie »leihen«. Zerfallen die Teilchen wieder, so geben sie die Energie an das Vakuum zurück. Da die Teilchen nur für extrem kurze Zeit Bestand haben, sprich man auch von virtuellen Teilchen.

Was auch immer für die beschleunigte Expansion des Universums verantwortlich sein mag, mit den Vorhersagen der Schleifen-Quantengravitation, eines wieder zusammenschnurrenden Kosmos, passt das nicht zusammen. Wie schon erwähnt, deuten Beobachtungen darauf hin, dass sich die Expansion des Universums weiter beschleunigen wird. Ein Ende oder gar eine Umkehr stehen im Widerspruch zu den gegenwärtigen Theorien der Kosmologen. Doch wer weiß, vielleicht löst die Weiterentwicklung der Theorie der Schleifen-Quantengravitation auch dieses Dilemma.

Bleibt noch die Frage, ob die vorausgesetzte schaumige Struktur der Raumzeit experimentell nachzuweisen ist. Theoretisch sollte das Licht an den »Raumzeitatomen« gestreut werden. Doch diese Streueffekte dürften sich nur bei sehr kurzen Wellenlängen bemerkbar machen, bei Wellenlängen, die mit der Ausdehnung der »Raumzeitatome« vergleichbar sind. Ähnliche Verhältnisse hat man ja auch bei der Beobachtung von Objekten, die in ausgedehnten Staubwolken eingebettet sind. Während infrarotes, langwelliges Licht die Wolken meist mühelos durchdringen und die Objekte mit entsprechenden Detektoren sichtbar machen kann, wird das kurzwellige sichtbare Licht an den Staubpartikeln gestreut, so dass die Wolken undurchsichtig erscheinen. Ähnlich dürften Streueffekte, hervorgerufen durch eine gequantelte Raumzeit, nicht beobachtbar sein, da selbst harte Gammastrahlung vermutlich zu langwellig ist.

Die Situation ändert sich jedoch, wenn man sich die Raumzeit als einen riesigen Kristall vorstellt, aufgebaut aus lauter einzelnen »Raumzeitatomen«. Wie die Wellenlängen des sichtbaren Lichts beim Durchgang durch ein Prisma unterschiedlich schnell vorankommen, was sich in einer Aufspaltung in die einzelnen Spektralfarben bemerkbar macht, so sollte sich auch Licht entfernter Objekte je nach Wellenlänge unterschiedlich schnell ausbreiten. Je länger der Weg ist, den das Licht zurücklegen muss, umso ausgeprägter sollte der Effekt sein. Für eine Beobachtung bräuchte man also eine sehr weit entfernte Lichtquelle. Außerdem dürfte die Quelle nicht kontinuierlich leuchten, sondern müsste gepulst strahlen, denn nur dann ließe sich das zeitlich versetzte Eintreffen unterschiedlicher Wellenlängen beobachten. Gelänge ein derartiges Experiment, so wäre das eine starke Stütze für die Schleifen-Quantengravitation.

Schließlich interessiert noch, wie unser Vorgängeruniversum wohl ausgesehen haben könnte. Der Physiker Martin Bojowald hat sich mit dieser Frage beschäftigt. Rechnungen über den Zeitpunkt des Übergangs hinaus deuten darauf hin, dass sich unser Universum jenseits seines Anfangs umstülpt, also wie ein gewendeter Strumpf seine Innenseite nach außen kehrt. Alles, was sich in unserem Universum rechtsherum dreht, ist vorher linksherum gelaufen. Dabei gehen die im Vorgängeruniversum vorhandenen Informationen im Stadium des Übergangs weitgehend verloren. Eine Kenntnis, wie unser Vorgängeruniversum ausgesehen haben mag, bliebe uns daher größtenteils verwehrt. Schließlich erlauben sich die Theoretiker noch einen skurrilen Gedanken: Es ist ja nicht völlig auszuschließen, sagen sie, dass sich in der Phase, in der das Vorgängeruniversum auf den Übergangszustand zusammenzuschnurren beginnt, auch der Zeitpfeil umkehrt. Das hätte zur Folge, dass sich auch Zukunft und Vergangenheit vertauschen müssten. Über die Zukunft wüsste man genau Bescheid, die Vergangenheit wäre jedoch völlig unbekannt. Für die Zunft der Astrologen wäre das vermutlich eine schreckliche Vorstellung.

Nachschlag:

Gerade war es noch Spekulation – doch seit ein Forscherteam am 28. Oktober 2009 in der Zeitschrift »Nature« darüber berichtete, ist es Realität: Am 10. Mai 2009 zeichneten die Detektoren des Gammastrahlen-Weltraumteleskops Fermi einen 2,1 Sekunden langen Gammastrahlenausbruch auf, der uns von einer 7,3 Milliarden Lichtjahre entfernten Quelle erreichte. Derartige, auch als »Gamma-Ray Bursts« bezeichnete stark gebündelte Gammastrahlung entsteht, wenn entweder ein massereicher Stern in einer Hypernova kollabiert oder zwei sich umkreisende Neutronensterne miteinander verschmelzen.

Da von kollabierenden Sternen ausgehende Gamma-Ray Bursts in der Regel deutlich länger als zwei Sekunden andauern, deuten die 2,1 Sekunden eher auf eine Neutronensternverschmelzung hin. Doch das ist nicht der Punkt. Bedeutsam ist vielmehr, dass sich unter den vom Fermi-Teleskop registrierten Photonen ein Photon fand, das gegenüber einem anderen eine millionenfach höhere Energie hatte. Das ist gleichbedeutend mit Röntgenlicht sehr unterschiedlicher Wellenlänge. Und jetzt wird es interessant! Wie bereits erklärt, sollte das Photon mit der niedrigeren Energie deutlich vor dem hochenergetischen Photon den Fermi-Detektor erreichen, wenn, ja wenn auch die Raumzeit nicht kontinuierlich, sondern von »körniger« Struktur ist. Doch die beiden Photonen legten die gesamte Strecke von 7,3 Milliarden Lichtjahre mit einem Zeitunterschied von nur 0,9 Sekunden zurück. Das bedeutet: Die Geschwindigkeit der beiden Photonen war bis auf einen Faktor von 1 geteilt durch 100 Millionen Milliarden gleich groß!

Ist das nun das »Aus« für die Theorie einer gequantelten Raumzeit und der Schleifen-Quantengravitation? Sind die Messergebnisse absolut gesichert? Für eine abschließende Bewertung ist es gewiss noch zu früh. Aber erste Zweifel sind in der Welt. Man darf gespannt sein, was noch kommt.

Kapitel 13

Wieso ist etwas und nicht nichts?

Ein Sprichwort besagt: Es gibt keine dummen Fragen, nur dumme Antworten. Doch wie steht es mit der Frage: »Wie kommt es, dass überhaupt etwas ist und nicht nichts?« Auf den ersten Blick erscheint diese Frage tatsächlich etwas naiv, aber für die Kosmologie ist sie eine der grundlegendsten Fragen überhaupt. Darauf keine dumme Antwort zu geben ist nicht einfach. Hat die moderne Astronomie dazu überhaupt etwas Vernünftiges zu sagen? Wie unschwer zu erkennen, zielt diese Frage ja auf das »Ganze«, auf den kompletten »Bestand« des Universums. Bevor wir nach einer Antwort suchen, scheint es daher ratsam, sich zunächst mit dem zu befassen, was das Universum an »Substanz« beinhaltet.

Obwohl nach neuestem Erkenntnisstand Dunkle Materie und Dunkle Energie etwa 96 Prozent des Energiehaushalts des Universums ausmachen, sind beide Komponenten für die folgende Betrachtung von untergeordneter Bedeutung. Überdies weiß gegenwärtig sowieso niemand zu sagen, was man unter diesen Begriffen zu verstehen hat beziehungsweise um was es sich da handelt. Wir lassen daher diese mysteriösen »Substanzen« beiseite.

Über die restlichen 4 Prozent an »kosmischem Material« gibt uns das Standardmodell der Teilchenphysik Auskunft. Entsprechend diesem Modell setzt sich die uns bekannte Materie zum einen aus Quarks zusammen, zum anderen aus sehr leichten Teilchen, den sogenannten Leptonen. Insgesamt kennt man sechs unterschiedliche Quarks. Auch von den Leptonen gibt es sechs: drei elektrisch geladene Teilchen, das Elektron, das

Myon und das Tau, und zu jedem dieser Teilchen noch ein ungeladenes Teilchen, ein Neutrino. Insgesamt sind das zwölf Elementarteilchen. Lediglich zwei der sechs Quarks, das Up- und das Down-Quark, sowie das Elektron reichen aus, um die Materie aufzubauen, mit der wir es in unserer Erfahrungswelt zu tun haben. Hinzu kommt nur noch das zu dem Elektron gehörende Elektron-Neutrino, ohne das ein radioaktiver Zerfall der Materie nicht möglich wäre. Warum die Natur darüber hinaus noch zwei weitere Teilchenfamilien vorrätig hat, die von den restlichen Quarks und Neutrinos gebildet werden – dem Charm- und dem Strange-Quark mit dem zugehörigen Myon und dem Myon-Neutrino sowie dem Top- und dem Bottom-Quark mit dem zugehörigen Tau und dem Tau-Neutrino –, ist eines der großen Rätsel der Teilchenphysik (Abb. 60).

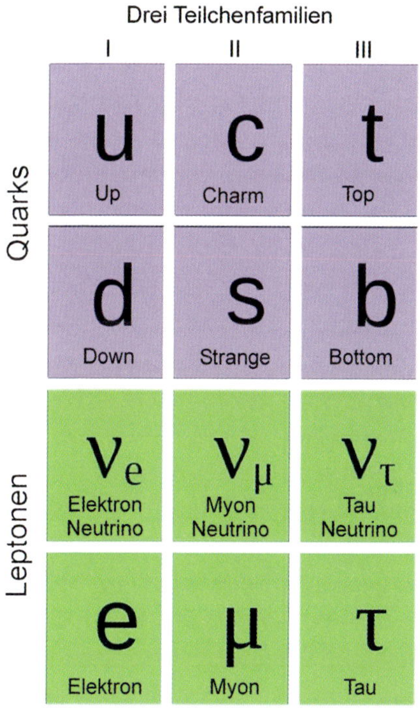

Abb. 60: Elementarteilchen Quarks und Leptonen. Zum Aufbau der uns bekannten Materie nutzt die Natur nur die Teilchen der Familie I.

Streuexperimente in den 1960er-Jahren haben gezeigt, dass Protonen und Neutronen aus Quarks aufgebaut sind. Zwischen den Teilchen müssen daher Kräfte wirken, Elementarkräfte oder, wie man auch sagt, fundamentale Wechselwirkungen, welche die Quarks zusammenhalten. Insgesamt kennt man vier Wechselwirkungsarten: die starke und die schwache Kernkraft, die elektromagnetische Kraft und die Gravitation. Hinsichtlich ihrer Stärke, ihrer Reichweite sowie ihrer Wirkung auf die Materie unterscheiden sich diese Kräfte grundlegend. Am stärksten ist die sogenannte starke Kernkraft. Sie wirkt auf die elementaren Quarks, und sie ist für den Zusammenhalt der positiv geladenen Kernbausteine, der Protonen, in einem Atomkern verantwortlich. Ohne ihren Einfluss gäbe es keine Atomkerne, da die gegenseitige elektrische Abstoßung der Protonen den Kern sprengen würde. Ihre Reichweite ist jedoch sehr gering. Mit etwa 1 Billionstelmillimeter reicht sie nicht über die Abmessung eines Atomkerns hinaus.

Die Reichweite der schwachen Kernkraft ist noch rund tausendmal kürzer. Ihre Wirkung beschränkt sich auf die Quarks im Inneren der Kernbausteine, der Protonen und Neutronen, aus denen sich ein Atomkern zusammensetzt. Sie ist verantwortlich dafür, dass sich ein Quark in ein anderes Quark umwandeln kann, was immer dann geschieht, wenn beispielsweise aus einem Neutron (bestehend aus einem Up- und zwei Down-Quarks) ein Proton (bestehend aus zwei Up- und einem Down-Quark) wird. Nach außen macht sich das als sogenannter Beta-Zerfall bemerkbar. Dabei wird neben einem Elektron, dem Beta-Teilchen, noch ein Anti-Neutrino freigesetzt. Im Vergleich zur starken Wechselwirkung ist die schwache Wechselwirkung rund 100 Billionen Mal schwächer.

Die elektromagnetische Kraft wirkt auf alle elektrisch geladenen Teilchen. Sie sorgt dafür, dass sich gleichnamige Ladungen abstoßen und sich Ladungen entgegengesetzter Polarität anziehen. Prinzipiell verspüren geladene Teilchen die elektromagnetische Kraft über beliebig große Entfernungen. In der Natur ist jedoch eine Ansammlung von Ladungen einer Polarität meist durch eine gleiche Anzahl von Ladungen der entgegengesetzten Polarität umgeben, so dass das Ensemble nach außen elektrisch neutral erscheint. Ein Atom ist ein gutes Beispiel dafür. Die positive Ladung des Kerns in Form von Protonen wird durch die gleiche Anzahl der den Kern umgebenden negativ geladenen Elektronen abgeschirmt. Ein in der Nähe befindliches geladenes Teilchen merkt daher nichts von der Ladungsansammlung. Was die Stärke der elektromagnetischen Wechselwirkung betrifft, so reicht auch sie nicht an die der starken Wechselwirkung heran. Im Vergleich dazu ist sie etwa 100-mal schwächer. Wäre sie nur geringfügig stärker als die starke Wechselwirkung, so gäbe es keine Atomkerne: Die gleichnamigen Ladungen der Protonen würden sich gegenseitig abstoßen (Abb. 61).

Betrachten wir noch das letzte Mitglied in dem Quartett der Wechselwirkungen: die Gravitation. Sie ist unglaublich schwach, 100 Billionen Billionen Billionen Mal schwächer als die starke Wechselwirkung. Das ist eine Eins mit 38 angehängten Nullen. Trotz dieser vermeintlichen Bedeutungslosigkeit ist ihre Wirkung fundamental. Da sie durch nichts abzuschirmen ist, sorgt sie über beliebig große Entfernungen für die gegenseitige Anziehung der Materie. Unter ihrem Einfluss fällt ein Stein zu Boden, stehen wir relativ fest auf der Erde, kollabieren interstellare Wolken zu Sternen, kreisen Planeten um diese heißen Gasbälle und verschmelzen ganze Galaxien miteinander. In den ersten paar Milliarden Jahren nach dem Ur-

Wechselwirkung	Starke Kernkraft	Schwache Kernkraft	Elektromagnetische Kraft	Gravitation
Relative Stärke	1	10^{-14}	10^{-2}	10^{-38}
Reichweite [m]	10^{-15}	10^{-18}	unendlich	unendlich
Wirkung auf	Quarks	Leptonen Quarks	Geladene Teilchen	Alle Teilchen

Abb. 61: Vergleichende Betrachtung der vier elementaren Wechselwirkungen. In Stärke, Reichweite und Wirkung auf die Materie unterscheiden sich die vier Grundkräfte grundlegend.

knall konnte sie die Expansion des Universums noch effektiv verlangsamen, mittlerweile haben jedoch Kräfte die Oberhand gewonnen, die den Kosmos immer weiter beschleunigt auseinandertreiben.

Damit ist die Liste der Elementarteilchen und Wechselwirkungen nahezu komplett. Doch etwas fehlt noch: Wer oder was vermittelt die Wirkung der vier Grundkräfte zwischen den Teilchen? Bei zwei Personen, die mithilfe eines Seils versuchen, sich gegenseitig heranzuziehen, dient das Seil als Überträger der Kraft von der einen Person auf die andere. Bei den vier elementaren Wechselwirkungen übernehmen Teilchen diese Aufgabe, sogenannte Feldquanten, auch Austauschbosonen genannt. Wie der Name schon andeutet, werden diese Feldquanten zur Kraftübertragung zwischen den Teilchen wechselseitig ausgetauscht. Die Austauschbosonen der starken Kernkraft sind die sogenannten Gluonen. Der Name leitet sich von dem englischen Wort »glue« ab, das für das deutsche Wort »Leim« steht. Insgesamt kennt man acht unterschiedliche Gluonen. Bisher hat man diese Teilchen nur indirekt beobachten können. Die schwache Wechselwirkung kennt nur drei Feldquanten, das Z-Boson und ein positiv sowie ein negativ geladenes W-Boson. Die elektromagnetische Kraft kommt gar mit nur einem Austauschboson aus, dem Photon, dem Träger der Lichtenergie (Abb. 62). Bleibt noch die Gravitation. De-

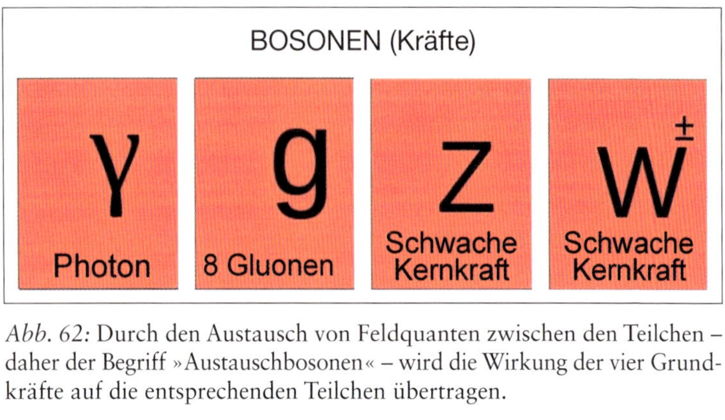

Abb. 62: Durch den Austausch von Feldquanten zwischen den Teilchen – daher der Begriff »Austauschbosonen« – wird die Wirkung der vier Grundkräfte auf die entsprechenden Teilchen übertragen.

ren Austauschteilchen, die Gravitonen, wirken auf alle Elementarteilchen. Experimentell konnte die Existenz von Gravitonen bisher noch nicht bestätigt werden. Warum übrigens die Gravitation wie auch die elektromagnetische Wechselwirkung eine unendliche Reichweite haben, beruht auf der Tatsache, dass sowohl Photonen als auch Gravitonen keine Ruhemasse besitzen.

Nach dieser Vorarbeit können wir uns an die Beantwortung der Frage heranwagen: »Wie kommt es, dass überhaupt etwas ist und nicht nichts?« Dass etwas ist, soll heißen, dass etwas Greifbares im Universum vorhanden ist, und das wird vermutlich niemand bezweifeln. Kneifen Sie sich mal in den Arm, und Ihnen wird sofort klar: Da habe ich etwas in der Hand. Dieses Etwas ist aufgebaut aus den soeben aufgelisteten Teilchen, die wiederum den erwähnten Kräften unterliegen. Das gilt nicht nur für unseren Arm, es gilt für alles, was wir im Universum an Materiellem vorfinden, angefangen von einzelnen Atomen bis hin zu Planeten, Sternen und Galaxien.

Als das Universum gerade mal 10^{-43} Sekunden alt und 10^{32} Grad heiß war, waren bis auf die Gravitation alle Wechselwirkungen in einer einzigen Kraft vereint, und der Kosmos war vollkommen symmetrisch. Das heißt, alle Teilchen waren gleich, ununterscheidbar und konnten sich ineinander umwandeln. Vor allem: Es gab genauso viel Materie wie Antimaterie. Dabei versteht man in der Physik unter Antimaterie Teilchen, welche die gleiche Masse haben wie das entsprechende Teilchen der normalen Materie, ansonsten jedoch entgegengesetzte Eigenschaften aufweisen. So hat beispielsweise das Antiteilchen des elektrisch negativ geladenen Elektrons, das sogenannte Positron, eine gleich große, jedoch positive Ladung. Treffen Teilchen und Antiteilchen aufeinander, so vernichten sie sich gegenseitig zu zwei Photonen entsprechender Energie. Man sagt auch, Materie und Antimaterie zerstrahlen, wenn sie zusammentreffen.

Bei der extrem hohen Temperatur im frühen Universum existierte nur eine Teilchenart, die sogenannten massereichen X- und Y-Bosonen. Aus Gründen der bereits erwähnten Symmetrie gab es von beiden gleich viele Teilchen und Antiteilchen. Ihre Entstehung verdankten diese Bosonen der Tatsache, dass Masse und Energie einander gleichwertig sind, das heißt, dass sich Energie in Masse umwandeln kann und umgekehrt, was in der berühmten Einsteinschen Gleichung $E = mc^2$ zum Ausdruck kommt. Demnach entstanden bei der hohen Energiedichte im frühen Universum durch Paarbildung fortwährend Bosonen-Teilchen-Antiteilchen-Paare. Zerfiel ein Teilchen wieder in seine Bestandteile, so konnte ein gleiches daraus wiederaufgebaut werden. Auch wenn sich zwei Bosonen gegenseitig vernichteten, war die Energiedichte im Kosmos groß genug, um wieder ein neues Paar aus der Energie des Universums entstehen zu lassen. Die Prozesse der Umwandlung und des Zerfalls waren also vollkommen reversibel, das heißt vollständig umkehrbar. Doch im Lauf der Expansion des Kosmos wurde das Universum kälter, und die Energiedichte nahm ab. Folglich zerfielen etwa 10^{-33} Sekunden nach dem Urknall, bei einer Temperatur von 10^{29} Kelvin, alle X- und Y-Bosonen in Quarks und Leptonen. Die X- und Y-Bosonen der normalen Materie zerfielen in normale Quarks und Leptonen, die X- und Y-Bosonen der Antimaterie in Anti-Quarks und Anti-Leptonen.

Und damit sind wir endlich bei dem vermeintlichen Wunder. Durch die Expansion und die damit einhergehende Abkühlung des Universums wurde die Symmetrie im Kosmos gebrochen. Entgegen allem, was zu erwarten war, erfolgte daher der Zerfall der Bosonen nicht symmetrisch! Am Ende kamen auf jeweils rund zehn Milliarden Antimaterieteilchen eben nicht genauso viele Teilchen normaler Materie, sondern ein Teilchen normaler Materie mehr. Das war ein Überschuss der Materie über die Antimaterie von eins zu zehn Milliarden. Doch damit nicht genug. Da es im Kosmos immer noch extrem heiß und die Materiedichte hoch war, kollidierten die Zerfallsprodukte unablässig miteinander. Da Teilchen und Antiteilchen nicht nebeneinander existieren können, artete das in eine gigantische Vernichtungsorgie aus. Jedes der zehn Milliarden Teilchen zerstrahlte mit den anderen zehn Milliarden Antiteilchen zu je zwei Photonen. Lediglich das eine Teilchen normaler Materie, das kein Antiteilchen finden konnte, entging der Vernichtung. Summa summarum blieb also von rund 20 Milliarden Teilchen nur ein einziges normales Materieteilchen übrig! Und aus diesem winzigen Überrest entstand alles, was wir heute im Universum vorfinden.

Spekulieren wir kurz, was aus dem Universum geworden wäre, falls der Zerfall der X- und Y-Bosonen völlig symmetrisch erfolgt wäre. Dann wäre kein einziges Teilchen übrig geblieben. Folglich gäbe es heute keine wie auch immer geartete Form von Materie, weder normale Materie noch Antimaterie. Im Universum hätten sich weder Sterne noch Galaxien noch Planeten bilden können, und Leben wäre natürlich auch nicht entstanden. Der Kosmos wäre völlig strukturlos geblieben. Lediglich Strahlung, also Photonen, die bei der gegenseitigen Vernichtung von Materie und Antimaterie entstehen, würde den Kosmos füllen.

Nun, so sind die Dinge nicht abgelaufen. Damit stellt sich die Frage: Kann man das Zustandekommen dieses Übergewichts der Materie über die Antimaterie erklären? Nehmen wir es gleich vorweg: Eine streng wissenschaftliche Erklärung steht noch aus. Aber es gibt Theorien, die auf den richtigen Weg zu führen scheinen. Der Schlüssel zur Teilchen-Antiteilchen-Asymmetrie ist vermutlich in einer Verletzung der CP-Symmetrie der schwachen Wechselwirkung zu suchen. Was soll das heißen?

Sie erinnern sich sicher noch an die vier fundamentalen Wechselwirkungen, die wir eingangs ausführlich besprochen haben und die allen Prozessen im Kosmos zugrunde liegen. Es hat sich gezeigt, dass das Ergebnis einer Wechselwirkung nicht immer unabhängig davon ist, welche Teilchenart der jeweiligen Wechselwirkung unterworfen wird. Es kann sein, dass eine Wechselwirkung alle Teilchenarten gleich behandelt. Es kann aber auch sein, dass sie Unterschiede in der Art der Behandlung macht. Ist Ersteres der Fall, so sagt man, es herrscht Symmetrie bezüglich dieser Grundkraft. Anderenfalls spricht man von einer Verletzung der Symmetrie.

Ein Beispiel soll das verdeutlichen. Stellen wir uns eine Kugel vor. Von welcher Seite auch immer man die Kugel betrachtet, sie sieht stets gleich aus. Auch in einem Spiegel betrachtet, bleibt die Kugel eine Kugel. Es herrscht also vollkommene Symmetrie bezüglich einer Spiegelung der Kugel. Anders verhält es sich mit Ihrem Gesicht. Da es kaum jemanden gibt, dessen beide Gesichtshälften völlig identisch sind – und sei es nur eine Sommersprosse, die auf der linken Gesichtshälfte an einer anderen Stelle sitzt als auf der rechten –, sieht ein Betrachter Ihr Gesicht im Spiegel anders, als wenn er Sie direkt ansieht. Die Symmetrie hinsichtlich einer Spiegelung ihres Gesichts ist also verletzt.

Bei den fundamentalen Wechselwirkungen kennt man drei Arten von Symmetrie: die Ladungssymmetrie C (charge), die Spiegelsymmetrie P (parity) und die Zeitsymmetrie T (time). Ladungssymmetrie bedeutet Symmetrie gegenüber einem Tausch der Polarität der Teilchenladung. So wird beispielsweise aus einem Elektron mit negativer Ladung nach einem Tausch der Polarität ein Positron mit gleich großer, aber positiver Ladung. In diesem Fall ist das gleichbedeutend mit einem Wechsel von normaler Materie zu Antimaterie, denn das Positron ist das Antiteilchen des Elektrons. Herrscht hier Symmetrie bezüglich der Wirkung einer Wechselwirkung, so sind Materie und Antimaterie nicht zu unterscheiden. P steht für eine räumliche Spiegelung. Besteht P-Symmetrie, so sind »links« und »rechts« gleichwertig, das heißt ununterscheidbar. Das Spiegelbild eines symmetrischen Objekts, beispielsweise eines perfekten Ahornblattes, sieht genauso aus wie das Original. Und schließlich sind T-Prozesse solche, bei denen die Zeit entweder keine ausgezeichnete Richtung hat, die Prozesse also zeitlich umkehrbar sind, oder sich ein vom Ausgangszustand abweichendes Ergebnis einstellt, wenn man den Prozess hat rückwärts laufen lassen.

Es zeigt sich nun, dass für die starke, für die elektromagnetische Wechselwirkung und auch für die Gravitation sowohl die C- als auch die P-Symmetrie erhalten sind. Für die schwache Wechselwirkung, die den radioaktiven Zerfall von Teilchen regelt, ist C und P jedoch maximal verletzt. Kombiniert man jedoch C und P, soll heißen, man wechselt die Polarität der Teilchenladung und unterwirft das Teilchen gleichzeitig einer räumlichen Spiegelung mit dem Ergebnis, dass man die Welt der Teilchen auf die der Antiteilchen abbildet, so sollte wieder Symmetrie herrschen. Die Physiker sagen dazu: Es herrscht CP-Symmetrie bezüglich der schwachen Kernkraft. Überraschenderweise hat sich aber herausgestellt, dass das nicht immer stimmt. So hat man zum Beispiel beim Zerfall von K-Mesonen (bestehend aus einem Quark und einem Antiquark), die man auch als Kaonen bezeichnet, etwas Seltsames entdeckt. Unter den verschiedenen K-Mesonen gibt es auch das K_S- und das K_L-Kaon. Das tiefgestellte S beziehungsweise L deutet an, dass die beiden Arten unterschiedlich schnell zerfallen (L = langsam, S = schnell). Das K_S-Kaon zerfällt immer in zwei Pionen, auch π-Mesonen genannt, und das K_L-Kaon sollte immer in drei Pionen zerfallen. Es hat sich aber gezeigt, dass das K_L-Kaon mit einer sehr geringen Wahrscheinlichkeit auch in zwei Pionen zerfallen kann. Die CP-Symmetrie ist also verletzt. Da diese »Anomalie« nur bei etwa einem von 100 000 direkten Zerfällen auftritt, spricht man von einer schwachen Verletzung der Symmetrie. Dennoch bleibt als Fazit: Materie und Antimaterie werden von der schwachen Kernkraft unterschiedlich behandelt.

Die Ursache für die schwache Symmetrieverletzung bei der schwachen Wechselwirkung ist nach wie vor unbekannt. Rätselhaft ist auch, warum im frühen Universum der anormale Zerfall der Anti-X-Bosonen noch um einige Größenordnungen seltener auftrat als entsprechende Zerfälle bei den Kaonenexperimenten. Galten damals andere Naturgesetze? Im Rahmen der heutigen Theorien des Standardmodells sollte die CP-Verletzung nicht vorkommen können. Das Modell scheint also unvollständig zu sein. Eine mögliche Lösung könnte in der Erweiterung der Theorie zu einer »Großen vereinheitlichten Theorie« der Wechselwirkungen (GUT = Grand Unified Theory) liegen. In dieser Theorie sind die drei Wechselwirkungen, die starke und schwache Kernkraft sowie die elektromagnetische Kraft, ununterscheidbar zu einer vereinheitlichten Kraft vereint. Eine derartige Vereinheitlichung kann nur bei sehr hohen Energiedichten Bestand haben. In den irdischen Laboratorien kann man solche Energiedichten nicht herstellen. Einzig im sehr frühen Universum, unmittelbar nach dem Urknall, dürften derartig extreme Bedingungen geherrscht haben. Doch um Informationen aus dieser Zeit zu erlangen, fehlen uns gegenwärtig noch die technischen Mittel.

Bleibt als Fazit: Vermutlich ist eine schwache Verletzung der CP-Symmetrie der schwachen Wechselwirkung die Ursache für die Asymmetrie im Zerfall der X- und Anti-X-Bosonen im frühen Universum. Andernfalls hätten Teilchen und Antiteilchen einander komplett vernichtet. Ob wir dankbar sein müssen, dass es nicht so gekommen ist und etwas Materie übrig blieb, Materie, aus der auch wir bestehen, ist wohl eine rein hypothetische Frage. Wäre es nicht so gekommen: Niemand wäre da, der sich darüber Gedanken machen könnte.

Kapitel 14

Tausendmal ICH?

Wie könnte es auch anders sein? Alle bisherigen Geschichten handeln von unserem Universum. Dort existiert der Planet, auf dem wir leben und von dem aus wir den Kosmos betrachten. Von einem anderen Universum ist nie die Rede. Das muss jedoch nicht heißen, dass neben unserem Universum nicht noch weitere Universen existieren, Universen, von denen wir keine Kenntnis haben und vermutlich auch nie Kenntnis erlangen werden. Schon Udo Lindenberg war der Meinung: »Hinterm Horizont geht's weiter!« Das Unmögliche zu denken ist ja nicht verboten! Selbst Einstein war davon überzeugt, dass es ganz ohne Intuition nicht geht. Er soll gesagt haben: »Wenn man gar nicht gegen die Vernunft sündigt, kommt man zu überhaupt nichts.« Warum also sollten wir uns zum Schluss dieses Buches nicht auch auf die Idee eines Multiversums einlassen?

Denkt man die etablierten Theorien zur Beschreibung unseres Universums – auf großen Skalen ist das Einsteins Allgemeine Relativitätstheorie, im atomaren und subatomaren Bereich die Quantentheorie – konsequent weiter, so drängt sich die Vorstellung der Existenz anderer Universen neben dem unseren förmlich auf. Obwohl diese Hypothese in Teilen der astronomischen Gemeinde mit erheblichem Vorbehalt, ja sogar mit Argwohn betrachtet wird, gewinnt sie doch immer mehr Anhänger. Natürlich sind alle Aussagen über eventuelle Parallelwelten hochspekulativ, und man muss sich immer bewusst sein, dass es sich dabei um unbewiesene Annahmen handelt. Doch dass es keinen Beweis für die Existenz von Paralleluniversen gibt, ist noch lange kein Beweis für deren Nichtexistenz.

Auf die Frage »Wie entstand unser Universum?« antworten mittlerweile selbst astronomische Laien: »Mit einem Big Bang.« In diesem extrem heißen »Feuerball« materialisierte sich Energie zu massereichen Teilchen. Seitdem sind 13,7 Milliarden Jahre vergangen. Doch wie hat sich unser Universum in dieser Zeit entwickelt? Dass sich der Kosmos ausdehnt, weiß man seit 1929. Damals konnte Edwin Hubble zeigen, dass die Galaxien auseinanderdriften. Demnach ist das Universum umso kleiner, je weiter man in der Zeit zurückblickt. Verfolgt man den Gedankengang konsequent weiter, so landet man schließlich beim Urknall. Mithilfe der Allgemeinen Relativitätstheorie vermag die moderne Kosmologie die Zustände im Kosmos bis herab zu einer Ausdehnung von $1{,}6 \times 10^{-35}$ Metern, der sogenannten Plancklänge, in Form von Modellen zu beschreiben. Doch ab da versagt diese Theorie schlagartig ihren Dienst. Im Kapitel 12, »Urknall ade«, wird diese Problematik bereits erwähnt. Woher rührt diese scheinbar willkürliche Grenze? Hier geraten die tragenden Säulen der modernen Physik – die Quantenmechanik und die Allgemeine Relativitätstheorie – miteinander in Konflikt. Bis zu dieser Grenze ist der Zuständigkeitsbereich der beiden Theorien klar abgegrenzt: Für sehr kleine Ausdehnungen ist die Quantenmechanik zuständig und für sehr große Massen beziehungsweise bei hoher Gravitationsenergie die Allgemeine Relativitätstheorie. Je weiter man sich jedoch beim Blick zurück dem Big Bang nähert, umso mehr bekommt man es mit etwas winzig Kleinem und gleichzeitig mit einer gewaltigen Gravitationsenergie zu tun. Ab hier wären sowohl die Allgemeine Relativitätstheorie als auch die Quantenmechanik zuständig. Doch die Heisenbergsche Unschärferelation, ein grundlegendes Gesetz der Quantenmechanik, vereitelt eine derartige »Kooperation«. Entsprechend dieser Regel ist der Impuls eines Teilchens und die damit verbundene Energie umso unbestimmbarer, also unschärfer, je genauer sein Ort festgelegt ist. Dementsprechend werden unterhalb einer Ausdehnung von $1{,}6 \times 10^{-35}$ Metern die Unschärfe des Impulses und die damit verbundene Energie derart groß, dass gemäß der Allgemeinen Relativitätstheorie das Universum zu einem Schwarzen Loch kollabieren muss. Über die Zustände in einem Schwarzen Loch lassen sich jedoch keinerlei physikalische Aussagen mehr machen.

Der Plancklänge lässt sich die sogenannte Planckzeit zuordnen. Mit $5{,}4 \times 10^{-44}$ Sekunden ist das die Zeit, die das Licht benötigt, um eine Strecke gleich der Plancklänge zurückzulegen. Ferner kann man noch eine »Plancktemperatur« ($1{,}4 \times 10^{32}$ Grad) und eine »Planckdichte« ($5{,}2 \times 10^{96}$ Kilogramm pro Kubikmeter) definieren. Diese vier Werte stecken die Grenzen unserer Erkenntnis ab. Aussagen über unser Universum sind demnach frühestens ab $5{,}4 \times 10^{-44}$ Sekunden nach dem Urknall physikalisch sinnvoll. Was die Zeit davor betrifft, ist alles Spekulation.

Ab der Planckzeit hat sich das Universum zunächst kontinuierlich ausgedehnt. Vorausgesetzt, die Expansion erfolgte mit Lichtgeschwindigkeit, so war das Universum 10^{-35} Sekunden nach dem Big Bang bereits auf rund 3×10^{-27} Meter herangewachsen. Damit verringerte sich auch dessen Dichte, und die Temperatur sank von $1{,}4 \times 10^{32}$ Grad auf circa 10^{27} Grad. Man kann diesen Prozess vergleichen mit einem Gas, das in einem Zylinder mit einem beweglichen Kolben komprimiert wird. Gibt man den Kolben frei, so wird er von dem Gas aus dem Zylinder herausgepresst. Da das Gas dabei Arbeit an dem Kolben verrichtet, sinkt seine Temperatur. Den umgekehrten Vorgang kann man an einer Fahrradpumpe beobachten. Nach einigen kräftigen Pumpvorgängen ist der Pumpenzylinder deutlich wärmer geworden.

In der Zeit von 10^{-35} bis mindestens 10^{-33} Sekunden nach dem Big Bang durchlief das Universum eine Phase, in der es sich gewaltig aufgebläht hat. Dabei soll es seine Größe alle 10^{-35} Sekunden verdoppelt haben. Das entspricht einer Expansion um den Faktor 2^{100} beziehungsweise 10^{30}! Es könnte sogar sein, dass die Expansion noch schneller voranging, und zwar mit der Eulerschen Zahl e = 2,718 als Basis. Dann wäre das Universum entsprechend einer sogenannten e-Funktion angewachsen und hätte sich um den Faktor e^{100} vergrößert, beziehungsweise es wäre rund 10^{43}-mal größer geworden. Nach James Schombert vom Department of Physics an der University of Oregon soll sich das Universum in dieser Phase sogar um den Faktor 10^{54} ausgedehnt haben. Dieser enorme Größenzuwachs in kürzester Zeit wird auch als »inflationäre Expansion« beziehungsweise als »Inflation des Universums« bezeichnet. Von da an verlief die weitere Expansion ungleich langsamer. Rechnungen haben ergeben, dass sich das Universum ab 10^{-33} Sekunden nach dem Big Bang bis heute »nur« noch um einen Faktor 10^{27} ausgedehnt hat.

Heute hat »unser« Universum einen Radius von rund 45×10^9 Lichtjahren. Diese Entfernung markiert den Horizont, das heißt den sichtbaren Rand des Universums, und wird daher als Horizontentfernung bezeichnet. Es ist die größte Entfernung, aus der uns Licht erreichen konnte. Dass diese Entfernung deutlich größer ist als diejenige, die sich ergibt, wenn man das Alter des Universums mit der Lichtgeschwindigkeit multipliziert, beruht darauf, dass man es nicht mit einem statischen Kosmos zu tun hat, sondern mit einem Universum, das sich während der $13{,}7 \times 10^9$ Jahre seiner Existenz kontinuierlich ausgedehnt hat. Demnach befindet sich der beobachtbare Teil des Universums innerhalb einer Kugel mit einem Radius gleich der Horizontentfernung, in deren Mittelpunkt die Erde liegt. Diesen Bereich bezeichnet man auch als das Hubble-Volumen. Das gesamte Universum ist jedoch um ein Vielfaches größer. Setzt man für die Inflation einen Faktor von 10^{43} an (e^{100}), so liefert die Rechnung für das Gesamtuniversum sogar einen 10^{17}-fach größeren Radius. Alan Guth gibt in seinem Buch einen Wert von 3×10^{23} an, und der schwedisch-amerikanische Kosmologe Max Tegmark schließt nicht aus, dass das Universum sogar unendlich ausgedehnt ist. »Wie könnte der Raum nicht unendlich sein?«, fragt er. Steht irgendwo ein Schild: »Achtung, Raum endet hier«? Wie auch immer: Vom gesamten Universum können wir lediglich einen verschwindend kleinen Ausschnitt »einsehen«.

Hat nun die exponentielle Expansion, die das Universum zu riesenhafter, vielleicht sogar zu unendlicher Größe aufgebläht hat und auf der auch die Multiversum-Hypothese aufbaut, tatsächlich stattgefunden? Oder anders gefragt: Wie kommt es zu einer derart rasanten Ausdehnung quasi aus dem »Nichts«, und was treibt sie an? Hierzu müssen wir das »Nichts« genauer unter die Lupe nehmen. Könnte man aus einem abgegrenzten Raumbereich alle Materie und jegliche Art von Strahlung entfernen, um ein ideales »Nichts«, ein ideales Vakuum zu erzeugen, so wäre – wider Erwarten – der Raum nicht leer. Denn was aus dem Raum nicht zu entfernen ist, sind die Gesetze der Quantenmechanik. Die bereits angesprochene Unschärferelation erzwingt, dass selbst das »Nichts« schwankt: Im Vakuum entstehen und vergehen fortwährend Teilchen-Antiteilchen-Paare. Die für ihre Entstehung nötige Energie »entnehmen« sie dem Vakuum, und sie geben sie wieder an das Vakuum zurück, wenn sich Teilchen und Antiteilchen gegenseitig vernichten. Die Lebensdauer eines Teilchenpaares ist umso kürzer, je größer dessen Masse beziehungsweise der Energiebedarf für seine Materialisierung ist. Da die Teilchen nur für extrem kurze Zeit Bestand haben, spricht man auch von virtuellen Teilchen. Dem Leser mag das wie ein Taschenspielertrick der theoretischen Physik erscheinen, aber diese Schwankungen des »Nichts« – sogenannte Quantenfluktuationen – lassen sich experimentell nachweisen. Willis Eugene Lamb erhielt dafür 1955 den Nobelpreis.

Wenn also das Vakuum nicht nichts ist, welche Eigenschaften hat es dann? Betrachten wir dazu ein beliebiges Volumenelement. Gäbe es keine Quantenfluktuationen, so hätte das Vakuum die Energie null. Tatsächlich finden wir jedoch in dem Volumen materiebehaftete Teilchen positiver Energie und ein »Nichts«, dessen Energienullpunkt entsprechend der an die virtuellen Teilchen ausgeliehenen Energie abgesenkt ist. Damit jedoch die Gesamtenergie im Volumenelement unverändert null ist, muss die positive Energie der Teilchen durch eine entsprechend große negative Energie exakt kompensiert werden. Das bedeutet, dass das Vakuum im betrachteten Volumen eine negative Energie aufweisen muss. Da positive Energie gravitativ anziehend wirkt – Masse besitzt eine positive Energie, und nach Einsteins berühmter Formel $E=mc^2$ sind Energie und Masse einander gleichwertig –, muss negative Energie gravitativ abstoßend wirken!

Fazit: Das »Nichts« ist keineswegs leerer Raum! Es entpuppt sich als eine »Spielwiese« für Quantenfluktuationen, auf der für kürzeste Zeit alles entsteht und vergeht, was sich aus Energie »basteln« lässt: Teilchen, Felder und Dinge, von denen wir heute noch gar nicht wissen, dass es sie gibt. Und vor allem: Es besitzt eine negative Energiedichte (Energiedichte ist gleich Energie pro Volumen).

Doch was geschieht, wenn der Raum expandiert? Vergrößert man das von einem Gas eingenommene Volumen, so würde es verdünnt, es würde abkühlen, und die Energiedichte würde abnehmen. Quantenfluktuationen lassen sich jedoch nicht verdünnen! Vergrößert sich der Raum für das »Nichts«, so vergrößert sich auch die »Spielwiese« für Quantenfluktuationen, und entsprechend mehr Quantenfluktuationen können stattfinden. Folglich ändert sich nichts an der negativen Energie pro Volumen beziehungsweise an der negativen Energiedichte. Mit anderen Worten: Die gravitativ abstoßende Wirkung des Vakuums zeigt sich von der Expansion des Raums unbeeindruckt! Selbst bei extremer Expansion behält das Vakuum seine Eigenschaften unverändert bei und treibt den Raum mit konstanter Intensität auseinander.

Bleibt noch die Frage, wie kommt das Universum zu seiner Masse? Ursächlich ist der Zerfall eines speziellen Typs von Vakuum. Da die Gesetze der Quantenmechanik auch vor dem Energienullpunkt des Vakuums nicht haltmachen, schwankt das Niveau des Nullpunkts. Befindet sich der Energienullpunkt auf einem zu hohen, auf einem »falschen« Niveau, so spricht man von einem »falschen« Vakuum, einem Vakuum erhöhter

Energiedichte. Dieser Zustand ist jedoch metastabil. Nach kurzer Zeit geht daher der »falsche« Nullpunkt in den »wahren« Nullpunkt über, oder anders ausgedrückt: Das »falsche« Vakuum zerfällt in das »wahre« Vakuum.

Befindet sich nun das Universum im Zustand des »falschen« Vakuums, so treibt dessen gravitativ abstoßende Wirkung – man kann auch von einem negativen Druck sprechen – das Universum in eine exponentielle Expansion, die sogenannte Inflation. Mit dem Zerfall des »falschen« in das »wahre« Vakuum endet diese Phase der beschleunigten Ausdehnung. Den Übergang bezeichnet man auch als »Big Bang«. Der dabei frei werdenden Differenzenergie zwischen »falschem« und »wahrem« Nullpunktniveau verdankt das Universum die Energie, die sich im Lauf der weiteren Entwicklung zu Elementarteilchen materialisiert.

Kosmologen sind sich ziemlich sicher, dass unser Universum einst ein falsches Vakuum »durchlebt« und dabei eine Phase exponentieller Ausdehnung durchlaufen hat. Analysiert man die von allen Seiten auf uns zukommende kosmische Hintergrundstrahlung, so findet man diese Ansicht bestens bestätigt. Für die Kosmologie ist diese Strahlung von enormer Bedeutung. Da ihre Photonen 380000 Jahre nach dem Urknall letztmals mit der Materie Energie ausgetauscht haben, transportiert die Hintergrundstrahlung Informationen über die Strukturen im frühen Kosmos. Strahlung aus Bereichen, in denen im Verhältnis zur mittleren Materiedichte mehr Materie versammelt war, ist etwas »kälter«, besser gesagt, sie besitzt etwas weniger Energie als die Strahlung der Umgebung. Umgekehrt ist Strahlung aus Bereichen ehemals geringerer Dichte etwas »wärmer«. Folglich ist der Hintergrundstrahlung ein Muster aufgeprägt, das über die Dichtefluktuationen im frühen Universum Auskunft gibt. Aus der Ausdehnung und der Verteilung der Dichtefluktuationen lassen sich die Werte einer Reihe fundamentaler kosmologischer Parameter gewinnen, unter anderem die des Alters und der Zusammensetzung des Kosmos. Heute hat die Hintergrundstrahlung eine mittlere Temperatur von rund

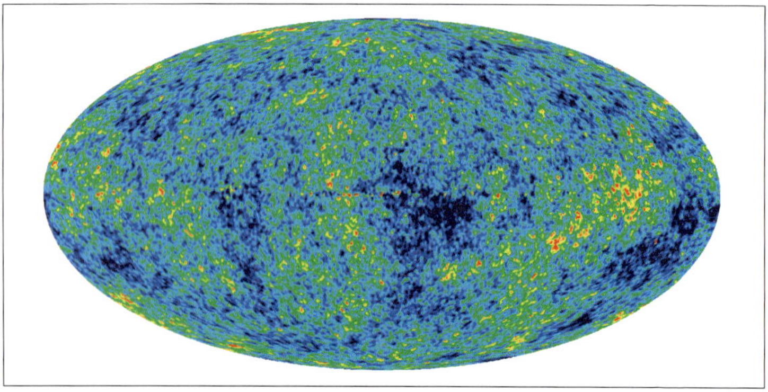

Abb. 63: Temperaturschwankungen in der kosmischen Hintergrundstrahlung (CMB). Der Temperaturunterschied zwischen den wärmeren (rot) und den kälteren Bereichen (blau) beträgt nur rund 2 Hunderttausendstelgrad. So wie man die kugelförmige Erdoberfläche auf eine ebene Ellipse projizieren kann, zeigt hier das Oval den gesamten »Mikrowellenhimmel«.

2,73 Grad über dem absoluten Nullpunkt. Das aufgeprägte Muster ist jedoch erst bei genauem Hinsehen erkennbar, da die Temperaturschwankungen nur plus/minus zwei Hunderttausendstel des Mittelwerts betragen (Abb. 63). Wie sich die Dichtefluktuationen in einem inflationären Universum im Laufe der Zeit entwickeln und welches Muster sie der Hintergrundstrahlung aufprägen, kann man berechnen. Daraus lässt sich ein »Leistungsspektrum« gewinnen. Es veranschaulicht das Ausmaß der Temperaturschwankungen in der Hintergrundstrahlung in Abhängigkeit von der Größe der Bereiche, in denen die Temperatur bestimmt wurde. Andererseits hat man mithilfe von Satelliten die Hintergrundstrahlung sehr genau vermessen und daraus das aktuelle Leistungsspektrum abgeleitet. Und siehe da: Errechnetes und gemessenes Spektrum stimmen erstaunlich gut überein! Dieses Ergebnis werten die Kosmologen als Beweis für eine Phase exponentieller Expansion im Universum.

Wie kommt man nun auf die Idee, neben dem beobachtbaren Universum könnten noch andere Welten existieren, Welten, die selbst wiederum nur Teil des gesamten Universums sind? Der gedankliche Weg ist weniger abwegig, als man vielleicht vermuten könnte. Stellen wir uns ein Lager vor, in dem lauter identische Kisten gestapelt sind. In jeder Kiste gibt es drei Fächer mit den Nummern 1, 2 und 3. Außerdem hat man jede Menge identischer Kugeln. Die Frage lautet: Wie viele Möglichkeiten gibt es, die drei Fächer in den Kisten auf unterschiedliche Art mit Kugeln zu füllen? Zählen wir kurz durch. Erste Möglichkeit: In Kiste 1 bleiben alle Fächer leer. Zweite Möglichkeit: In Kiste 2 liegt in jedem der drei Fächer eine Kugel. Weitere drei Kisten enthalten nur jeweils eine Kugel: in Kiste 3 im Fach 1, in Kiste 4 im Fach 2 und in Kiste 5 im Fach Nummer 3. Schließlich kann man nochmals drei Kisten derart füllen, dass entweder in den Fächern 1 und 2 oder in 1 und 3 oder in 2 und 3 je eine Kugel liegt und das jeweils dritte Fach leer bleibt. Insgesamt sind das 8 oder 2^3 Kisten, in denen gleiche Materie auf unterschiedliche Art angeordnet ist.

Interessant wird die Geschichte, wenn jemand eine neunte Kiste aus dem Lager holt. Wie auch immer die drei Fächer dieser Kiste mit Kugeln gefüllt sind, er wird feststellen, dass die Verteilung der Kugeln mit der einer der bereits vorhandenen Kisten identisch ist. Stellt man statt einer Kiste einen zu den ersten acht Kisten identischen Kistensatz dazu und zu diesen 16 Kisten noch eine beliebig gefüllte weitere Kiste, so sind unter den 16 ersten Kisten genau zwei mit der zuletzt beigestellten Kiste identisch. Damit hat man also bereits drei Kisten, deren Fächer auf gleiche Art gefüllt sind. Man kann die Fächer der Kisten eben nur auf acht unterschiedliche Arten besetzen. Dieses Spiel lässt sich beliebig erweitern. Nimmt man Kisten, die anstelle von drei Fächern vier haben, so kann man 16 oder 2^4 Kisten so füllen, dass keine einer anderen gleicht. Bei N Plätzen, wobei N eine gerade, beliebig große Zahl sein soll, sind es 2^N Kisten. Aber jede weitere Kiste, die man zu den 2^4 beziehungsweise 2^N Kisten dazustellt, findet immer einen Zwilling unter den anderen.

Jetzt machen wir das Spiel mit dem beobachtbaren Teil des Universums, dem Hubble-Volumen. Anstelle von Kugeln verwenden wir Protonen, die Teilchen, aus denen sich die uns vertraute Materie zusammensetzt. Wie bei den Kisten gibt es auch im Hubble-Volumen eine endliche Anzahl nummerierter Plätze, sogenannte Quantenzellen, oder präziser: Quantenzustände, die nach dem »Paulischen Ausschließungsprinzip« besetzt werden können. Diese Regel besagt, dass eine Quantenzelle bestimmter Energie nicht von zwei in allen Quantenzahlen identischen Fermionen, das sind Teilchen mit halbzahligem Spin, besetzt werden kann. Der Begriff »Spin« bezeichnet in der Physik den Eigendrehimpuls eines Teilchens, der klassisch auch als »Eigenrotation« interpretiert werden kann. Kommt ein weiteres Teilchen hinzu, so muss es sich in mindestens einer seiner Quantenzahlen unterscheiden, beispielsweise in der Richtung seines Spins, oder es muss auf ein Niveau höherer Energie ausweichen. Wie viele Quantenzustände das Hubble-Volumen bereithält, hängt wesentlich davon ab, wie hoch die Energie der Teilchen im betrachteten Volumen ist. Bei einer Energie nicht höher als 10 keV – das heißt, das Hubble-Volumen ist nicht heißer als 10^8 Grad – passen laut Max Tegmark unglaubliche 10^{118} Protonen in das Hubble-Volumen. Die Antwort auf die Frage: Wie viele Möglichkeiten gibt es, die Quantenzellen des Hubble-Volumens auf unterschiedliche Art mit Protonen zu füllen, lautet demnach: 2 hoch 10^{118}! Max Tegmark betont, dass es sich dabei um eine extrem konservative Abschätzung handelt, die er – in sehr grober Näherung – ungefähr gleich 10 hoch 10^{118} setzt.

Bevor wir die Konsequenz dieses Ergebnisses diskutieren, werfen wir einen kurzen Blick auf diese Riesenzahl, die sich mit Sicherheit niemand vorstellen kann. Um eine Idee von ihrer Größe zu bekommen, betrachten wir die im Vergleich dazu winzige Zahl 10 hoch 10^{10}. Das ist eine Eins mit 10 Milliarden angehängten Nullen! Wollte man diese Zahl ausschreiben, so würde sie rund 5000 Bücher mit jeweils 1000 Seiten füllen! Eine ganze Bibliothek mit nichts anderem als der Ziffer 1 zu Beginn der ersten Zeile auf der ersten Seite des ersten Buches – und der Rest lauter Nullen.

Doch zurück zu den Hubble-Volumina. Die darin enthaltenen Teilchen, aus denen die Materie besteht, können also grob genähert auf 10 hoch 10^{118} unterschiedliche Arten in einem Hubble-Volumen angeordnet werden. Es spricht nichts dagegen, dass in dem durch die Inflation riesenhaft aufgeblähten Universum die 10 hoch 10^{118} unterschiedlichen Hubble-Volumina auch real existent sind. Wie unser Hubble-Volumen, so repräsentiert auch jedes andere nur einen winzigen Ausschnitt des gesamten Universums, und keiner dieser Ausschnitte gleicht dem anderen. Allen Volumina gemein ist jedoch die Art der Materie, sind die Naturkonstanten mit ihren speziellen Werten und die Art der Naturgesetze. Könnte man die 10 hoch 10^{118} Volumina in Form eines Würfels stapeln, so wären in diesem Kubus alle Möglichkeiten, die Materie anzuordnen, ausgeschöpft. Die Kantenlänge dieses Würfels in Metern wäre gleich der dritten Wurzel aus 10 hoch 10^{118}, multipliziert mit dem Durchmesser des Hubble-Volumens. Sehr grob geschätzt sind das 10 hoch 10^{118} Meter. Grenzen zwei dieser Würfel aneinander, so beträgt die Entfernung von einem Volumen in dem einen Würfel zu einem identischen Volumen im anderen Kubus – wiederum sehr grob genähert – 10 hoch 10^{118} Meter. Sollte der Raum unendlich sein, so wäre auch die Anzahl der Riesenkisten und die Zahl identischer Hubble-Volumina unendlich. Mit anderen Worten: In einem unendlich ausgedehnten Universum gibt es zu unserer Welt unendlich viele identische Parallelwelten!

Die Existenz identischer Parallelwelten wirft die Frage nach der Geschichte in diesen Welten auf. Spielt sich in allen zur selben Zeit das gleiche Szenario ab? In seinem Buch *Many Worlds in One* untersucht Alex Vilenkin zusammen mit Jaume Garriga von der Universität Barcelona, welchen Verlauf die Geschichte in einem Hubble-Volumen nimmt. Dabei verstehen die beiden »Geschichte« als eine Reihe von Zuständen, die das System in aufeinanderfolgenden Zeitabschnitten durchläuft. In dem Quantensystem Hubble-Volumen schreitet die Geschichte in endlichen Zeitschritten voran. Folglich setzt sich ein endlicher Zeitabschnitt aus einer endlichen Zahl von Zeitschritten zusammen. Da sich das System Hubble-Volumen zu jedem Zeitpunkt nur in einer endlichen Zahl von Zuständen befinden kann, muss auch die Anzahl unterschiedlicher Geschichten des Systems endlich sein. Nach Vilenkin und Garriga beträgt die Anzahl aller möglichen Geschichten, die in einem Hubble-Volumen vom Urknall bis heute ablaufen können, 10 hoch 10^{150}!

In einem angenommenen unendlichen Universum mit unendlich vielen Hubble-Volumina führt eine endliche Zahl von Geschichten zwangsläufig zu unendlich vielen Wiederholungen. Gleichzeitig garantiert die ungeheuer große Zahl 10 hoch 10^{150}, dass nahezu alle erdenklichen Geschichtsvarianten vorkommen, zumindest solange sie nicht im Widerspruch zu den Naturgesetzen stehen. Selbst höchst unwahrscheinliche Prozesse werden irgendwann ablaufen, vorausgesetzt das System existiert ausreichend lange. Dazu würde beispielsweise auch ein so abstruses Ereignis wie der urplötzliche Kollaps einer riesigen Galaxie mit all ihren Sternen zu einem Schwarzen Loch gehören. Oder etwas bescheidener: eine Situation, in der eine vom Tisch gefallene Tasse sich von selbst wieder zusammensetzt und zurück auf den Tisch springt. All das ereignet sich nicht nur einmal, sondern in unzähligen Hubble-Volumina. Unmengen von Geschichtsvarianten werden sich dagegen nur geringfügig von der Historie unseres Planeten Erde unterscheiden. Dazu gehört auch die, bei der beispielsweise kein Asteroid auf die Erde stürzt und die Dinosaurier nicht ausgelöscht werden. Schließlich muss es auch ungezählte Varianten geben, die absolut identisch sind mit der Geschichte unseres Hubble-Volumens. Daraus ergibt sich die paradoxe Situation, dass just in diesem Augenblick nicht nur Sie, sondern noch unendlich viele mit Ihnen absolut identische Personen auf unendlich vielen Zwillingserden in anderen Hubble-Volumina dieses Buch in der Hand halten und dieses Kapitel über Parallelwelten lesen!

Von all diesen Welten haben wir keine Kenntnis. Sie liegen jenseits unseres Beobachtungshorizonts. Visionäre werden hier vielleicht ein »noch« anfügen und auf die ferne Zukunft verweisen. Wäre das Universum statisch, dann würde sich unser Horizont jedes Jahr um ein Lichtjahr weiten, und wir könnten immer tiefer ins All hinaussehen. Irgendwann, in sehr, sehr ferner Zukunft, würde auch Licht aus einem benachbarten Hubble-Volumen hier ankommen. Doch das Universum expandiert fortwährend, und was wir in ferner Zukunft zu sehen bekommen, hängt stark davon ab, wie das Universum expandiert. Expandiert es langsamer als mit Lichtgeschwindigkeit – um genau zu sein: von uns bis zum aktuellen Horizont langsamer als mit Lichtgeschwindigkeit –, dann können uns Photonen von immer weiter entfernten Objekten erreichen, und wir werden mit der Zeit einen immer größeren Teil des Universums einsehen können. Doch danach sieht es gegenwärtig nicht aus. Beobachtungen ferner Supernovae haben gezeigt, dass das Universum vor etwa fünf Milliarden Jahren von gebremster auf beschleunigte Expansion umgeschaltet hat. Geht das so weiter, dann verengt sich unser Horizont, anstatt sich zu weiten. Sehr wahrscheinlich wird jedoch erst eine in ferner Zukunft aufwachsende Generation einen deutlichen Unterschied zu heute feststellen können.

Halten wir kurz inne und fassen zusammen: Grundgedanke der Inflationstheorie ist eine exponentielle Expansion, mit dem Ergebnis eines möglicherweise unendlich ausgedehnten Universums mit unendlich vielen Hubble-Volumina, von denen jedes nur einen Bruchteil des gesamten Raums einschließt. Da alle Volumina ein und demselben Inflationsereignis entstammen, ist auch die »Ausstattung« aller Volumina identisch. So hat die Raumzeit in allen die gleiche Dimension, drei Raumkoordinaten und eine Zeitkoordinate, alle verfügen über einen identischen Satz an Naturkonstanten und Elementarteilchen, und in allen »regieren« identische Naturgesetze. Dass es dennoch rund 10 hoch 10^{118} verschiedene Hubble-Volumina geben kann, liegt an unterschiedlichen Anfangsbedingungen, beispielsweise an der lokalen Materiedichte beziehungsweise an der Verteilung der Materie. Die Summe all dieser Parallel-

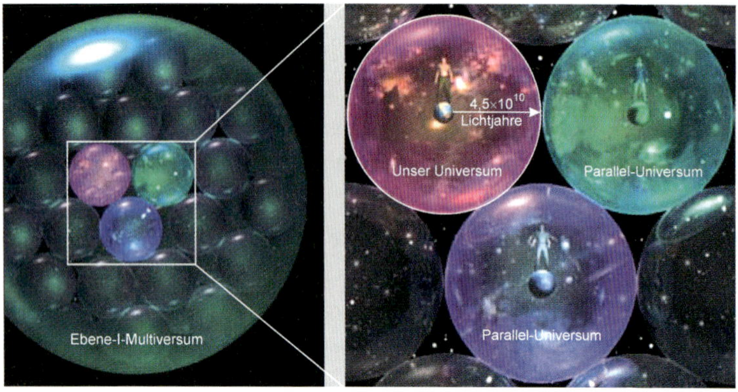

Abb. 64: Modell eines Ebene-I-Multiversums. Parallel zu unserem Universum, zu unserer Hubble-Blase, umfasst ein Ebene-I-Multiversum von möglicherweise unendlicher Ausdehnung eine unendliche Anzahl anderer Universen, von denen wiederum unendlich viele unserem Universum aufs Haar gleichen.

welten bezeichnet man auch als das »Ebene-I-Multiversum« (Abb. 64).

In den Jahren 1986 und 1987 veröffentlichten sowohl Alex Vilenkin als auch Andrei Linde in der renommierten Zeitschrift *Physics Letters* neue revolutionäre Erkenntnisse zur Inflationstheorie. Der Unterschied zum alten Modell zeigt sich in der Dauer der Inflation. Die Geschwindigkeit, mit der das falsche in das wahre Vakuum übergeht, mit der also ein neues Universum entsteht, ist kleiner als die Expansionsgeschwindigkeit des falschen Vakuums. Das hat zur Folge, dass sich jene Bereiche des falschen Vakuums, die noch nicht zerfallen sind, mit exponentiell wachsender Geschwindigkeit ausdehnen. Eine einmal begonnene Inflation setzt sich demnach in alle Ewigkeit fort, wobei das vom falschen Vakuumzustand eingenommene Volumen unbegrenzt anwächst und neuen Raum für die Entstehung weiterer Universen schafft. Man kann das vergleichen mit Bakterien im menschlichen Körper, die sich durch Zellteilung vermehren. Vernichten die Fresszellen des Immunsystems pro Zeiteinheit mehr Bakterien, als durch Zellteilung neue entstehen, so stirbt der Bakterienstamm aus. Vermehren sich dagegen die Bakterien schneller, als sie vom Immunsystem vernichtet werden, so wächst ihre Zahl über alle Grenzen. Die Bereiche, in denen das falsche Vakuum zerfällt, bilden die Keimzellen neuer Universen. Jedes für sich startet mit einem Urknall und wird durch die Inflation zu einem Ebene-I-Multiversum aufgebläht. Im Urknall werden die fundamentalen Parameter festgelegt: die Dimensionen des Raums, die Werte der Naturkonstanten, die Eigenschaften der Materie und die Form der Naturgesetze. Da jedes Universum mit einem individuellen Urknall mit einem individuellen Parametersatz beginnt, entstehen auch viele, vielleicht unendlich viele Universen mit wiederum unendlich vielen unterschiedlichen internen Bedingungen. Die Summe aller aus der immerwährenden Inflation hervorgehenden Paralleluniversen bezeichnet man in Anlehnung an die Definition des Ebene-I-Multiversums als »Ebene-II-Multiversum« (Abb. 65).

Die Vorstellung, dass die Inflation in alle Zukunft anhält und fortwährend neue Universen hervorbringt, animiert un-

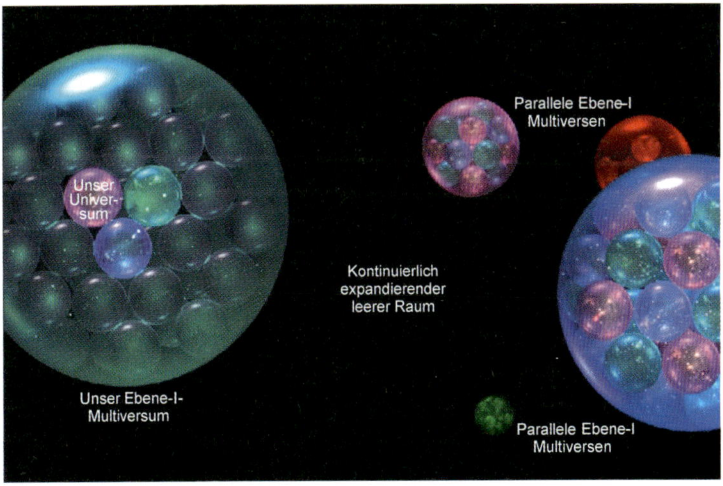

Abb. 65: Modell eines Ebene-II-Multiversums. Es beinhaltet eine unendliche Anzahl von zueinander völlig unterschiedlichen Ebene-I-Multiversen, die gleich einsamen Inseln in einem Raum ewiger Expansion treiben.

weigerlich zu der Frage: Hatte die Inflation einen Anfang und wenn ja, was war davor? Weder über das eine noch das andere weiß die Kosmologie gegenwärtig etwas zu sagen. Die wohl beste Antwort hat der Kosmologe Alan Guth gegeben. Auf »Was war vor der Inflation?« soll er geantwortet haben: »Noch mehr Inflation.«

Die weitere Entwicklung dieser unentwegt »hervorsprudelnden« Universen hängt wesentlich davon ab, wie viel Masse der »Zerfall« des falschen Vakuums dem Universum zur Verfügung stellt. Je höher das Niveau des Energienullpunkts des falschen Vakuums, umso mehr Masse wird das neue Universum enthalten. Sehr massereiche Universen werden nur kurz wie eine Sternschnuppe aufscheinen und unter dem Einfluss der Gravitation sofort wieder in sich zusammenfallen. Sehr massearme Universen dagegen dehnen sich rapide aus, bleiben aber strukturlos. In anderen Universen hat der Raum mehr als nur drei Dimensionen. Kurzum: In der Mehrzahl der Ebene-II-Parallelwelten werden die fundamentalen Parameter andere Werte aufweisen als in unserem Kosmos. Beispielsweise könnte dort ein Proton schwerer als ein Neutron sein, ein Elektron könnte eine doppelte negative Ladung tragen, oder die elektromagnetische Wechselwirkung könnte stärker als die starke Kernkraft sein. Die Zahl der möglichen Variationen ist Legion. Nur: Leben, wie wir es kennen, kann sich in keinem dieser Paralleluniversen entwickeln. Die irdischen Lebensformen konnten nur entstehen, weil die Parameter in unserem Universum die Werte haben, die sie haben. Warum beispielsweise das Proton eine Masse von $1{,}6726 \times 10^{-27}$ Kilogramm besitzt und warum das Elektron eine Ladung von minus $1{,}6022 \times 10^{-19}$ Coulomb trägt, nicht mehr und nicht weniger, das weiß niemand, aber für uns ist das existenziell (Abb. 66).

Diese Feinabstimmung ist nahezu unheimlich. Warum finden wir all das ausgerechnet in unserem Universum so glücklich vereint? Einige Religionen bieten als »Lösung« einen Schöpfer an, einen ersten Verursacher, der bei der Entstehung unseres Universums entsprechend an den Stellschrauben gedreht hat.

Abb. 66: Die Entwicklung eines Universums ist abhängig von der »Grundausstattung« – Energiegehalt, Elementarkräfte etc. –, die ihm bei seiner Entstehung zuteil wurde. Massedominierte Universen kollabieren nach kurzer Zeit wieder, solche mit einem hohen Anteil an Dunkler Energie expandieren beschleunigt auf ewig. Dem Artenreichtum sind kaum Grenzen gesetzt.

In einem Ebene-II-Multiversum regelt sich das von alleine. Wie viele Möglichkeiten es auch geben mag, die Parameter-Uhren eines Universums zu stellen: Unter den unendlich vielen Paralleluniversen des Ebene-II-Multiversums müssen zwangsläufig auch solche, vermutlich sogar wiederum unendlich viele, sein, die, wie unser Universum, im Urknall die für das Leben »richtigen« Parameterwerte mitbekommen haben. Das ist pure statistische Notwendigkeit und hat nichts mit Zufall zu tun. In einem Ebene-II-Multiversum stellt die ewig anhaltende Inflation die Weichen für die Entstehung von Leben. »Hilfe von außen« ist nicht nötig.

Ist also die Inflation der »Ersatzgott« der Naturwissenschaften? Der Gedanke ist nicht von der Hand zu weisen, und manche mögen ihn sich zu eigen machen. Die Naturwissenschaften jedoch haben sich diesbezüglich jeglicher Parteinahme zu enthalten. Für ein Urteil fehlt ihnen die Kompetenz! Die Methoden der Naturwissenschaften lassen nur das für uns Erkennbare und rational Fassbare sichtbar werden, nicht aber den Geist dahinter. Für Fragen der Metaphysik sind allein die Geisteswissenschaften zuständig. Doch an der Aufgabe, die Existenz Gottes zu beweisen oder zu widerlegen, muss auch diese Disziplin scheitern.

Sind nun das Ebene-I- und das Ebene-II-Multiversum Wirklichkeit oder nur Fiktion? Gegenwärtig ist das nicht zu entscheiden. Die Gegner der Multiversum-Hypothese führen vor allem das Fehlen von Beweisen ins Feld. Doch wie bereits erwähnt, ist das Fehlen eines Beweises für deren Existenz noch lange kein Beweis für die Nichtexistenz. Ein weiteres Argument zielt auf die Einfachheit der Natur. Nach Meinung der Gegner würde die Natur mit der Existenz von Multiversen viel zu komplex. Es ist nicht einzusehen, warum die Natur so verschwenderisch sein und neben unserem Universum noch unendlich viele andere entstehen lassen sollte, von denen wir vielleicht nie Kenntnis erlangen werden. Dem kann man entgegenhalten, dass die Natur neben den Elementarteilchen, die sie zum Aufbau der uns vertrauten Materie verwendet, zwei weitere Familien von Elementarteilchen vorrätig hat, von denen sie keinen Gebrauch macht (Abb. 60 des Kapitels 13 zeigt, um welche Teilchen es sich dabei handelt). Nicht zuletzt ist den Kritikern das Wesen von Parallelwelten suspekt. Nach deren Meinung sind sie zu »extravagant«, zu »ungewöhnlich«. Doch das ist mehr ein ästhetischer Aspekt als ein wissenschaftliches Argument.

Fragen wir noch, ob wir von eventuell existierenden Parallelwelten etwas in Erfahrung bringen können. Zwischen den Hubble-Volumina eines Ebene-I-Multiversums ist ein Informationsaustausch – im Prinzip – nicht unmöglich, auch wenn aufgrund der riesigen Entfernungen vom Absenden einer Frage bis zum Empfang der Antwort eine astronomisch lange Zeit vergehen würde. Ein wie auch immer gearteter Kontakt zu einer Parallelwelt in einem Ebene-II-Multiversum ist jedoch prinzipiell unmöglich. Der exponentiell wachsende Raum des falschen Vakuumzustands treibt das Ensemble auseinander. Ebene-II-

Universen schwimmen gleich einsamen Inseln isoliert in einem Meer aus falschem Vakuum.

Wird man irgendwann eine Entscheidung pro oder kontra Multiversum treffen können? Durch die kontinuierliche Beobachtung des Himmels mit Instrumenten neuester Technologie gewinnt die Astronomie fortwährend neue Erkenntnisse. Insbesondere die hochauflösende Vermessung der kosmischen Hintergrundstrahlung durch den Satelliten »Planck« sowie Untersuchungen der großräumigen Materieverteilung im Kosmos könnten Daten liefern, anhand deren sich die Struktur und Topologie des Raums genauer bestimmen lassen. Vermutlich ließe sich damit auch die Theorie der immerwährenden Inflation, die zentrale Voraussetzung für das Ebene-II-Multiversum, einer genauen Prüfung unterziehen. Man darf gespannt sein, auf welche Seite sich die Waage neigt.

Zur Ergänzung: Neben dem Ebene-I- und dem Ebene-II-Multiversum führen die Vertreter der Multiversum-Theorie noch ein Ebene-III- und ein Ebene-IV-Multiversum ins Feld. Um die Argumente für ein Ebene-III-Multiversum zu verstehen, muss man sich mit den Gesetzen der Quantenmechanik vertraut machen. Das Ebene-IV-Multiversum ist von rein mathematischer Struktur und kann nur mithilfe von Zahlen, Vektoren, Gleichungen und geometrischen Objekten beschrieben werden. Mit beiden können wir uns hier nicht beschäftigen, es würde den Rahmen dieses Kapitels sprengen.

Danksagung

Bei der Entstehung des vorliegenden Buchs hat uns insbesondere Josef Gassner vom Institut für Astronomie und Astrophysik der Universität München mit kritischen Kommentaren und wertvollen Anregungen unterstützt. Bedanken möchten wir uns auch bei Johannes Jacob vom C. Bertelsmann Verlag für die gute Zusammenarbeit. Unser Dank gilt auch Carolina Haut, die sich die Mühe gemacht hat, einige Kapitel des Buchs durchzusehen und mit zahlreichen Vorschlägen die Lesbarkeit zu verbessern.

ANHANG

Schreibweisen

Exponentielle Zahlenschreibweise sehr großer beziehungsweise sehr kleiner Zahlen

Bei der exponentiellen Schreibweise bestimmt ein hochgestellter Exponent, wie oft die Zahl vor dem Exponenten mit sich selbst zu multiplizieren ist. Beispielsweise ist 10^1 gleich 10, 10^2 ist gleich (10 × 10) oder 100 und 10^3 ist gleich (10 × 10 × 10) oder 1000.

Andererseits ist 10^{-1} gleich 1 dividiert durch 10 gleich 1 Zehntel, 10^{-2} ist gleich 1 dividiert durch (10 × 10) oder 1 Hundertstel, und 10^{-3} ist gleich 1 dividiert durch (10 × 10 × 10) oder 1 Tausendstel. 3 Zehntausendstel sind demnach 3 dividiert durch (10 × 10 × 10 × 10) beziehungsweise 3×10^{-4}.

Gesprochen wird 10^2 wie »zehn hoch zwei« und 10^{-5} wie »zehn hoch minus fünf«. Je größer der Exponent, desto deutlicher zeigt sich die Stärke dieser Schreibweise. Für 10^{1000} müsste man an die Ziffer 1 »konventionell« 1000 Nullen anhängen.

Unter der Adresse http://www.wiley-vch.de/books/sample/3527706895_c01.pdf findet man eine Anleitung mit vielen Beispielen.

Glossar

A

AGN

Ein extrem massereiches Schwarzes Loch im Zentrum einer Galaxie, das durch Akkretion von Materie aus seiner Umgebung Energie gewinnt, wird als »Aktiver Galaktischer Kern« (englisch: Active Galactic Nucleus) bezeichnet. AGNs verleihen ihrer Wirtsgalaxie eine enorme Leuchtkraft.

Absorptionsquerschnitt

Begriff der Teilchen- und Kernphysik. Vereinfacht versteht man darunter eine kreisförmige Fläche, innerhalb der sich zwei Teilchen begegnen müssen, damit es zu einer Wechselwirkung kommt, beispielsweise zum Einfang eines Neutrons von einem Atomkern. Je kleiner die Fläche, desto seltener wird das Teilchen das Ziel treffen.

Akkretion

Das Ansammeln von Materie, vornehmlich Gas, auf der Oberfläche eines Sterns oder in einer Materiescheibe um einen Stern.

Akkretionsscheibe

Flache rotierende Materiescheibe aus Gas oder Staub um ein massereiches Objekt, beispielsweise um einen Stern oder ein Schwarzes Loch.

Antineutrino

Antiteilchen des Neutrinos.

Apastron – Aphel

Bezeichnet den Punkt auf der Bahn eines Planeten mit der größten Entfernung zu seinem Stern. Im Sonnensystem ist dieser Punkt das Aphel (griechisch: Helios = Sonne).

Astronomische Einheit (AE) beziehungsweise Astronomical Unit (AU)
Astronomische Längeneinheit. 1 AE beziehungsweise 1 AU entspricht der mittleren Entfernung Erde – Sonne beziehungsweise 149 597 870 Kilometern.

B

barn
Maßeinheit des Wirkungsquerschnitts. Ein barn entspricht einer Fläche von 10^{-28} Quadratmetern.

Beaming
Die Strahlung leuchtender Materie, die mit nahezu Lichtgeschwindigkeit auf einen Beobachter zukommt, erscheint intensiver und energiereicher, als sie tatsächlich ist. Ursache dieser Leuchtkraftverstärkung sind zwei physikalische Effekte: der Dopplereffekt und die Tatsache, dass das Licht eines bewegten Objekts vornehmlich in Bewegungsrichtung abgestrahlt wird, ein Effekt, der mit der speziellen Relativitätstheorie zu erklären ist.

C

Comptonstreuung, Comptoneffekt
Streuung eines Photons an einem freien Elektron. Dabei verliert das Photon Energie an das Elektron, seine Wellenlänge wird größer. Beim Inversen Compton-Effekt gewinnt das Photon Energie aus der Bewegungsenergie des Elektrons, seine Wellenlänge wird kleiner.

Comptonisierung
Ein anderer Begriff für den Inversen Compton-Effekt beziehungsweise für Inverse Comptonstreuung. Bei der Streuung eines Photons an einem hochenergetischen Teilchen, beispielsweise an einem Elektron eines heißen Plasmas, gewinnt das Photon Energie auf Kosten der Bewegungsenergie des Teilchens. Das Plasma wird dabei gekühlt.

D

Dichtefluktuation
Räumliche Dichteunterschiede in der Materie des frühen Universums.

Dopplereffekt
Wellenlängenänderung von Schall- oder Lichtwellen aufgrund einer Bewegung der Quelle vom Beobachter weg oder auf ihn zu.

E

Effektivtemperatur
Temperatur eines Schwarzen Körpers, der die gleiche Flächenhelligkeit wie ein Stern hat. T_{eff} entspricht der mittleren Oberflächentemperatur eines Sterns. Ein Körper, der Strahlung aller Wellenlängen absorbiert, wird als »Schwarzer Körper« bezeichnet.

Elektron
Negativ geladenes Elementarteilchen aus der Familie der Leptonen.

Elektronenvolt eV
Eine Energieeinheit. Wird ein Elektron im elektrischen Feld zwischen zwei Metallplatten, an die eine Spannung von 1 Volt angelegt ist, beschleunigt, so gewinnt es die Energie 1 eV.

Elektrolyse
Aufspaltung des Wassermoleküls in seine Bestandteile Wasserstoff und Sauerstoff durch elektrischen Strom

Elliptische Galaxie
Strukturlose Galaxie mit nahezu einheitlicher Leuchtkraft. Viele elliptische Galaxien entstanden durch die Verschmelzung anderer Galaxien. Sie gehören zu den ältesten Sternansammlungen im Universum.

Exoplanet
Planet um einen anderen Stern als unsere Sonne.

Expansion des Universums
Die mit dem Urknall einsetzende Ausdehnung des Raums. Neue Erkenntnisse deuten auf eine kontinuierliche Verlangsamung der Expansion in den ersten sechs bis sieben Milliarden Jahren hin (gebremste Expansion). Ab da soll sich das Universum wieder beschleunigt ausgedehnt haben.

Exzentrizität
Maß der Abweichung einer Planetenbahn von der Kreisbahn. Das Verhältnis »Entfernung der beiden Brennpunkte einer Ellipse« geteilt durch »Länge der großen Achse der Ellipse« wird als »Exzentrizität« bezeichnet.

F

Falsches Vakuum

Metastabiler Zustand einer Energieform der Materie mit gravitativ abstoßender Wirkung entsprechend einem negativen Druck, der das Universum in eine exponentielle Expansion, die sogenannte Inflation, treibt. Mit dem Übergang des falschen in das wahre Vakuum endet dieser Prozess.

G

Gluonen

Starke Kernkraft vermittelndes Teilchen aus der Gruppe der Austauschbosonen. Die starke Kernkraft ist für den Zusammenhalt der Quarks in den Protonen, Neutronen und Mesonen und der Kernbausteine in den Atomkernen verantwortlich.

Große Halbachse einer Ellipse

Strecke vom Ellipsenmittelpunkt zu einem Scheitel der Ellipse.

Gunn-Peterson-Effekt

Licht unterhalb einer Wellenlänge von $121{,}6 \times 10^{-9}$ Metern (Lyman-Alpha-Linie) wird von neutralem Wasserstoff sehr effektiv absorbiert. Dabei wird der Wasserstoff ionisiert beziehungsweise in einen angeregten Zustand versetzt. Trifft daher die Strahlung einer entfernten Quelle (Quasare, frühe Galaxie) auf ihrem Weg zu uns auf Wolken neutralen Wasserstoffs, so erreicht den Beobachter im ultravioletten Bereich des elektromagnetischen Spektrums weniger bis gar kein Quelllicht. 2001 wurde dieser Effekt erstmals bei einem Quasar beobachtet.

H

Habitable Zone

Bereich um einen Stern, in dem ein umlaufender Planet gerade so viel Strahlungsenergie empfängt, dass Wasser auf dem Planeten weder gefriert noch verdampft, sondern in flüssiger Form vorliegen kann.

Halbwertszeit

Zeit, in der die Hälfte der Atome eines radioaktiven Isotops unter Emission eines Elektrons (Betastrahlung) oder eines Heliumkerns (Alphastrahlung) in die Atome eines Tochterelements zerfällt.

Hintergrundstrahlung
Strahlung eines Schwarzen Körpers der Temperatur 2,73 Kelvin (= minus 270,42 Grad Celsius), die von allen Seiten mit nahezu gleicher Intensität auf uns zukommt. Kosmologen interpretieren diese Strahlung als Relikt des heißen Urknalls.

Horizontentfernung, auch Beobachtungs- oder Teilchenhorizont
Maximale Entfernung, die das Licht seit der Entstehung des Universums zurückgelegt hat, beziehungsweise die größte Entfernung, aus der uns Licht noch erreichen konnte. Ereignisse jenseits des Horizonts sind nicht beobachtbar. Heute beträgt die Horizontentfernung rund 45 Milliarden Lichtjahre, da sich das Universum während der 13,7 Milliarden Jahre seiner Existenz immer weiter ausgedehnt hat.

Hubble-Radius, auch Hubble-Länge
Strecke, die das Licht in den 13,76 Milliarden Jahren der Existenz des Universums zurücklegen konnte. Diese Strecke ist gleichbedeutend mit der Entfernung D zur Erde, ab der sich eine Galaxie entsprechend der Hubble-Beziehung $D = c / H_0$ mit Lichtgeschwindigkeit von uns wegbewegen würde. Die Hubble-Konstante H_0 wird in Kilometern pro Sekunde pro Megaparsec angegeben.

Hubble-Volumen
Volumen einer Kugel mit unserer Erde als Mittelpunkt und einem Radius gleich dem Hubble-Radius.

I

Inflation (inflationäre Expansion)
Kurze Periode (etwa 10^{-35} bis 10^{-33} Sekunden nach dem Urknall), in der sich das Universum mindestens um einen Faktor $2^{100} = 10^{30}$ ausgedehnt hat.

Ionisation
Abtrennung eines bis hin zu allen Hüllelektronen eines Atoms durch elektromagnetische Strahlung oder durch Stöße mit anderen Atomen.

Isotop
Form eines Elements, dessen Atome alle gleich viele Protonen, jedoch eine unterschiedliche Anzahl von Neutronen im Kern aufweisen.

K

Kelvin

Maßeinheit der absoluten Temperatur. Null Kelvin entspricht der tiefsten physikalisch möglichen Temperatur, dem absoluten Nullpunkt. 273,15 Kelvin entsprechen null Grad Celsius.

L

Leistungsspektrum

Ein Leistungsspektrum gibt Auskunft über die Stärke eines Signals in Abhängigkeit von einer Signalvariablen. Dazu ein Beispiel aus der Akustik: Das Leistungsspektrum eines Sirenentons, der sich aus vielen Einzelfrequenzen (einzelnen Tönen) zusammensetzt, wäre ein Diagramm, das angibt, mit welcher Intensität (Lautstärke) die einzelnen zum Sirenenton beitragenden Töne (Frequenzen) zum Tongemisch der Sirene beitragen. In der Astrophysik dient das Leistungsspektrum zur Veranschaulichung der Stärke der Temperaturschwankungen in der Hintergrundstrahlung in Abhängigkeit von der Ausdehnung der Areale, in denen die Temperatur bestimmt wurde.

Leptonen

Die leichten Elementarteilchen. Zu den elektrisch geladenen Leptonen gehören das Elektron, das Myon und das Tau. Ungeladene Leptonen bezeichnet man als »Neutrinos«. Dazu gehören das Elektron-Neutrino, das Myon- und das Tau-Neutrino. Leptonen haben den Spin ½ und unterliegen dem Pauli-Prinzip.

Lichtjahr

Strecke, die das Licht in einem Jahr zurücklegt. Ein Lichtjahr entspricht rund 9,5 Billionen Kilometern.

Lyman-Alpha-Wellenlänge

Wellenlänge von $121{,}6 \times 10^{-9}$ Metern entsprechend einer Photonenenergie von 10,2 Elektronenvolt (eV). Licht dieser Wellenlänge wird von neutralem Wasserstoff vollständig absorbiert. Das Elektron des Wasserstoffs wird dabei aus dem Grundzustand auf die nächsthöhere Schale gehoben.

M

Materiedichte
Masse pro Volumen. Nimmt in einem unverändert großen Volumen die Masse zu beziehungsweise verkleinert sich das Volumen, das eine bestimmte Masse enthält, so nimmt die Materiedichte zu.

Metallizität
Gehalt eines Sterns an Elementen schwerer als Helium. In der Astronomie bezeichnet man alle Elemente schwerer als Helium als Metalle.

Metastabil
Ein energetisch über dem Gleichgewichtszustand liegender Zustand, der nach kurzer Zeit spontan in den Grundzustand übergeht, wird als metastabil bezeichnet.

Meteor
Kurze, helle Leuchtspur, die entsteht, wenn ein Kleinstkörper in die Erdatmosphäre eintritt und aufgrund der Reibung mit den Luftmolekülen verglüht. Man bezeichnet diese Erscheinung auch als Sternschnuppe.

Meteoroid
Kleinstkörper unseres Sonnensystems in einer Umlaufbahn um die Sonne.

Meteorit
Der Teil eines Meteoroiden, der beim Eintritt in die Erdatmosphäre nicht vollständig verglüht und die Erdoberfläche erreicht.

Mikrowellen
Elektromagnetische Wellen, das heißt Licht mit Wellenlängen im Bereich von rund einem Millimeter bis einige zehn Zentimeter.

Moderator
Substanz aus vornehmlich leichten Elementen zum Abbremsen der bei der Kernspaltung frei werdenden schnellen Neutronen auf thermische Geschwindigkeit.

N

Neutrino
Elektrisch neutrales Elementarteilchen aus der Familie der Leptonen. Man kennt drei Neutrinos: das Elektron-, das Myon- und das Tau-Neutrino sowie deren Antiteilchen.

Neutronenreflektor
Substanz, welche die langsamen, die Reaktionszone verlassenden Neutronen wieder zurück in den Reaktionsbereich reflektiert. Prinzipiell sind alle Moderatorsubstanzen auch als Reflektoren für langsame Neutronen geeignet.

P

Parsec (pc)
Astronomische Entfernungseinheit. Ein Parsec entspricht 3,26 Lichtjahren beziehungsweise rund 30 Billionen Kilometern.

Pauli-Prinzip
Es besagt: In einem Quantenvolumen kann es keine zwei Teilchen geben, die in allen vier Quantenzahlen – der Hauptquantenzahl n, der Nebenquantenzahl l, der magnetischen Quantenzahl m und der Spinquantenzahl s – übereinstimmen. Dem Pauli-Prinzip unterliegen alle Fermionen, das heißt alle Teilchen mit halbzahligem Spin wie Elektronen, Protonen, Neutronen etc.

Periastron – Perihel
Bezeichnet den Punkt auf der Bahn eines Planeten mit der geringsten Entfernung zu seinem Stern. Im Sonnensystem ist dieser Punkt das Perihel.

Photon
Quantenmechanisches Lichtteilchen und Träger der Lichtenergie. Photonen gehören zur Familie der Austauschbosonen. Sie fungieren als Vermittler der elektromagnetischen Kraft.

Plasma
Heißes Gas aus Atomkernen und freien Elektronen. Neben den Aggregatszuständen fest, flüssig und gasförmig bezeichnet man ein Plasma auch als den vierten Aggregatszustand der Materie.

Präzession der Erdachse
Die Erde rotiert wie ein Kreisel, auf den ein Drehmoment ausgeübt wird. Daher beschreibt die um 23,5 Grad gegen eine Senkrechte zur Erdbahnebene geneigte Erdachse einen Kegel mit einem Öffnungswinkel von 23,5 Grad. Ein Umlauf der Erdachse um den Kegel dauert 25 800 Jahre.

Proton
Elektrisch positiv geladener Kernbaustein, bestehend aus zwei Up- und einem Down-Quark.

Pulsar
Schnell rotierender Neutronenstern, dessen mitrotierende, in entgegengesetzte Richtungen weisende Strahlungskeulen ähnlich dem Lichtkegel eines Leuchtturms durch den Raum schwenken.

Q

Quarks
Elementarteilchen, aus denen die sogenannten Mesonen und die als Kernbausteine dienenden Protonen und Neutronen aufgebaut sind. Je drei Quarks bilden ein Proton beziehungsweise ein Neutron, zwei Quarks ein Meson. Insgesamt kennt man sechs unterschiedliche Quarks. Für den Aufbau von Protonen und Neutronen verwendet die Natur nur zwei der sechs Quarks.

Quasar
Extrem leuchtkräftiges Objekt in den Tiefen des Universums. Quasare gewinnen ihre Leuchtkraft aus der Umwandlung von Materie in Energie. Sie bestehen aus einem massiven Schwarzen Loch, in das Materie aus einer das Schwarze Loch umgebenden Materiescheibe einfällt.

R

Radionuklid
Isotop eines Elements, dessen Atomkerne radioaktiv in die Atome eines Tochterelements zerfallen.

Radiostrahlung
Elektromagnetische Wellen, das heißt Licht mit Wellenlängen im Bereich von 10 Zentimetern bis zu 100 Kilometern.

Reaktionsrate
Als Reaktionsrate einer Kettenreaktion bezeichnet man die Zahl der einzelnen Spaltvorgänge pro Zeiteinheit. Bei einer kontrollierten Kettenreaktion ist die Reaktionsrate konstant.

Re-Ionisation
Etwa 380 000 Jahre nach dem Urknall war die Temperatur im Universum so weit gesunken, dass sich Protonen und freie Elektronen zu neutralen, ungeladenen Atomen des Wasserstoffs vereinigen konnten.

Rund 200 Millionen Jahre später wurden die Elektronen durch die intensive UV-Strahlung der ersten Sterne wieder von den Protonen getrennt – der Wasserstoff wurde erneut ionisiert.

Resonanz

Orbitalresonanz: Stehen die Umlaufperioden zweier Planeten um ihren Stern in einem einfachen, ganzzahligen Verhältnis (1:2, 3:5 etc.), so spricht man von Orbitalresonanz.
Bindungsresonanz: Die Fusion zweier Atomkerne zu einem schwereren Kern erfolgt bevorzugt, wenn die Bindungsenergie der beiden Ausgangskerne mit einem Energieniveau des zu bildenden Kerns übereinstimmt, das heißt, wenn zwischen den beiden Energieniveaus Resonanz herrscht.

S

Schwarzes Loch

Unsichtbares, massereiches Objekt extremer Materiedichte, dessen Schwerkraft so groß ist, dass selbst Photonen nicht entkommen können.

Spin

Quantenmechanischer Eigendrehimpuls eines Teilchens. Mit dem klassischen Drehimpuls eines um seine Achse rotierenden Teilchens ist der Teilchenspin nicht zu vergleichen.

Starke Kernkraft

Eine der vier elementaren Wechselwirkungen. Die starke Kernkraft ist verantwortlich für den Zusammenhalt der Quarks in den Kernbausteinen sowie für den Zusammenhalt der Kernbausteine (Protonen, Neutronen) im Atomkern.

Schweres Wasser

Im Molekül des Schweren Wassers sind die Wasserstoffatome durch das schwerere Wasserstoffisotop Deuterium ersetzt. Im Gegensatz zu dem nur aus einem Proton bestehenden Wasserstoffkern setzt sich der Atomkern des Deuteriums aus einem Proton und einem Neutron zusammen.

Synchrotronstrahlung

Von elektrisch geladenen und beschleunigten Teilchen emittierte elektromagnetische Strahlung. Sie entsteht, wenn beispielsweise Elektronen um die Kraftlinien eines Magnetfeldes spiralen. Der Name stammt von der in Teilchenbeschleunigern, den sogenannten Synchrotrons, auftretenden Strahlung.

T

Torino-Skala

Skala zur Bewertung des Einschlagrisikos erdnaher Asteroiden und Kometen.

U

Unschärferelation (Heisenberg)

Von Werner Heisenberg formuliertes Gesetz der Quantenmechanik. Es besagt, dass Ort x und Impuls p eines Teilchens nicht gleichzeitig mit absoluter Genauigkeit bestimmt werden können. Gleiches gilt für Energie E und Lebensdauer t eines Teilchens. Je exakter eine der beiden Größen bekannt ist, umso ungenauer (unschärfer) ist die andere. Nach Heisenberg kann das Produkt aus der Unschärfe der beiden Größen eine durch das Plancksche Wirkungsquantum h gesetzte Grenze nicht unterschreiten. Es gilt: $\Delta x \Delta p$ beziehungsweise $\Delta E \Delta t \geq h/2\pi$. Das Plancksche Wirkungsquantum h hat den Wert $6{,}6256 \times 10^{-34}$ Joule x Sekunde.

V

Vakuum

Im klassischen Sinne ein leerer Raum. Im Sinne der Quantenmechanik kann es eine derartige Leere nicht geben. Vielmehr ist das Vakuum ein »Zustand« heftiger Aktivität. Quantenfluktuationen lassen dort unentwegt Teilchen-Antiteilchen-Paare entstehen, die sich nach kurzer Zeit gegenseitig wieder vernichten. Die für ihre Entstehung benötigte Energie »leihen« sich die Teilchenpaare aus der Energie des Vakuums und geben sie beim Zerfall wieder an das Vakuum zurück.

Van-der-Waals-Kraft

Sehr schwache, anziehend wirkende Kraft kurzer Reichweite zwischen Atomen und Molekülen. Van-der-Waals-Kräfte haben ihre Ursache in der ungleichen Ladungsverteilung in der Elektronenwolke um die Atome und Moleküle. Das führt zur Ausbildung elektrischer Dipole, so dass sich benachbarte Atome oder Moleküle gegenseitig anziehen.

W

Weißer Zwerg

Ausgebrannter Kohlenstoff-/Sauerstoffkern eines Sterns von ursprünglich etwa 0,5 bis 8 Sonnenmassen. Weiße Zwerge bestehen aus entarteter Materie hoher Dichte.

Wirkungsquerschnitt

Siehe Absorptionsquerschnitt.

Y

Yarkovsky-Effekt

Aufgrund der unterschiedlichen Erwärmung der beiden Hemisphären eines um die Sonne kreisenden Asteroiden emittiert die wärmere Seite mehr und energiereichere thermische Strahlung als die kühlere Seite. Daraus resultiert eine Differenzkraft, die den Asteroiden seitlich versetzt.

YORP-Effekt

Erweiterung des Yarkovsky-Effekts. Seine Wirkung zeigt sich insbesondere bei asymmetrisch geformten, um die Sonne kreisenden Asteroiden. Da die Asymmetrie des Asteroiden eine ungleichmäßig gerichtete thermische Strahlung zur Folge hat, ergibt sich ein Drehmoment, das den Körper in immer schnellere Rotation versetzt.

X

X-Bosonen, Y-Bosonen und deren Antiteilchen

Unmittelbar nach dem Urknall auftretende superschwere Teilchen, die Sekundenbruchteile später in Materie- und Antimaterieteilchen zerfielen. Da der Zerfall nicht symmetrisch erfolgte, überlebte ein Teil der »normalen« Materie die anschließende gegenseitige Vernichtung von Teilchen und Antiteilchen. Dieser Asymmetrie verdanken wir unsere Existenz und alles, was wir heute im Universum vorfinden.

Literatur

Kapitel 1

Cowan, Georg A.: »Oklo – A Natural Fission Reactor«. Los Alamos Scientific Laboratory of the University of California, Informal Report LA–6310–MS

Michel, R.: »The Oklo Phenomenon«. Zentrum für Strahlenschutz und Radioökologie, Leibniz Universität Hannover. http://www.zsr.uni-hannover.de/folien/oklo.pdf

Ragheb, M.: »Natural Nuclear Reactors, The Oklo Phenomenon«. https://netfiles.uiuc.edu/mragheb/www/NPRE%20402%20ME%20405%20Nuclear%20Power%20Engineering/Natural%20%20Nuclear%20Reactors,%20The%20Oklo%20Phenomenon.pdf

Ries, Gunnar: »Der natürliche Reaktor von Oklo«. http://webspace.webring.com/people/fg/gunnar_ries/Oklo.html

»Kernspaltung – Keine Erfindung des Menschen: Oklo«. http://www.kernenergie-wissen.de/oklo.html

»Oklo Fossil Reactors«. http://oklo.curtin.edu.au/

Kapitel 2

Treitz, Norbert: »Keine Sonnenuhr für Merkur«. In: *Spektrum der Wissenschaft*, April 2009, S. 36

Kapitel 3

Bottke, William F., u.a. : »An asteroid breakup 160 Myr ago as the probable source of the K/T impactor«. In: *Nature*, Bd. 449, 6. September 2007

Giorgini, Jon D., u.a.: »Predicting the Earth Encounters of (99942) Apophis«. http://neo.jpl.nasa.gov/apophis/Apophis_PUBLISHED_PAPER.pdf

Walsh, Kevin J., u.a.: »Collisional and Rotational Disruption of Asteroids«. http://arxiv.org/ftp/arxiv/papers/0906/0906.4366.pdf

Wikipedia: Asteroid. http://de.wikipedia.org/wiki/Asteroid

Kapitel 4

Deiters, Stefan: »Extreme Temperaturschwankungen auf HD 80606b«. http://www.astronews.com/news/artikel/2009/01/0901-038.shtml

Ders.: »Eindeutiger Beweis für Gesteinsplanet«. http://www.astronews.com/news/artikel/2009/09/0909-023.shtml

Kayser, Rainer: »Wolkiges Wetter mit Regen aus Kieselsteinen«. http://www.astronews.com/news/artikel/2009/10/0910-036.shtml

NASA-Pressemitteilung: »Astronomers Observe Planet with Wild Temperature Swings«. http://www.spitzer.caltech.edu/news/292-ssc2009-02-Astronomers-Observe-Planet-with-Wild-Temperature-Swings

Kapitel 5

Crida, Aurelien: »Minimum Mass Solar Nebulae and Planetary Migration«. http://arxiv.org/PS_cache/arxiv/pdf/0903/0903.5077v1.pdf

Desch, Steve J.: »Mass Distribution and Planet Formation in the Solar Nebula«. http://iopscience.iop.org/0004-637X/671/1/878/pdf/0004-637X_671_1_878.pdf

Levison, Harold F.: »Origin of the Structure of the Kuiper Belt during a Dynamical Instability in the Orbits of Uranus and Neptun«. http://arxiv.org/PS_cache/arxiv/pdf/0712/0712.0553v1.pdf

Patygin, Konstantin, u.a.: »Early Dynamical Evolution of the Solar System: Pinning down the initial Condition of the Nice Model«. http://arxiv.org/PS_cache/arxiv/pdf/1004/1004.5414v1.pdf

»Platzwechsel von Neptun und Uranus«. http://www.g-o.de/wissen-aktuell-7531-2007-12-13.html

Kapitel 6

»The Orbital Dance of Epimetheus and Janus«. http://planetary.org/explore/topics/saturn/janus_epimetheus_swap.html

Kapitel 7

Clarke, N. M.: »Life, Bent Chains and the Anthropic Principle«. http://www.np.ph.bham.ac.uk/history/nucleosynthesis

Hubmann, Joachim: »Wie Kohlenstoff erbrütet wird«. Naturwissenschaftliche Fakultät II – Physik, Universität Regensburg, 18. November 2008

»Big Bang and Beyond«. Powerpoint-Präsentation. www.ichthus.info/PowerPoint/BigBang-and-Beyond.ppt

Kapitel 8

Collar, Juan I.: »Biological Effects of Stellar Collapse Neutrinos«. http://arxiv.org/abs/astro-ph/9505028

Crutzen, Paul J., u.a.: »Mass extinction and supernova explosions«. http://www.pnas.org/content/93/4/1582.full.pdf

Gehrels, Neil, u.a.: »Ozone Depletion from Nearby Supernovae«. http://arxiv.org/abs/astro-ph/0211361v1

Herant, Marc, u.a.: »Neutrinos and Supernovae«. In: *Los Alamos Sience*, Nr. 25, 1997. http://www.fas.org/sgp/othergov/doe/lanl/pubs/00326615.pdf

Richmond, Michael: »Will a Nearby Supernova Endanger Life on Earth?« http://www.tass-survey.org/richmond/answers/snrisks.txt

Smith, Nathan: »The Behemoth Eta Carinae, A Repeat Offender«. Zusammenfassung zu Eta Carinae in Englisch. http://www.astrosociety.org/pubs/mercury/9804/eta.html

Thomas, Brian C., u.a.: »Gamma-Ray Bursts and the Earth: Exploration of Atmospheric, Biological, Climatic and Biogeochemical Effects«. http://arxiv.org/abs/astro-ph/0505472v2

Thomas, Brian C., u.a.: »Terrestrial Ozon Depletion Due to a Milky Way Gamma-Ray Burst«. http://arxiv.org/abs/astro-ph/0411284v2

»Supernova Neutrinos, Neutrinos produced in a stellar Collapse«. http://cupp.oulu.fi/neutrino/nd-sn.html

Zusammenfassung zu Eta Carinae auf Deutsch. http://www.uni-protokolle.de/Lexikon/Eta_Carinae.html

Kapitel 9

Baraffe, I., u.a.: »The physical properties of extrasolar planets«. http://arxiv.org/abs/1001.3577v1

http://arxiv.org/PS_cache/arxiv/pdf/1001/1001.3577v1.pdf

»Potentially Habitable Planet Discovered«. Carnegie Institution for Science, 29. Sept. 2010. http://carnegiescience.edu/news/potentially_habitable_planet_discovered

Enzyklopädie der extrasolaren Planeten. http://exoplanet.eu/index.php

Gliese 581/HO Librae. http://www.solstation.com/stars/gl581.htm

»Ist Exoplanet Gliese 581g real?«. Sterne und Weltraum, ASTROnews, 13. Oktober 2010. http://www.astronomie-heute.de/artikel/1050356&_z=798889

Wikibooks: General Astronomy/Extrasolar Planets. http://en.wikibooks.org/wiki/General_Astronomy/Extrasolar_Planets

Wikipedia: Gliese 581. http://en.wikipedia.org/wiki/Gliese_581#Star

Wikipedia: Gliese 581g. http://en.wikipedia.org/wiki/Gliese_581_g

Kapitel 10

Crowther, Paul A., u.a.: »The R136 star cluster hosts several stars whose individual masses greatly exceed the 150 M stellar mass limit«. http://pacrowther.staff.shef.ac.uk/R136.pdf

Deiters, Stefan: »Für kurze Zeit ein Superstar«. http://www.astronews.com/news/artikel/2003/03/0303-019.shtml

Ders.: »Astronomen entdecken stellaren Giganten«. http://www.astronews.com/news/artikel/2010/07/1007-028.shtml

Heger, A., u.a.: »Evolution and Explosion of Very Massive Primordial Stars«. http://arxiv.org/abs/astro-ph/0112059v1

Lehnert, Matthew D., u.a.: »Spectroscopic confirmation of a galaxy of redshift z = 8.6«. http://arxiv.org/abs/1010.4312 bzw. http://arxiv.org/PS_cache/arxiv/pdf/1010/1010.4312v1.pdf

Hubble newscenter, Pressemitteilung: »Hubble Watches Light from Mysterious Erupting Star Reverberate Through Space«. http://hubblesite.org/newscenter/archive/releases/2003/10/text/

Pressemitteilung des National Astronomical Observatory of Japan: »Discovery of the Most Metal-deficient Star ever found«. http://www.naoj.org/Pressrelease/2005/04/13/index.html

scinexx Wissensmagazin: »Sternmonster mit 300 Sonnenmassen entdeckt«. http://www.scinexx.de/wissen-aktuell-11979-2010-07-21.html

Wikipedia: V838 Monocerotis. http://de.wikipedia.org/wiki/V838_Monocerotis

Wikipedia: VY Canis Majoris. http://de.wikipedia.org/wiki/VY_Canis_Majoris

Kapitel 11

Müller, Andreas: Astronomie Wissen. http://www.wissenschaft-online.de/astrowissen/

Ders.: »Aktive Galaktische Kerne«. Artikel erschienen als pdf-Datei, 2007. http://www.wissenschaft-online.de/astrowissen/downloads/Web-Artikel/AGN_AMueller2007.pdf

Kapitel 12

Bojowald, Martin: »Der Ur-Sprung des Alls«. In: *Spektrum der Wissenschaft*, Mai 2009, S. 26.

Ders.: *Zurück vor den Urknall.* Fischer Verlag, Frankfurt/Main 2009

Kapitel 13

Burgess, Robert, u. Robert Frazier: »Where Has All The Antimatter Gone?« http://geoter.us/cosmogonia/physics.ppt

Cline, James M.: »Der Ursprung der Materie«. In: *Spektrum der Wissenschaft*, November 2004, S. 32

Feld, Lutz: »Warum es uns nach dem Standardmodell nicht geben dürfte«. Antrittsvorlesung Universität Freiburg, 27. Januar 2003

Müller, Andreas: Astro-Wissen, Große Vereinheitlichte Theorien: 2) Materie-Antimaterie-Asymmetrie. http://www.wissenschaft-online.de/astrowissen/lexdt_g05.html

Die Geschichte des Universums. http://abenteuer-universum.de/kosmos/urknall2.html

Kapitel 14

Guth, Alan: *Die Geburt des Kosmos aus dem Nichts*. Droemer, München 1999

Tegmark, Max: »Welcome to my crazy Universe«. http://space.mit.edu/home/tegmark/crazy.html

Ders.: »Parallel-Universen«. In: *Spektrum der Wissenschaft* 8 (2003), S. 34

Ders.: »Parallel Universes«. In: *Scientific American*, Mai 2003, S. 41

Vilenkin, Alex: *Many Worlds in One*. Hill and Wang, New York 2006

Spiegel Online Wissenschaft: »Leben im Multiversum«, 30. Mai 2010. http://www.spiegel.de/wissenschaft/weltall/0,1518,696869,00.html

Abbildungsnachweis

Prolog

Abb. 1: http://www.phombo.com/fun-games/optical-illusions-2/262607/full/

Kapitel 1

Abb. 2: Modifizierte Kopie aus http://www-zeuthen.desy.de/~kolanosk/ket0708/skript/kernreak01.pdf

Abb. 3: http://en.wikipedia.org/wiki/File:Stagg_Field_reactor.jpg

Abb. 4: Grafik Jörn Müller

Abb. 5: http://apod.nasa.gov/apod/ap100912.html

Kapitel 2

Abb. 6: http://www.nasa.gov/mission_pages/messenger/multimedia/first_image.html

Abb. 7: Jörn Müller

Abb. 8: Jörn Müller

Abb. 9: http://martianchronicles.wordpress.com/2010/05/31/2412/

Kapitel 3

Abb. 10: http://de.academic.ru/dic.nsf/dewiki/106920

Abb. 11: http://www.planetary.org/blog/article/00001634/

Abb. 12: http://lexikon.astroinfo.org/TNT/TNT.html

Abb.13: Picture by Southwest Research Institute/Don Davis
http://www.weltbildung.com/asteroid-baptistina-dinosaurier.htm
http://www.wissenschaft-online.de/artikel/904208

Abb. 14: Modifiziertes Bild nach
http://en.wikipedia.org/wiki/File:Apophis_pass.svg

Abb. 15: Modifiziertes Bild aus
Richard P. Binzel, »Spin control of asteroids«, *Nature,* Bd. 425, 11. Sept. 2003

Abb. 16: Kopie aus: Kevin J. Walsh (Observatoire de la Côte d'Azur), Patrick Michel (Observatoire de la Côte d'Azur) and Derek C. Richardson (University of Maryland), »Collisional and Rotational Disruption of Asteroids«

Kapitel 4

Abb. 17: http://lv-twk.oekosys.tu-berlin.de/project/lv-twk/002-treibhauseffekt.htm

Abb. 18: Bildcollage Jörn Müller unter Verwendung von
http://solarsystem.nasa.gov/multimedia/gallery/Venus.jpg
http://solarsystem.nasa.gov/multimedia/display.cfm?IM_ID=10167
http://apod.nasa.gov/apod/ap081008.html

Abb. 19: Modifiziertes Bild von
http://oklo.org/2006/03/06/update-from-the-dc-planet-search/

Abb. 20: Bildcollage Jörn Müller unter Verwendung von
http://www.kosmologs.de/kosmo/blog/cassini/allgemein

http://en.wikipedia.org/wiki/File:Exoplanet_Comparison_CoRoT-7_b.png

Kapitel 5

Abb. 21: Grafik Jörn Müller

Abb. 22: Grafik Jörn Müller

Kapitel 6

Abb. 23: Bildcollage Jörn Müller

Abb. 24: Bildcollage Jörn Müller

Abb. 25: Modifiziertes Bild von
http://physics.uoregon.edu/~jimbrau/astr121-2005/Notes/Exam2rev.html#moons
http://physics.uoregon.edu/~jimbrau/BrauImNew/Chap12/FG12_26.jpg
Copyright © 2005 Pearson Prentice Hall Inc.

Kapitel 7

Abb. 26: Modifiziertes Bild von
http://www2.fz-juelich.de/nic/Publikationen/Broschuere/elementarteilchenphysik-d.html

Abb. 27: Jörn Müller

Abb. 28: Modifiziertes Bild von
http://de.wikipedia.org/wiki/Drei-Alpha-Prozess

Abb. 29: Bild Jörn Müller nach
Joachim Hubmann, »Wie Kohlenstoff erbrütet wird«, Naturwissenschaftliche Fakultät II – Physik, Uni Regensburg, 18. Nov. 2008

Abb. 30: Jörn Müller

Kapitel 8

Abb. 31: Bildcollage Jörn Müller unter Verwendung von
http://apod.nasa.gov/apod/ap080617.html
http://apod.nasa.gov/apod/ap090524.html

Abb. 32: http://apod.nasa.gov/apod/ap070510.html

Abb. 33: http://apod.nasa.gov/apod/ap110217.html

Abb. 34: http://en.wikipedia.org/wiki/File:Artist%27s_impression_of_vampire_star.OGG

Kapitel 9

Abb. 35: Modifiziertes Bild von
http://www.physorg.com/news200044818.html

Abb. 36: http://nsted.ipac.caltech.edu/cgi-bin/TimeSeriesViewer/nph-timeseriesviewer?mission=NStED&path=/mscadata/NStED&upload=0074/0074995/data/UID_0074995_RVC_002.tbl

Abb. 37: http://apod.nasa.gov/apod/ap101001.html

Abb. 38: Modifiziertes Bild von
http://upload.wikimedia.org/wikipedia/commons/4/46/Gliese_581_-_2010.jpg

Abb. 39: Grafik Jörn Müller

Kapitel 10

Abb. 40: Bildcollage unter Verwendung von
http://www.solstation.com/x-objects/1806-20.htm
http://apod.nasa.gov/apod/ap971008.html

Abb. 41: Bildcollage unter Verwendung von
http://www.daumenschraube.ch/tags/grossenvergleich/

Abb. 42: Modifiziertes Bild von
http://www.naoj.org/Pressrelease/2005/04/13/index.html

Abb. 43: Modifiziertes Bild von
http://www.naoj.org/Pressrelease/2005/04/13/index.html

Abb. 44: Bildcollage unter Verwendung von
http://heritage.stsci.edu/1999/38/big.html
http://apod.nasa.gov/apod/ap070215.html

Abb. 45: http://apod.nasa.gov/apod/ap040305.html

Abb. 46: Modifiziertes Bild von
http://www.spitzer.caltech.edu/images/2662-ssc2005-14d-Illustration-of-a-Light-Echo

Abb. 47: http://hubblesite.org/newscenter/archive/releases/2003/10/image/a/

Abb. 48: http://www.eso.org/public/images/eso1041b/

Abb. 49: http://www.eso.org/public/images/?search=R136a1

Abb. 50: http://www.eso.org/public/images/?search=R136a1

Kapitel 11

Abb. 51: Bildcollage unter Verwendung von
http://chandra.harvard.edu/photo/2000/0131/more.html

Abb. 52: http://www.spacetelescope.org/images/opo9635a/

Abb. 53: http://www.wissenschaft-online.de/astrowissen/lexdt_a02.html#akk

Abb. 54: Bildcollage unter Verwendung von
http://hubblesite.org/gallery/album/pr2000020a/
http://apod.nasa.gov/apod/ap010905.html

Abb. 55: http://chandra.harvard.edu/photo/2006/3c273/

Abb. 56: Grafik Jörn Müller

Kapitel 12

Abb. 57: Kopie aus *Spektrum der Wissenschaft*, Mai 2009, Seite 28

Abb. 58: http://www.zukunft-der-energie.de/energieinkuerze/energie_im_zoom/atom_string_theorie.html

Abb. 59: http://math.ucr.edu/home/baez/week280.html

Kapitel 13

Abb. 60: Modifiziertes Bild von
http://en.wikipedia.org/wiki/File:Standard_Model_of_Elementary_Particles.svg
bzw. http://grad.physics.sunysb.edu/~jgoodson/

Abb. 61: Grafik Jörn Müller

Abb. 62: Modifiziertes Bild von
http://en.wikipedia.org/wiki/File:Standard_Model_of_Elementary_Particles.svg
bzw. http://grad.physics.sunysb.edu/~jgoodson/

Kapitel 14

Abb. 63: http://wmap.gsfc.nasa.gov/media/101080/index.html

Abb. 64: Bildcollage unter Verwendung von Kopien aus
Scientific American, Mai 2003, Artikel: Max Tegmark, »Parallel Universes«

Abb. 65: Bildcollage unter Verwendung von Kopien aus
Scientific American, Mai 2003, Artikel: Max Tegmark, »Parallel Universes«

Abb. 66: Kopie aus *Spektrum der Wissenschaft*, Mai 2009, Seite 35

Register